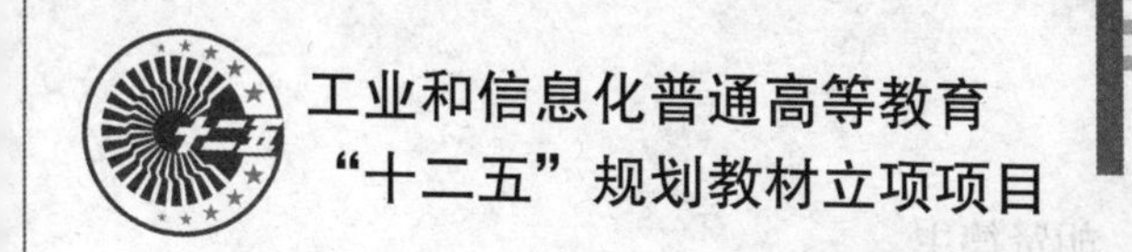

21世纪高等学校规划教材

计算机应用基础上机实验教程

万家华 胡贤德 主编　孙家启 主审
陈秀明 丁春玲 副主编　贺爱香 王美荣 俞剑铮 参编

21st Century University Planned Textbooks

人民邮电出版社
北京

图书在版编目（CIP）数据

计算机应用基础上机实验教程 / 万家华，胡贤德主编. -- 北京 : 人民邮电出版社，2011.9（2013.8 重印）
21世纪高等学校规划教材
ISBN 978-7-115-25442-9

Ⅰ. ①计… Ⅱ. ①万… ②胡… Ⅲ. ①电子计算机－高等学校－教材 Ⅳ. ①TP3

中国版本图书馆CIP数据核字(2011)第139085号

内 容 提 要

本书是《计算机应用基础教程》的配套实验教材。全书共安排了37个实验，每个实验均由实验目的、实验内容、实例演示和强化训练4部分组成。其中第1章2个实验，第2章5个实验，第3章7个实验，第4章4个实验，第5章3个实验，第6章2个实验，第7章2个实验，第8章4个实验，第9章2个实验，第10章6个实验。

本书具有简明扼要、实用好用、可操作性强等特点，既可作为高等院校各本科专业和高职各专科专业的实验教材，又可以作为一般读者自学和专业人员的参考书，还可作为培训教材，特别适合学生上机训练和自我测试使用。

工业和信息化普通高等教育"十二五"规划教材立项项目

21世纪高等学校规划教材

计算机应用基础上机实验教程

◆ 主　编　万家华　胡贤德
主　审　孙家启
副 主 编　陈秀明　丁春玲
参　编　贺爱香　王美荣　俞剑铮
责任编辑　董　楠

◆ 人民邮电出版社出版发行　北京市崇文区夕照寺街14号
邮编　100061　电子邮件　315@ptpress.com.cn
网址　http://www.ptpress.com.cn
大厂聚鑫印刷有限责任公司印刷

◆ 开本：787×1092　1/16
印张：12.75　2011年9月第1版
字数：333千字　2013年8月河北第3次印刷

ISBN 978-7-115-25442-9

定价：25.00元

读者服务热线：(010)67170985　印装质量热线：(010)67129223
反盗版热线：(010)67171154

前 言

本书是《计算机应用基础教程》的配套上机实验教程，编写本书的主要目的是便于教师教学和学生上机自学使用。

本书从人才素质教育的要求出发，着眼于学生计算机操作能力的培养，全书共分为 10 章，介绍目前计算机常用的操作系统平台及流行应用软件的使用方法，侧重 Windows XP+Office 2003 版的内容实验和测试。全书共安排了 37 个实验。其中第 1 章计算机基础知识 2 个实验，第 2 章 Windows XP 操作系统 5 个实验，第 3 章文字处理软件 Word 2003 7 个实验，第 4 章电子表格处理软件 Excel 2003 4 个实验，第 5 章演示文稿处理软件 PowerPoint 2003 3 个实验，第 6 章网页制作工具 FrontPage 2003 2 个实验，第 7 章多媒体技术 2 个实验，第 8 章计算机网络基础与 Internet 应用 4 个实验，第 9 章数据库基础 2 个实验，第 10 章常用工具软件的介绍 6 个实验。根据实验教学的特点，合理安排每个实验的流程，每个实验均由实验目的、实验内容、实例演示和强化训练 4 部分组成。各学校在教学过程中，可根据实际的实验环境、学习对象和学时数等情况，对实验内容和过程进行灵活的修改和调整。

本书由万家华和胡贤德任主编，孙家启任主审，陈秀明、丁春玲任副主编，其中第 1 章、第 2 章由贺爱香编写，第 3 章、第 5 章由万家华编写，第 4 章、第 6 章由陈秀明编写，第 7 章由丁春玲编写，第 8 章由俞剑铮编写，第 9 章由胡贤德编写，第 10 章由王美荣编写。全书由万家华统稿。在编写的过程中，得到了同行及专家学者们的大力帮助，在此表示衷心的感谢。

限于作者水平，书中难免存在错误和不妥之处，敬请广大读者批评指正。

编　者

2011 年 5 月

目 录

第1章 计算机基础知识

微型计算机系统包括硬件系统和软件系统。通用微型机（个人计算机）的性能由系统配置决定，在选购个人计算机时，硬件的基本配置包括 CPU、主板、硬盘、内存、显示器、键盘、鼠标等。学习和使用计算机首先要认识计算机，学会键盘和鼠标的操作。

实验 1　个人计算机的选购

【实验目的】

1. 了解计算机市场。
2. 掌握个人计算机的选购。
3. 掌握个人计算机主要配件的功能和相关的选购性能参数。

【实验内容】

个人计算机的组成

出于结构紧凑和使用方便的考虑，个人计算机都是将主板、CPU、内存、硬盘、光驱、风扇、电源变压器等封装在一个主机箱内，再通过接口插件把键盘、显示器、鼠标和打印机等外部设备与主机箱连接起来形成一个系统。

（1）主机部分

① 机箱：机箱作为计算机配件中的一部分，其主要作用是放置和固定各计算机配件，起承托和保护的作用。此外，计算机机箱具有屏蔽电磁辐射的重要作用，由于机箱不像 CPU、显卡、主板等配件能迅速提高整机性能，所以在 DIY 时一直不被列为重点考虑对象。但是机箱也并不是毫无作用，一些用户买了杂牌机箱后，因为主板和机箱形成回路，导致短路，使系统变得很不稳定。图 1.1 为机箱外型。

② 主板：个人计算机的主板安装在主机箱内。主板是一块多层印刷电路板，外表两层印刷信号电路，内层印刷电源和地线，如图 1.2 所示。主板主要提供连接 CPU、内存和其他输入/输出装置的接口。

③ CPU：CPU 是中央处理器（Central Processing Unit）的英文缩写，是计算机的核心和关键部件。计算机的性能主要取决于 CPU。CPU 由运算器（ALU）和控制器（Control Unit）组成。目前全球主要的 CPU 生产商有 Intel 和 AMD 两大公司。图 1.3 所示为当今最高端的 Intel Core i7

2600 和 AMD 羿龙 II X6 1055T CPU。

Intel 是目前全球最大的半导体芯片制造厂商，从成立至今已经有 40 多年的历史。它不仅制造出了全球第一块微型处理器，其后也一直居于业界的领导地位。

AMD 作为全球第二大微处理器芯片的供应商，其业务遍及全球，专为计算机、通信和电子消费类市场供应各种芯片产品以及技术解决方案，多年以来一直是 Intel 的强劲对手。

图 1.1　机箱

图 1.2　主板

Intel Core i7 2600/盒装

AMD 羿龙 II X6 1055T/盒装

图 1.3　CPU

④ 内存储器：简称内存，用于存放当前正在使用的或随时要访问的程序或数据。它是 CPU 能根据地址线直接寻址的存储空间。衡量内存的常用指标有容量和存取周期（速度）。

内存又分为 RAM（随机存储器）和 ROM（只读存储器）。RAM 是一种在计算机正常工作时可读/写的存储器，但 RAM 有掉电丢失信息的特点。购机时所说的内存条就是将 RAM 集成块集中在一起的一小块电路板，插在计算机中的内存插槽上，如图 1.4 所示。ROM 与 RAM 的不同之处是在计算机正常工作时只能从中读出信息，而不能写入信息。ROM 的最大特点是不会因断电丢失数据，可靠性高。利用这一特点，常将操作系统基本输入/输出程序（BIOS）固化在 ROM 中。目前市场上常见的内存条内存容量有 2GB、4GB、8GB 等。

图 1.4　内存条(Memory)

⑤ 硬盘：硬盘属于外存储器中最重要的和必不可少的存储设备，主要用于存放一些暂时不用而又需要长期保存的程序或数据，CPU 不能直接访问其中的信息。外存相对于内存来说访问速度较慢，但造价低廉，容量可以做得很大。硬盘的外观如图 1.5 所示。

⑥ 光驱：光盘驱动器简称光驱，是读取光盘信息的设备。光驱的结构主要包括激光头、旋转转盘、控制器和一组信号操作系统。光驱的接口一般分为 IDE、EIDE、SCSI 和并行口 4 种，其中 IDE 已经被淘汰，EIDE 是中低档驱动器采用的标准，SCSI 是高档驱动器的接口，而外置式 CD-ROM 一般通过并行口与主机相连。光驱的外观如图 1.6 所示。

图 1.5　硬盘

图 1.6　DVD 光驱

（2）外设部分

① 显示器：是计算机必不可少的外部设备之一，用于显示数据，将电信号转换成可以直接观察到的字符、图形或图像。显示器连接到显示适配器上与计算机进行数据通信。显示器按屏幕大小可分为 36cm（14 英寸）、38cm（15 英寸）、43cm（17 英寸）等。按分辨率可分为 1024 像素 × 768 像素、1280 像素 × 800 像素等。目前，市场上有液晶显示器、CRT 显示器和等离子显示器，其中液晶显示器占主流市场。图 1.7 所示为液晶显示器。

② 键盘：是计算机中最常用的输入设备，标准键盘为 104 键，分为 4 个区：功能键区、主键盘区、编辑键区和小键盘区。

③ 鼠标：是使用 Windows 等图形化操作系统的计算机必备的输入设备。鼠标的外壳一般装有两个按钮，为左、右按钮。随着互联网的发展，出现一种带滚轮的鼠标，方便浏览网页。图 1.8 所示为键盘/鼠标套装。

图 1.7　液晶显示器

图 1.8　键盘/鼠标套装

【实例演示】

1. 如何组装个人计算机

（1）个人计算机的组成

个人计算机的组成如图 1.9 所示。

图 1.9 个人计算机

（2）个人计算机配置

组装个人计算机一般需要购买如表 1.1 所示的 9 种配件。

表 1.1 个人计算机配置

配 件		说 明
主机	机箱	安装计算机的各种硬件（以下 6 种硬件）的外壳，一般配带电源
	计算机主板	包含计算机系统主要组成的电路板，一般声卡和网卡都已经集成到电路板上，不必再购买
	CPU	负责计算机系统运行的核心硬件
	内存条	存储数据的硬件，一旦关闭电源，数据就会丢失
	显卡	控制计算机图像的输出。为降低成本，有些计算机将显卡也集成到主板上
	硬盘	最常用的存储设备
	光驱	读取光盘数据的设备
外设	显示器	计算机标准输出的设备，一般是液晶显示器
	键盘	最常用的标准输入设备
	鼠标	

（3）主要配件的品牌及基本选购参数

① CPU。必须首先选择 CPU，才能选择相应的主板。

目前的 CPU 市场基本都被 Intel 和 AMD 两家生产厂商垄断，它们的产品型号及种类繁多。价格低的有 500 元以下的，高的有 1000 元以上的。选购时主要考虑如下参数。

- 核心：CPU 的核心类型即核心数，有单核、双核、三核、四核、六核。
- 二级缓存：二级缓存是表现 CPU 性能的关键之一，用于暂时存储 CPU 最近运算的部分指令和数据，在 CPU 核心不变化的情况下，增加二级缓存容量能使性能大幅度提高。而同一核心的 CPU 往往也是在二级缓存上有差异，由此可见二级缓存对于 CPU 的重要性。目前市面所能见到的民用级产品中，二级缓存大小从 128KB 到 2048KB。

- 主频：即 CPU 内部核心工作的时钟频率，单位一般是 G 赫兹（GHz）。对于同种类的 CPU，主频越高，CPU 的速度就越快。目前市面所能见到的民用级产品中，主频高低从 1.7GHz 到 3.06GHz 不等。

② 计算机主板。

主板品牌繁多，质量参差不齐，价格范围大约在 400 到 2000 元不等。选购时应了解以下知识。

支持 Intel CPU 的主板厂商包括 Intel、ATI、NVIDIA 和 VIA（威盛）等。如果对稳定性有严格的要求，推荐使用 Intel CPU 搭配 Intel 原装主板。支持 AMD 的 CPU 可搭配 VIA 或 nForce 系列主板。芯片组是主板的核心所在，其优劣对主板性能有决定作用。目前市面上主要的芯片组厂商主要有 Intel、ATI 和 VIA（威盛）。集成主板一般集成了声卡、网卡，甚至显卡等配件，降低了成本，是低端市场的主流产品。

目前市面上口碑不错的主板厂商有如下几家。

- 华硕是全球出货最多的主板厂商，其产品不管是从技术上还是硬件规格上都占据了业界的领先地位，价格定位也相对较高。
- 微星主板不仅拥有较高的性价比，还包括一系列独家技术。
- 技嘉主板是中国台湾地区第二专业制造商的产品，一直保持高品质和创新的形象。
- 磐正主板注重实用功能，并且有着不错的超频潜力，价格也比较适中。
- 七彩虹主板主要面对低端主流市场，价格也是几大品牌中最低的。

③ 内存条。

目前市面上的内存产品以 DDR2 和 DDR3 为主，内存容量有 2GB、4GB、8GB，但假冒伪劣的现象十分普遍。

现在常见的内存条品牌有以下几种：金士顿（Kingston），作为世界第一大内存生产厂商的 Kingston,其内存产品在进入中国市场以来，凭借优秀的产品质量和一流的售后服务，赢得了众多中国消费者的心。另外，还有现代（HY）、胜创（Kingmax）、宇瞻（Apacer）、金邦（Geil）和威刚（ADATA）。

挑选内存的时候，不必盲目追求大容量、高频率，要注意内存的工作频率与 CPU 的前端总线频率保持匹配。另外，若新旧内存同时安装，可能会造成系统的不稳定。

④ 显卡。

显卡的主要选购性能参数是显卡芯片，目前市面上主流的有 nVIDIA 和 ATI 显示芯片。另外，还要考虑显存的容量和速度。

目前市面上显卡的种类繁多，主流的显卡可按照以下 3 种方式来分类。

- 五大通路厂商。

目前的五大通路厂商是指七彩虹、双敏、盈通、铭瑄和昂达，它们的产品在设计、用料与做工精细度上基本相同，区别仅在于个性化散热器等方面。

- 主流一线厂商。

主流一线厂商拥有较高的市场关注度，目前位于前列的是迪兰恒进、微星、华硕、蓝宝和技嘉。

- 其他知名厂商。

在其他知名厂商中，品牌认知度较高的有影驰、艾尔莎、丽台、XFX 讯景和翔升等。

⑤ 硬盘。

硬盘的主要选购性能参数是硬盘容量、硬盘转速和缓存容量。

目前市面上主流的硬盘基本是希捷、西部数据、迈拓、日立、三星 5 家大厂的产品。硬盘容量大小有 500GB、640GB、750GB、1TB、1.5TB、2TB。目前价格从几百到几千不等。

⑥ 光驱。

光驱的主要选购性能参数是读取速度、接口类型和机芯。

常见的光驱品牌有三星、索尼、LG 和建兴等。目前价格为几百元。

⑦ 机箱。

机箱的主要选购性能参数是用料与做工、散热性、电源认证与静音。

常见的机箱品牌有金河田、技展、动力火车、华硕（ASUS）和爱国者（Aigo）等。目前价格为几百元。

⑧ 显示器。

显示器的主要选购性能参数是尺寸、响应时间、坏点、亮度与对比度等。

现在常见的显示器品牌有三星、LG、飞利浦（Philips）、冠捷（AOC）、优派（ViewSonic）和长城（GreatWall）等。

⑨ 键盘和鼠标。

键盘有多媒体键盘和人体工程学键盘两种。常见的键盘品牌有罗技、明基、微软、技嘉、双飞燕等。鼠标的种类有光电鼠标和无线鼠标。现在常见的鼠标品牌有罗技、微软、双飞燕和雷柏等。

（4）个人计算机组装配置清单样例

廉价往往是低端的代名词。不过伴随着硬件市场价格的突变，廉价的产品已经愈发突显出自己的优势。AMD 平台一直以来都具备较高的性价比。表 1.2 所示是一款 AMD 平台的入门级游戏计算机配置清单（报价日期：2011 年 3 月）。

表 1.2　　4147 元独显 Intel 平台推荐配置

配　件	型　号	媒体报价（元）
CPU	Intel 酷睿 i3 540/散装	705
散热器	超频三	55
主板	华硕 P7H55-M	699
内存	金士顿 2GB DDR3 1333	140
显卡	索泰 GT240 毁灭者	599
硬盘	希捷 12 代 500GB 单碟	260
光驱	先锋 DVD130D 黑炫风	125
显示器	飞利浦 221EL2SB	999
电源	航嘉 冷静王钻石 Win7 版	258
机箱	航嘉 H507	178
键盘鼠标	光电高手 1000 多媒体键鼠套装	129
总价		4147

2. 如何选购笔记本计算机

笔记本计算机因携带方面，受到许多用户的喜欢。笔记本计算机属于高集成性的产品，融合了一些台式机所没有的技术。

（1）笔记本计算机的外观

多数用户在挑选笔记本计算机时，对于产品的外观还是相当讲究的。下面对时下流行的笔记本外观材料进行介绍。

① ABS 工程塑料。

ABS 是丙烯晴、丁二烯和苯乙烯的三元共聚物，A 代表丙烯晴，B 代表丁二烯，S 代表苯乙烯。这种材料既具有优良的耐热耐候性、尺寸稳定性和耐冲击性，又具有 ABS 树脂优良的加工流动性。不过仍然存在质量重、导热性能欠缺等缺点，但因为成本低，而被大多数笔记本计算机厂商采用，目前多数的塑料外壳笔记本计算机都采用 ABS 塑料作为原料。

② 铝镁合金。

这种材料的主要成分是铝，因本身就是金属，所以采用这种材料的笔记本计算机产品的导热性能的强度尤为突出。铝镁合金质量轻、密度低、散热性较好、抗压性较强。其不足是并不是很坚固耐磨，成本较高，而且成型比 ABS 工程塑料困难。

③ 钛合金。

这种材料可以理解为铝镁合金的增强。因为在这种材料里面加入了碳纤维材料，无论是散热、强度，还是表面质感都优于铝镁合金材质；加工性能更好，外型比铝镁合金更加复杂多变。其关键性的突破是韧性更强，而且变得更薄。但由于制造成本过于昂贵，使其只能被少数有实力的厂商所用。

（2）笔记本计算机的相关技术

① 迅驰技术。

迅驰是笔记本计算机 CPU 的一种类型，是 Intel 的产品。它的特点是低功耗、低热量、大缓存，一般在高档的笔记本计算机里面搭配使用，而且集成了无线上网的模块。价格比一般的笔记本计算机要贵一些。迅驰（Centrino）是 Center（中心）与 Neutrino（中微子）两个单词的缩写。它由 3 部分组成：移动式处理器（CPU）、相关芯片组合、802.11 无线网络功能模块。

② 节能技术。

笔记本计算机专用的 CPU 都拥有通过降低电压和主频（主要是降低倍频，外频基本不变）来达到省电目的的技术。虽然技术大同小异，名称却各不相同。例如，Intel 称之为 speedstep，AMD 称之为 powernow。

③ 蓝牙技术。

蓝牙技术是一种利用低功率无线电在各种 3C 设备间彼此传输数据的技术。它最大的好处就是能够取代各种乱七八糟的传输线。因为蓝牙接口具有这种优点，而且造价也逐步下降。所以目前新出的中高档笔记本基本上都配备了蓝牙接口。

（3）笔记本计算机的选购原则

一般具体性能参数要考虑 CPU 的速度、内存容量、硬盘容量、显示器大小和电池容量。建议重点考虑如下内容。

① 学生用户：价格较低、性能、外观、售后服务等，能胜任学习和休闲即可。

② 普通用户：价格适中、娱乐性、易使用性、时尚性，能胜任家用的一种家电。

③ 商务用户：价格较高、系统稳定性、数据安全性、服务全球性，能胜任工作要求。

④ 游戏用户：价格较高、独立显卡，能胜任游戏流畅运行，使用户快乐。

（4）笔记本计算机的购买及查询

在购买之前，通过适当的查询，了解当前市场行情是必不可少的。

可以到卖场购买，也可以网上购买。

目前常见的笔记本计算机品牌有联想、惠普、索尼、华硕、东芝、戴尔、方正、神州、明基等。

水货是指原定销售地点不是该国家或地区的产品在该国家或地区销售，举例来说，一台本来以美国为销售地点的笔记本计算机在中国销售，这台笔记本计算机在中国就叫水货。水货只和销售地有关，即使是中国生产的笔记本计算机，但是属于销往美国的型号，在中国销售也属于水货，但是回到它的正规销售地美国，它又成为正规的行货，因此水货这个说法只是相对某个指定的地域而言。

行货是指由生产商自己或者在通过授权代理商特定地区销售专为该地区设计和生产的产品。行货也只和销售地点有关，与生产地点无关，而且行货也是相对地域而言的，在中国销售的该地区的行货在国外销售就是水货。

（5）笔记本计算机的配置清单样例——ThinkPad T410i（2516AJC）

ThinkPad T410i（2516AJC）如图 1.10 所示，在造型上延续了 Thinkpad 的经典商务造型，小巧的机身、强悍的硬件配置，成为人们关注它的理由。该机采用了碳纤维增强型塑料与镁合金材料的搭配，配备了酷睿 i3-330M 处理器、NVIDIA Quadro NVS 3100M 显卡，在日常工作中能够有出色的表现。

外观方面，联想 ThinkPad T410i 依然使用了散热和机械强度很好的高弹性聚乙烯碳纤维（HEPC）材料顶盖，并且沿袭了 ThinkPad 一贯的“小黑”外观，Trackpoint 指点杆、键盘灯、200 万像素摄像头，搭配分辨率为 1280 像素×800 像素的 14.1 英寸的 LED 显示器无疑使 T410i 成为 14 英寸商务笔记本中的佼佼者。

配置方面，联想 ThinkPad T410i（2516AJC）采用了主频为 2.13GHz 的英特尔酷睿 i3-330M 双核处理器、2GB DDR3 1066 内存、256MB 的 NVIDIA Quadro NVS 3100M 独立显卡、DVD 双层刻录机、指纹识别、4 个 USB2.0 接口、5 合 1 读卡器以及 VGA、DisplayPort 等接口，并且预装 Windows 7 Home Basic 操作系统。

接口方面，ThinkPad T410i（2516AJC）拥有 4 个 USB2.0 接口、1 个 ExpressCard 扩展接口、RJ45 网络接口、RJ11 电话线接口、耳机输出接口、麦克风输入接口、电源接口、1394 接口、Esata Combo 接口。另外，该机内置了 1000Mb/s 以太网卡、Intel 1000 BGN 无线网卡。

图 1.10 联想 ThinkPad T410i

ThinkPad T410i(2516AJC)配置清单如表 1.3 所示。

表 1.3 ThinkPad T410i（2516AJC）配置清单

	学生机	市场同类机型
型号	ThinkPad T410i 2516-UN1	ThinkPad T410i 2516-A61
CPU	酷睿 TM i3-390M（2.66GHz,3MB）	酷睿双核 i3-380M（2.53GHz，3MB）
操作系统	Windows 7 Home Basic	
芯片组	intel QM57	
显示器	14.1 英寸 WXGA LED 背光显示器	
内存	2GB 1066MHz DDR3 内存	
硬盘	320GB 7200rpm SATA 硬盘	
显卡	NVS3100M，512MB 独立显存	
光驱	Rambo	
蓝牙	有	
摄像头	200 万像素摄像头	
指纹识别	有	
电池	6 芯标准电池	
服务	1 年保修带意外	质保期：一年质保
赠品	赠送 ThinkPad 双肩包+ThinkPad 原装鼠标	Thinkpad 单肩背包
售价	6799	7499

【强化训练】

（1）根据市场调查，写一份适合自己的台式计算机或笔记本计算机配置清单。

（2）到电脑城去了解和实习如何实际组装一台台式计算机或选购笔记本计算机，写一份自己总结的经验报告。

实验 2 键盘和鼠标的操作

【实验目的】

1. 了解金山打字软件的使用。
2. 掌握开关机顺序和流程。
3. 掌握键盘的操作。
4. 掌握鼠标的操作。

【实验内容】

1. 如何打开计算机

按下计算机主机箱上的 Power 键（又称开关键，一般是主机箱前面板中最大的按键），即可打开计算机，计算机的开机流程如下。

第一步：系统自检，正常情况下能听到一声清脆的“滴”声。

第二步：引导操作系统，此时一般能看到操作系统的标志画面（如 Windows XP 启动画面）。

第三步：操作系统引导成功，根据操作系统的设置，有时需要先输入用户名和密码，然后可以看到操作系统的桌面。

至此，开机操作完成。计算机的软硬件配置不同，开机所需时间也不尽相同，一般需要 30 秒至 1 分钟。

2. 如何关闭计算机

现在使用的很多机箱都具有自动关机的功能（ATX 机箱），只要退出操作系统就可以自动关机，无须人为关闭计算机电源。

注：

正常关闭操作系统的方法可以参考第 2 章关闭 Windows XP 方法。

3. 鼠标的基本操作

Windows XP 支持鼠标的操作。常用的鼠标操作方法如下。

（1）指向：移动鼠标，使鼠标指针指向选择的对象，主要用于移动到选择的对象。

（2）单击：快速按一下鼠标左键并立即释放，用于定位或选中某个对象。

（3）右击：快速按一下鼠标右键并释放，通常用于调出所选对象的快捷菜单。

（4）双击：在对象上连续按两次鼠标左键，用于启动程序或关闭某个对象。

（5）拖放：按下鼠标左键不放，移动鼠标，使鼠标指针移到某一特定位置然后松开鼠标，主要用于移动对象。

（6）滚动：微软公司推出的最新鼠标（智能鼠标），在两个鼠标按键中间镶嵌一个小轮。在支持智能鼠标的应用程序中（如 Office 2003 中），滚动小轮就可以实现文档的上下滚动，也就是完成拖动滚动条的任务。这在网上浏览是非常有用的。

4. 键盘的基本操作

（1）常用按键的键名

常用按键的键名如图 1.11 所示。

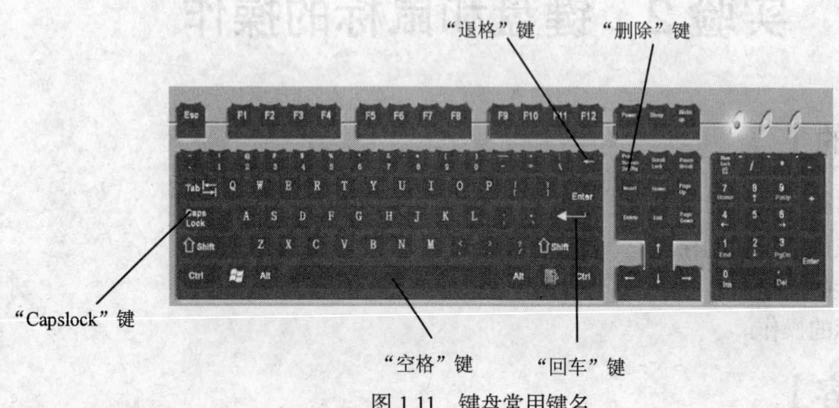

图 1.11 键盘常用键名

（2）键盘录入技术

打字姿势：正确的打字姿势可提高打字的速度和准确率，且轻松自如，不易疲劳。具体的要求是：坐姿端正，腰背挺直而微前倾，全身自然放松；上臂自然下垂，上臂和肘应靠近身体；指、腕都不要压到键盘上，手指微曲，轻轻按在与各手指相关的基本键位上；下臂和腕略微向上倾斜；双脚自然平放在地上，切勿悬空，座位高度要适度；显示器放在键盘的正后方，与眼睛相距 50cm，稿件放在键盘左侧，以便阅读。

基本指法：十指分工，包键到指，各守岗位。操作时，将左手小指、无名指、中指、食指分别轻放于 A、S、D、F 键帽上，左手拇指自然向掌心弯曲；并将右手食指、中指、无名指、小指分别轻放于 J、K、L；键帽上；双手拇指轻放于“空格”键上；如图 1.12 所示。

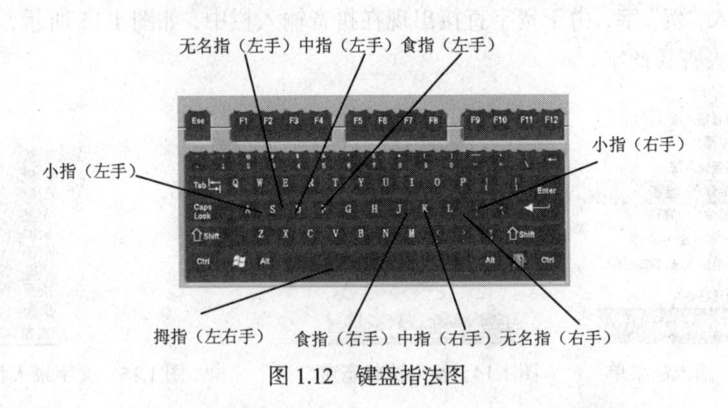

图 1.12　键盘指法图

训练要求：严格按照坐姿和指法分工准确的要求；击键要轻而迅速、力度适当、节奏均匀；步进式练习，先练习基本键位，再练习上、下排键位；坚持训练盲打，一开始不贪求速度，保证准确性。

打字作为一种基本功，只能通过大量实践才能熟练，贵在坚持。一般达到盲打才具备了一定的基本功。

（3）英文字母的录入方法

直接按下主键盘区的英文字母键即可。在标准键盘的右侧有一个“CapsLock”指示灯，代表当前录入英文字母的大小写状态。当指示灯灭时，输入的英文字母是小写，当指示灯亮时，输入的英文字母是大写。在输入英文字母时，“Shift”键（上档键）也可用于大小写转换。如果默认输入的是小写，按住“Shift”键的同时按英文字母键就会出现大写字母。反之，出现小写字母。

（4）双键名键的录入

在标准键盘上，有一些键有两个键名，例如数字 5 和字符%在同一个键上。对于这样的键，直接按此键输入的是下方的字符，如果按住“Shift”键的同时按此键，则输入上方的字符。

（5）汉字的输入

在计算机中输入汉字，需要调用相应的汉字输入法(常用的汉字输入法有音码（例如，智能 ABC 输入法）、形码（例如，五笔字型输入法）、形音码（例如，自然码），然后利用键盘输入相应的汉字。

（6）调用输入法的方法

将鼠标单击屏幕右下边的小键盘图标，弹出输入法菜单，如图 1.13 所示，从此菜单中单击相应的输入法名即可选定需要的输入法。输入法选定后，在屏幕的左下角会看到相应的输入法状态窗口，如图 1.14 所示。注：按“Ctrl+Shift”组合键可在英文和各种中文输入法间切换。按“Ctrl+空格”组合键可在当前中文输入法和英文状态间切换。

（7）输入法的使用（以智能 ABC 为例）

① 输入汉字。先输入相应汉字的拼音，然后按空格键，此时会弹出候选字框，从候选字框中选择要输入的汉字，如果找不到需要的汉字，可以按“+”号或“-”号进行翻页。找到汉字后，直接按汉字前的序号键即可。

例如，输入“鹤”字，应先输入拼音“he”，然后按“空格”键，由于第一页没有需要的汉字，按“+”号向后翻页，找到“鹤”字后，按此字前的序号“5”。

“鹤”字的完整按键顺序：拼音“he”→“空格”键→“+”号→数字“5”

注：如果要输入的汉字直接出现在拼音输入栏中，可直接按空格键输入此汉字。

例如，要输入“贺”字，由于贺字直接出现在拼音输入栏中，如图 1.15 所示，只需直接按“空格”键，而无须去查找此字。

图 1.13 输入法菜单　　图 1.14 输入法状态窗口　　图 1.15 文字录入状态

② 常用技巧。拼音输入法的优点是简单易学，缺点在于重码率过高，每输入一个汉字的拼音，会对应着许多同音的汉字，然后必须人为地在这些汉字中进行查找，这样会降低输入速度。下面介绍一些智能 ABC 输入法的技巧，掌握这些技巧，能有效降低重码率，提高输入速度。

智能 ABC 输入法支持多字输入，也就是同时输入多个汉字的拼音。特别是对于词组，用这种方法输入时，能有效地降低重码率。

例如：输入“合肥”。

逐字输入：合——拼音“he”→“空格”键→按数字“3”

　　　　　肥——拼音“fei”→“空格”键→按数字“3”

用这种方法，需要输入两次汉字，两次进行查询操作。

整词输入：合肥——拼音“hefei”→“空格”键→（由于“合肥”直接出现在拼音提示栏中）“空格”键，如图 1.16 和图 1.17 所示。用这种方法输入汉字，明显降低重码率。

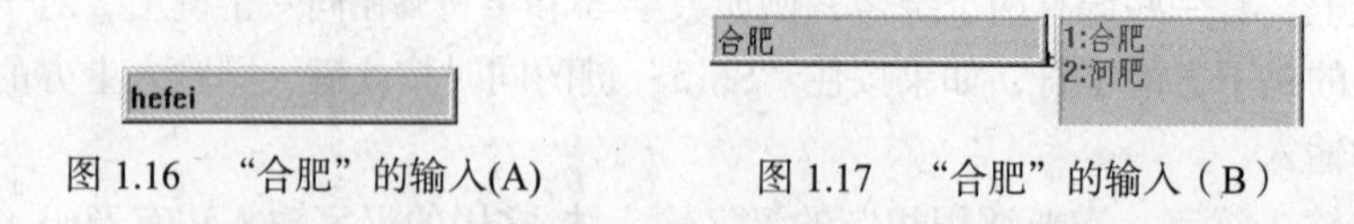

图 1.16 “合肥”的输入(A)　　图 1.17 “合肥”的输入（B）

注：对于一些长词组，可以只输入每个字第一个字母。例如，中国共产党：拼音“zggcd”→“空格”键→空格键；电视台：拼音“dst”→“空格”键→“空格”键。有一些词组，连续的两个字的拼音会组成一个汉字。例如，我省的地名“六安（Lu An）”，两个汉字的拼音正好构成 luan（鸾）。对于这样的汉字，在输入时，应在两个字的拼音中间加上单撇号“'”。例如，六安：拼音“lu'an”→“空格”键→“空格”键；中华人民共和国：拼音“z'hrmghg”→“空格”键→“空格”键，如图 1.18 和图 1.19 所示。

③ 中英文标点的切换。在输入法的状态栏中有中英文标点的切换按钮，切换按钮显示镂空的句号和逗号时，代表输入的是中文标点；显示实心的句号和逗号时，代表输入的是英文标点。

z'hrmghg

图 1.18　特殊长词组输入

中华人民共和国

图 1.19　特殊长词组输入

中英文标点切换的方法是在输入法状态栏上的切换按钮上单击，快捷键是“Ctrl+句号”。

④ 软键盘的使用。在输入法状态栏上的软键盘按钮上单击可弹出软键盘，直接用鼠标在软键盘上单击可达到利用键盘输入相同的效果。在软键盘按钮上右击可弹出软键盘菜单，此菜单中提供了特殊符号的输入，利用软键盘可以输入希腊字母、俄文字母、注音符号、拼音、日文平假名、日文片假名、标点符号、数学序号、数学符号、单位符号、制表符和特殊符号。

⑤ 输入法的帮助。在输入法状态栏最左侧的输入法标志图标上右击可弹出输入法的帮助菜单，此帮助信息能帮助用户更好地了解输入法的使用技巧，提高输入速度。

【实例演示】

1. 认识计算机

（1）在老师的指导下，打开一台主机。认识主板、CPU、内存条、硬盘、显卡、声卡、网卡及连接外部的接口。

（2）熟悉主机面板的电源开关“POWER”键、电源指示灯、重新启动复位按钮“RESET”键和硬盘工作指示灯。

（3）了解开关机流程（先开外设，再开主机；先关主机，后关外设）。

2. 使用金山打字软件 2006

（1）网络中有很多免费的打字练习软件，大家可以使用金山打字 2006。这款软件操作简单，功能完善。所有操作都可通过左侧窗口中的按钮实现，如图 1.20 所示。

图 1.20　金山打字 2006 的使用界面

（2）使用记事本工具输入本书的前言部分。在计算机中，安装了输入法就相当于写字有了笔，当然，还需要有纸，通过记事本程序可提供一个供写字的“纸”了。

操作步骤：

① 先用鼠标单击屏幕左下角的“开始”按钮，在弹出的菜单中指向“程序”，然后在下一级

菜单中指向“附件”，最后指向并单击“记事本”，弹出记事本程序窗口。

② 用鼠标单击屏幕右下边的小键盘图标，在弹出的输入法菜单中选择自己使用的输入法，然后录入汉字。

③ 注意：录入时屏幕中有一个闪动的光标，一般称之为插入点，即用户输入的文字总是出现在插入点的位置。换行请按“回车”键，移动光标可以单击鼠标或使用键盘上的 4 个方向键。如果要将文字向后移动，先将光标定位到此文字前，然后按“空格”键。如果要删除某个汉字，可先将光标定位到此文字前，按“Delete”键，或将光标定位到此文字后，按“退格”(“BackSpace” / “←”) 键。

【强化训练】

（1）熟悉开、关机流程，了解“RESET”键的作用与使用方法。

（2）熟悉打字练习软件的使用方法。

（3）请利用记事本工具写一篇自我介绍（中英文对照，一行中文，一行英文）。

第 2 章 Windows XP 操作系统

微软公司的 Windows XP 操作系统不再按惯例以年份数字为产品命名，其中“XP”是英文 experience（体验）的缩写。Windows XP 在继承了 Windows 2000 先进技术的基础上，又添加了众多的新技术和功能，使之成为一个易于操作、功能更加强大的操作系统平台。本章将通过 5 个实验进一步熟悉和掌握 Windows XP 下的基本操作和功能。

实验 1　桌面与窗口操作

【实验目的】

1. 了解 Windows XP 系统帮助功能。
2. 掌握正确启动与关闭 Windows XP 的方法。
3. 掌握 Windows XP 的桌面及有关操作方法。
4. 掌握“开始”菜单与任务栏的功能与使用技巧。
5. 掌握 Windows XP 中窗口、对话框、菜单的操作方法。

【实验内容】

1. Windows XP 的启动方法

Windows XP 按照先外设后主机的顺序启动，打开计算机电源，计算机会自动进行自检和初始化，无误后开始启动 Windows XP。稍等片刻，系统会进入用户账户登录界面，如图 2.1 所示。

选择用户、输入相应的密码并按“回车”键（此操作可以省略），系统自动装载相应的用户信息后，显示如图 2.2 所示的桌面环境。

注：在 Windows XP Professional 中，系统启动时是否出现登录提示信息可通过“控制面板”中的“用户账户”进行设置。

2. Windows XP 的关闭方法

当工作结束时，应先对已完成的工作进行存档，然后关闭 Windows XP。

正确关闭 Windows XP 的操作步骤如下。

① 单击“开始”按钮，选择“关闭计算机，弹出 “关闭计算机”对话框如图 2.3 所示。

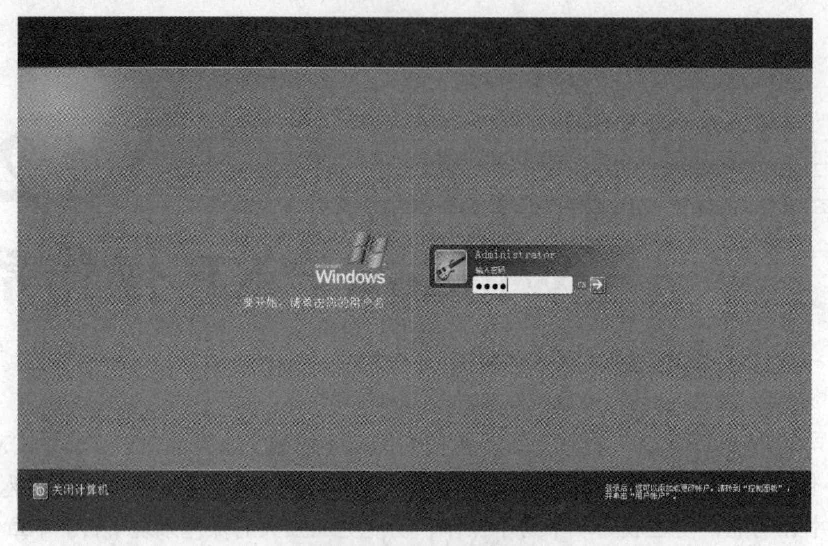

图 2.1　用户登录界面

图 2.2　Windows XP 桌面

图 2.3　关闭计算机

② 单击“关闭”按钮，系统自动关闭计算机。

3. Windows XP 的桌面

当正常启动 Windows XP 后，会看到 Windows XP 的桌面（见图 2.2）。Windows 桌面上的内容称为对象，每个对象由图标和名字组成。Windows XP 的桌面对象一般包括“我的电脑”图标、“我的文档”图标、“回收站”图标、“网上邻居”图标、文件图标和快捷方式图标（默认情况下只有“回收站”图标)。文件图标与快捷方式图标所代表的意义是不同的，文件图标直接代表某个文件，当用户删除文件图标时，对应的文件也被删除；而快捷方式图标代表的只是对某个文件的指向，对快捷方式图标进行更名、删除、移动等操作时，不会对相应的文件产生影响。快捷方式图标的左下角一般有一个向上的箭头，而文件图标则没有。

(1) 在桌面上新建快捷方式图标

方法一：找到要在桌面建立快捷方式的文件，然后在此文件上右击，在弹出的快捷菜单中选择“发送到→桌面快捷方式”，如图 2.4 所示。

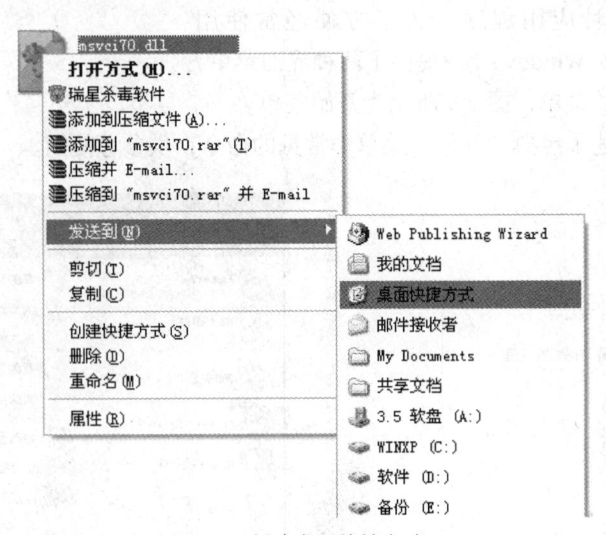

图 2.4 创建桌面快捷方式

方法二：直接在桌面上空白处右击选择“新建→快捷方式”，如图 2.5 所示，在弹出的“创建快捷方式”对话框中单击“浏览”按钮，如图 2.6 所示，找到需要建立快捷方式的程序，然后单击“下一步”按钮，在文本框中对要建立的快捷方式图标进行命名，最后单击“完成”按钮。

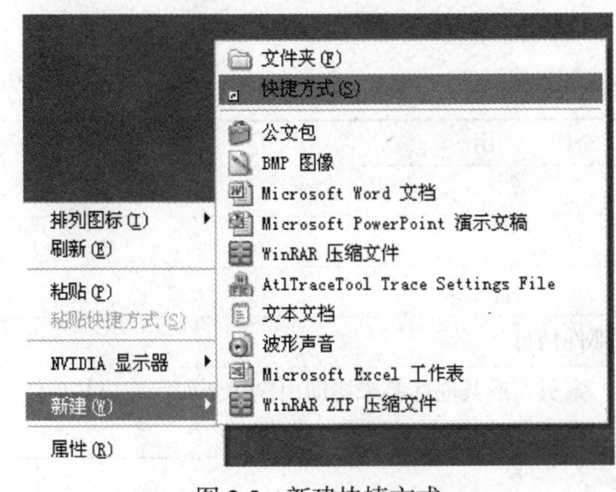

图 2.5 新建快捷方式

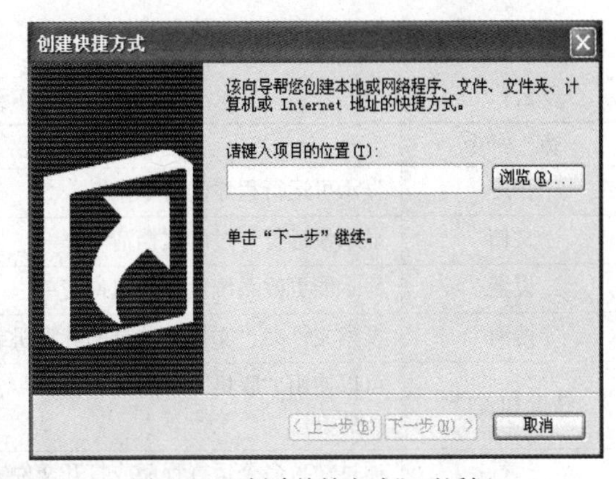

图 2.6 “创建快捷方式”对话框

注：在快捷方式图标上右击，在弹出的快捷菜单中选择“属性”，在弹出的对话框中选择“快捷方式”选项卡，从目标一栏中可看到快捷方式图标所代表的程序的位置。

(2) 桌面图标的排列

在桌面空白处右击，在弹出的快捷菜单中选择“排列图标”，再分别从其子菜单中选择“名称”、“类型”、“大小”、“修改时间”或“自动排列”，如图 2.7 所示，然后单击鼠标左键，可按选中方式重新排列桌面图标。

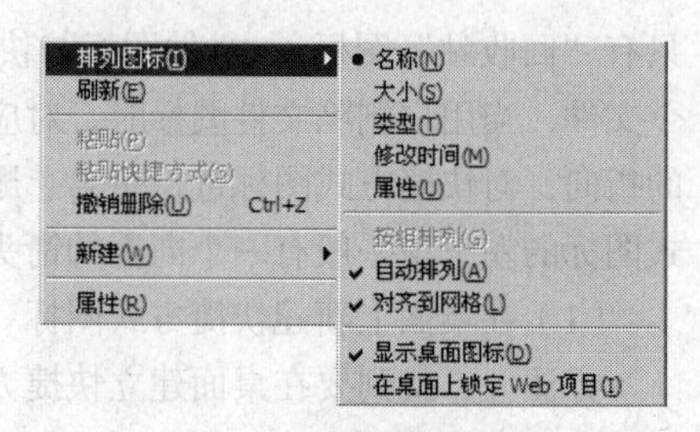

图 2.7 排列图标命令

4. Windows XP 的“开始”菜单与任务栏

在桌面的左下角是 Windows XP 的“开始”按钮，单击此按钮弹出“开始”菜单。“开始”菜单用于引导用户启动计算机上的各种应用程序。为了方便经常使用 Windows 2000 的用户，Windows XP 提供了两种界面菜单，图 2.8 所示为经典开始菜单，图 2.9 所示为开始菜单。

表 2.1 简要地描述了经典“开始”菜单中常见的命令，供参考使用。

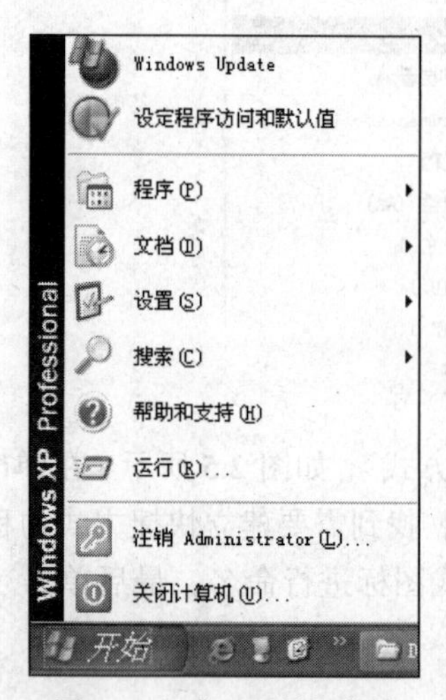

图 2.8 经典“开始”菜单

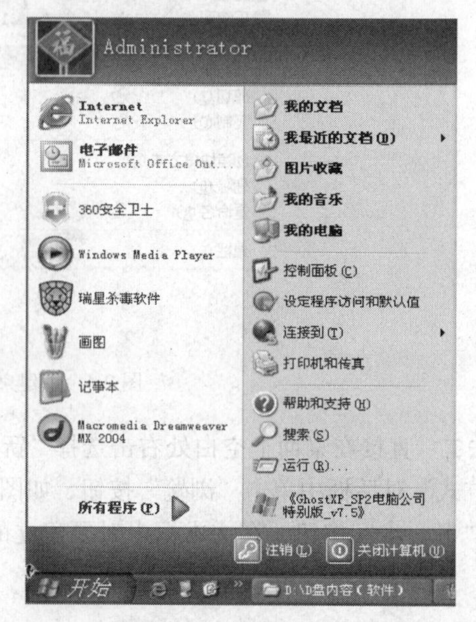

图 2.9 “开始”菜单

表 2.1 经典“开始”菜单命令综述

命 令	作 用
程序	显示可运行程序的清单
文档	显示最近打开过的文档清单
设置	显示能更改系统设置的组件清单
搜索	搜索文件夹、文件、共享的计算机或邮件信息
帮助和支持	可以使用“联机”帮助的“目录”、“索引”或其他标签来协助用户找到如何完成某项任务的方法
运行	通过输入命令运行程序或打开文件夹
关闭计算机	关闭、重启计算机或注销用户

（1）利用“开始”菜单启动应用程序

将鼠标指针移动到“开始”按钮上单击，然后选择“程序”，再在其子菜单中选择需要运行的程序，即可启动相应的应用程序。

（2）“开始”菜单的属性设置

右键单击“开始”按钮，在弹出的快捷菜单中选择“属性”，弹出“任务栏和［开始］菜单属性”对话框，在“任务栏”选项卡和“开始菜单”选项卡中可以分别设置相关属性，分别如图 2.10 和图 2.11 所示。

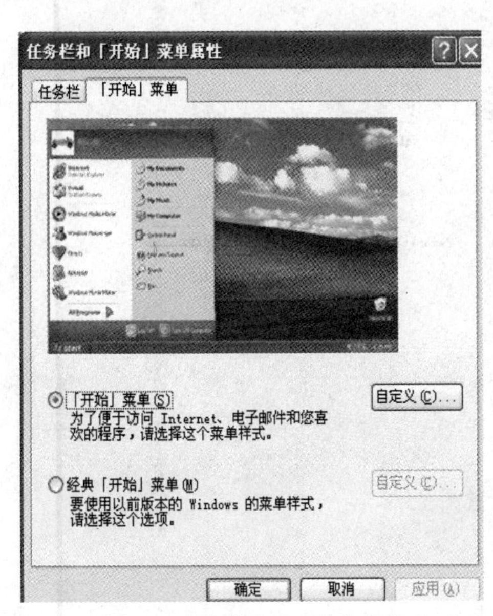

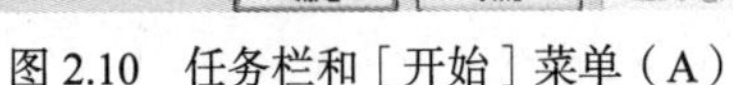

图 2.10　任务栏和［开始］菜单（A）

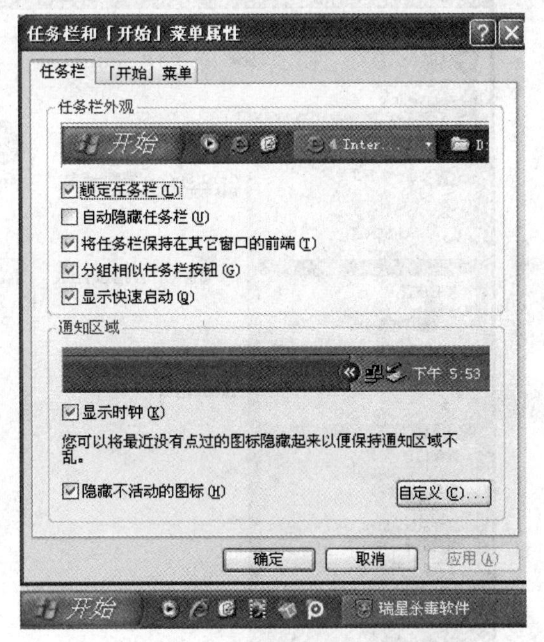

图 2.11　任务栏和［开始］菜单（B）

（3）任务栏的操作

任务栏由“开始”按钮、快速启动区、任务区和系统托盘区 4 个部分组成（见图 2.2）。

① “开始”按钮：用于打开“开始”菜单。

② 快速启动区：单击快速启动区的图标，将启动相应的应用程序。用于简化程序的启动操作。

③ 任务区：用于显示当前正在运行的程序。

④ 系统托盘区：一般用于显示驻留内存的程序或在后台运行的程序，在系统托盘区还可以选择“输入法”和设置“系统时间”。

（4）任务栏的相关操作

① 改变任务栏的大小。将鼠标指针移动到任务栏的边缘上，当鼠标指针变成相对的箭头时，拖动鼠标即可改变任务栏的大小。

② 改变任务栏的位置。将鼠标指针移动到任务栏中任务区的空白处，按住鼠标左键拖动鼠标即可改变任务栏的位置，任务栏可以移动到屏幕的 4 条边上。

③ 任务栏的属性设置。右击“开始”按钮，在弹出的快捷菜单中选择“属性”，弹出“任务栏和［开始］菜单属性”对话框，在“任务栏”选项卡中可以设置任务栏的相关属性（见图 2.11）。

5. 窗口的使用

窗口是 Windows XP 中应用程序的表现形式，一般窗口具有 3 种状态："最大化"、"最小化"和"还原"。Windows XP 窗口的屏幕元素有标题栏、控制菜单、"最大化"按钮、"最小化"按钮、"关闭"按钮、菜单栏、工具栏、工作区、状态栏、窗口边框和滚动条。窗口示例如图 2.12 所示。

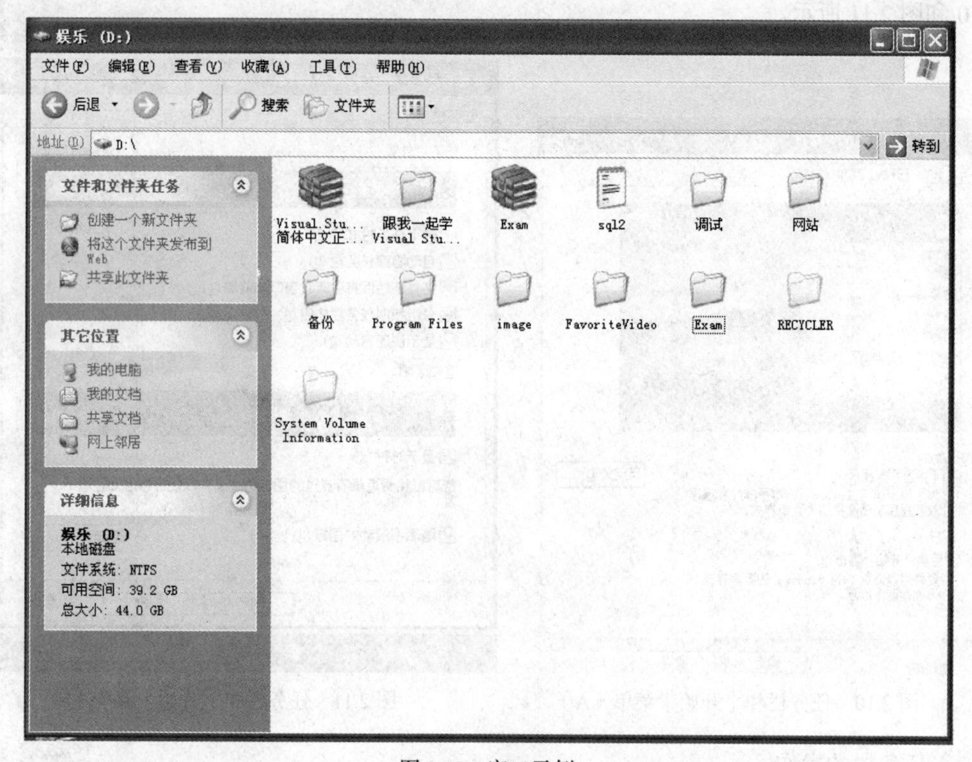

图 2.12 窗口示例

(1) 窗口的相关操作

① 打开窗口，在窗口中的对象（文件夹、应用程序）上双击。

② 窗口的关闭方法有 5 种。

方法一：单击窗口右上角的"×"图标。

方法二：双击窗口左上角的控制菜单图标。

方法三：单击窗口左上角的控制菜单图标，在弹出的控制菜单中选择"关闭"。

方法四：选择窗口内的"文件"菜单，选择"关闭/退出"。

方法五：按快捷键"Alt+F4"。

③ 窗口的最大化、最小化和还原。当窗口处于还原状态时，单击"最大化"按钮可以将窗口最大化，使窗口充满整个屏幕，单击"最小化"按钮可以使窗口最小化，缩小到任务栏上成为一个任务按钮。当窗口处于最小化状态时，单击任务栏上相应的任务按钮会使其恢复到最小化前的状态。当窗口处于最大化状态时，单击"还原"按钮可使其还原，单击"最小化"按钮可使其最小化。

注：直接在窗口的蓝色标题栏上双击，可使窗口在最大化与还原状态间切换。

④ 窗口的移动。当窗口处于还原状态时，将鼠标指针移动到窗口蓝色的标题栏上，拖动鼠标可以改变窗口的位置。

⑤ 窗口大小的改变。当窗口处于还原状态时，将鼠标指针移动到窗口的 4 个边缘或 4 个角

上，当鼠标指针变成相对的箭头时，拖动鼠标可以改变窗口的大小。

⑥ 改变窗口内的显示内容。当窗口内的内容较多，一屏无法完全显示时，可以拖动窗口右侧或下方的滚动条改变窗口内的显示内容。

⑦ 多窗口间的切换。Windows XP 是一个多任务的操作系统，允许同时打开多个程序窗口。当前正在被用户操作的窗口称为“活动窗口”，其他窗口称为“后台窗口”。在多个窗口间切换的方法有两种。

方法一：在任务栏上，每个窗口都有一个与之对应的任务按钮，单击相应的任务按钮可在多个窗口间进行切换。

方法二：按快捷键“Alt+Tab”或“Alt+Esc”。

⑧ 窗口的层叠、平铺和最小化。在打开多个窗口时，右击任务栏的空白处，打开任务栏快捷菜单，如图 2.13 所示，分别选择“层叠窗口”、“横向平铺窗口”、“纵向平铺窗口”，可改变多窗口的排列方式。

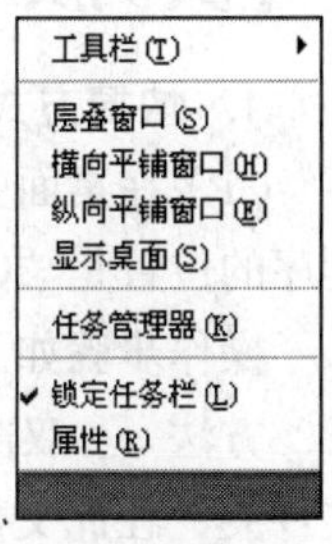

图 2.13 快捷菜单

（2）窗口菜单的操作

① 控制菜单的操作。控制菜单是专门用于控制窗口操作的，打开某个应用程序的窗口后，可用 3 种方法打开控制菜单。

方法一：单击窗口标题栏最左侧的控制图标。

方法二：在任务栏的任务按钮上右击。

方法三：在键盘上同时按下“Alt+空格”组合键。

② 菜单命令的操作方法如下。

方法一：单击相应的菜单名，然后选择相应的命令。

方法二：利用键盘输入快捷键“Alt+菜单名后的字母”（如，“文件”菜单可输入“Alt+F”组合键），然后直接按相应菜单命令后的字母（如，关闭可按“C”键）。

方法三：利用键盘直接按菜单命令后的组合键（如新建可按“Ctrl+N”组合键）。

6. 对话框的使用

对话框是给用户提供信息或要求用户回答问题的。与一般窗口不同，其大小不能改变，在它的右上角没有“最大化”和“最小化”按钮，也没有控制菜单。对话框中常见的屏幕元素有选项卡、命令按钮、列表框、下拉式列表框、文本输入框、单选按钮、复选按钮、滑杆、微调按钮等。

对话框的相关操作如下。

① 选项卡：在对话框中，每个选项卡代表对话框的一个子选项，在各子选项间切换可通过单击相应的选项卡来实现。

② 命令按钮：在命令按钮上单击，即执行这个按钮对应的命令。

③ 下拉式列表框：单击下拉式列表框右侧向下的小箭头，利用滚动条显示选项并选择相应的选项。

④ 文本输入框：在文本输入框内可以输入新值。

⑤ 单选按钮：在相应的圆形单选按钮上单击，可选定或取消选定该单选按钮。选定时，圆形按钮内有一个小黑点。

⑥ 复选按钮：在相应的方形复选按钮上单击，可选定或取消选定该复选按钮。选定时，方形按钮内有一个“√”。

7. 使用 Windows 帮助

① 获取系统帮助通常有两种方法。

方法一：在“开始”菜单中选择“帮助和支持”，或单击窗口菜单的“帮助”菜单命令，可打开“Windows 帮助”窗口，按目录逐级查找帮助主题，或通过“索引”选项卡查找“关键字”，或通过“搜索”选项卡查找 “帮助主题”，从而得到 Windows XP 的帮助信息。

方法二：在 Windows XP 的使用过程中，可以随时按“F1”键打开“帮助主题”，获得帮助信息。

② 在使用对话框时获取帮助。在打开的对话框进行操作时，如果不知道某一对象的功能，如按钮、图标等，可单击对话框右上角的“？”按钮，或按“Shift+F1”组合键，再单击需要帮助的对象，此时系统会自动给出对象的功能说明。

【实例演示】

1. 快捷方式操作

（1）在桌面上建立一个“记事本”程序的快捷方式图标，图标的名称为“记事本”。（记事本程序的位置是“C: \ WINDOWS \ NOTEPAD.EXE”）

操作步骤如下。

方法一：双击“我的电脑”图标，在弹出的“我的电脑”窗口中双击“C”盘→“WINDOWS”文件夹，在此文件夹内可以找到“NOTEPAD.EXE”文件，在此文件图标上右击，在弹出的快捷菜单中选择“发送到桌面快捷方式”即可。

注：此方法建立的快捷方式名称为“NOTEPAD”，要达到题目的要求，还要对快捷方式图标进行重命名操作。

方法二：分以下 3 个步骤进行操作。

步骤 1：在桌面空白处右击，在弹出的快捷菜单中选择“新建→快捷方式”。

步骤 2：在弹出的“创建快捷方式”对话框中的“请键入项目的位置”一栏内输入记事本程序的地址，或者先单击“浏览”按钮，然后在弹出的“浏览文件夹”对话框中依次选择“C”盘、WINDOWS，选中“NOTEPAD.EXE”，单击“下一步”按钮。

步骤 3：输入快捷方式的名称“记事本”，最后单击“完成”按钮。

（2）在“开始”菜单的“程序”子菜单内添加一个“记事本”快捷方式，并通过此快捷方式启动“记事本”程序。

操作步骤如下。

① 右键单击“开始”按钮→选择“属性”→选择“[开始]菜单”选项→选择“经典[开始]菜单”→选择“自定义”按钮，弹出“自定义经典[开始]菜单”对话框。

② 在此对话框中单击“添加”按钮，会出现一个“创建快捷方式”的对话框，利用前面介绍的方法二中的步骤 2 即可建立“记事本”的快捷方式。

③ 单击“开始”按钮→选择“程序”→在程序子菜单的最下方可看到刚才建立的记事本的快捷方式，单击此快捷方式图标即可启动“记事本”程序。

2. 窗口操作

打开“我的电脑”窗口，使其处于还原状态，然后设置其文件夹选项为“在地址栏中显示全路径”。操作步骤：① 双击桌面上的“我的电脑”图标，打开“我的电脑”窗口；② 单击窗口右上角的“还原”按钮，将窗口还原；③ 单击“我的电脑”窗口的“工具”菜单，选择“文件夹选项”；弹出“文件夹选项”对话框；④ 单击“文件夹选项”对话框中的“查看”选项卡；在下方的“高级设置”列表框中选中“在地址栏中显示完整路径”，单击“确定”按钮完成。

【强化训练】

（1）打开“开始”菜单“程序”中“附件”子菜单内的“画图”程序。熟悉窗口的各种操作。
（2）在桌面上建立 Word XP、Excel XP 和 PowerPoint XP 的快捷方式。
（3）启动 Word 程序，查看 Word 的帮助文件。熟悉各种帮助的使用方法。
（4）通过任务栏打开日期/时间对话框，在此对话框中设置日期和时间。

实验 2　文件和文件夹的操作

【实验目的】

1. 了解“我的电脑”与资源管理器的异同。
2. 理解文件和文件夹的概念。
3. 掌握文件和文件夹的新建、删除、复制、移动等操作。
4. 掌握对文件和文件夹的选项和属性的操作。

【实验内容】

1. “我的电脑”与资源管理器

“我的电脑”与资源管理器是 Windows 管理系统资源的两个重要工具，主要进行 Windows 的软硬件环境设置和磁盘、文件的管理等。两者的操作方法和作用类似，最大的区别是“资源管理器”窗口中有一个文件夹树形结构，对文件的访问更加方便。

① 利用“我的电脑”访问文件。双击桌面上的“我的电脑”图标，弹出“我的电脑”窗口，在此窗口中可对文件进行访问。访问下一级目录：在当前目录内，双击要访问的下一级文件夹图标。访问上一级目录：单击“我的电脑”窗口工具栏中的“向上”按钮。访问曾经访问过的目录：单击“我的电脑”窗口工具栏中的“后退”按钮。

② 利用“资源管理器”访问文件参见【实验内容】第 3 点。

2. 启动和关闭资源管理器

资源管理器本质上也是一个 Windows 应用程序，它的基本构成与其他 Windows 窗口基本一致，它的启动和关闭的方法与窗口的操作大致相同。

① 启动资源管理器的方法有 4 种。

方法一：选择“开始”→“程序”→“附件”→“Windows 资源管理器”。

方法二：在桌面上的“我的电脑”图标上右击，在弹出的快捷菜单中选择“资源管理器”。

方法三：在“开始”按钮上右击，在弹出的快捷菜单中选择“资源管理器”。

方法四：按快捷键“Windows+E”。

启动资源管理器后，窗口如图 2.14 所示。

② 关闭资源管理器的方法和关闭窗口的方法一致，此处不再赘述。

3. 利用资源管理器对文件进行管理

① 在资源管理器中访问文件（夹）。在资源管理器中，左侧窗口中显示的是文件夹的树形结构，可在左侧窗口中逐级访问下一级目录，右侧窗口中显示左侧窗口中当前被选中的文件夹中的

内容。

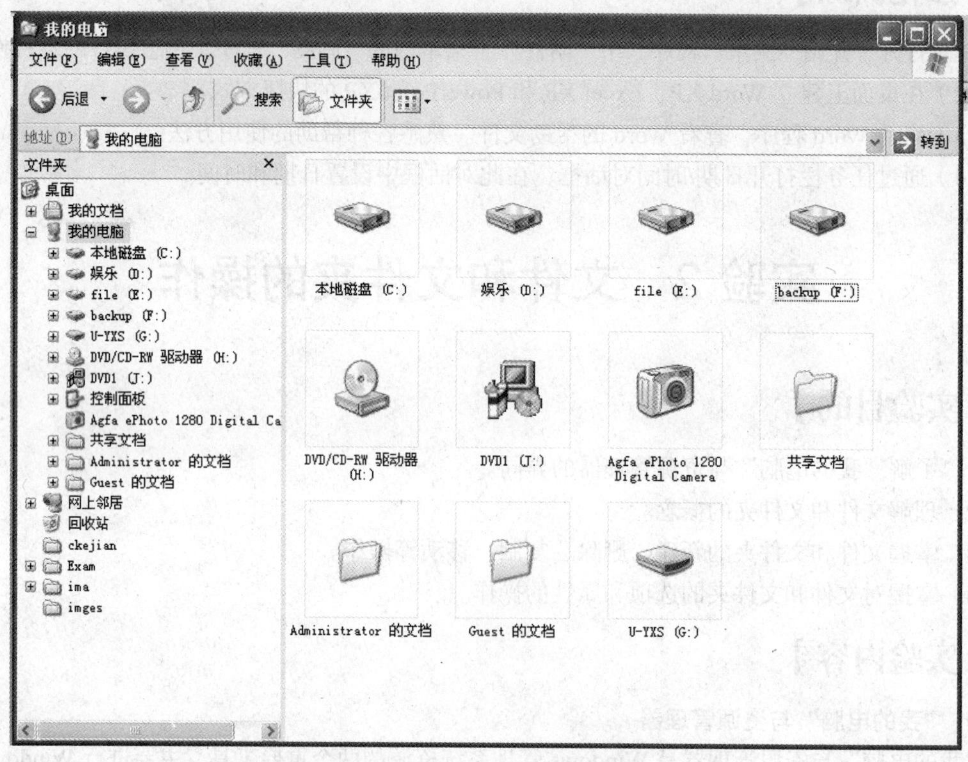

图 2.14 Windows XP 资源管理器

访问文件（夹）的方法如下。

- 单击左侧窗口中文件夹前的“+”号，可展开此文件夹，看到它所包含的下一级文件夹。
- 单击左侧窗口中文件夹前的“-”号，可折叠此文件夹。
- 单击左侧窗口中相应的文件夹图标，可在右侧窗口中看到此文件夹中包含的内容。

② 文件（夹）的选定。在 Windows XP 资源管理器中，对文件（夹）的选定操作在右侧窗口中进行。

- 单个文件（夹）的选定。单击目标文件（夹），被选中的对象高亮显示。
- 连续的多个文件（夹）的选定。

方法一：用鼠标拖出一个矩形方框将要选中的文件框起。

方法二：先选中第一个文件（夹），再按住键盘上的“Shift”键，选中最后一个文件（夹）。

- 不连续的多个文件（夹）的选定：先选中第一个文件(夹)，再按住键盘上的“Ctrl”键依次选中其他要选定的文件(夹)。

注：在选中第一个文件时，不要按住“Ctrl”键。

- 取消选定：在当前窗口的空白区域单击即可。
- 全部选定：选择“编辑”菜单→“全选”，快捷键是“Ctrl+A”。

③ 创建文件夹的方法如下有两种。

方法一：在右侧窗口的空白处右键单击，在弹出的快捷菜单中选择“新建”→“文件夹”，然后对文件夹命名。

方法二：选择“文件”→“新建”→“文件夹”，然后对文件夹命名。

④ 文件（夹）的重命名方法有 4 种。

方法一：在文件（夹）上右击，在弹出的快捷菜单中选择“重命名”，再输入新名称。

方法二：先选中要重命名的文件（夹），然后选择“文件”→“重命名”，再输入新名称。

方法三：先选中要重命名的文件（夹），然后按键盘上的“F2”键，再输入新名称。

方法四：先在文件（夹）上单击，过一会儿再在文件（夹）上单击一下，输入新名称。

⑤ 删除与恢复文件（夹）的方法如下。

Windows XP 中对文件（夹）的删除分为逻辑删除和物理删除两种，逻辑删除是将要删除的文件（夹）放入回收站，其实质并没有将文件删除，只是将其从原位置移动到回收站内。逻辑删除后，文件仍将占用计算机的硬盘空间。物理删除是将文件从计算机中彻底删除，不再存放在计算机的硬盘中。

- 逻辑删除的方法有 4 种。

方法一：在文件（夹）上右击，在弹出的快捷菜单中选择“删除”。

方法二：先选中要删除的文件（夹），然后选择“文件”→“删除”。

方法三：先选中要删除的文件（夹），然后单击工具栏上的“删除”按钮。

方法四：先选中要删除的文件（夹），然后按键盘上的“Delete”或“Del”键。

- 物理删除的方法有两种。

方法一：在进行逻辑删除操作时，按住“Shift”键即可实现对文件的物理删除。

方法二：逻辑删除会将文件存放到“回收站”内，在桌面的“回收站”图标上右击，在弹出的快捷菜单中选择“清空回收站”即可对文件进行物理删除，或者打开“回收站”，通过“回收站任务”面板中的“清空回收站”实现文件的物理删除，如图 2.15 和图 2.16 所示。

图 2.15　清空“回收站”(A)

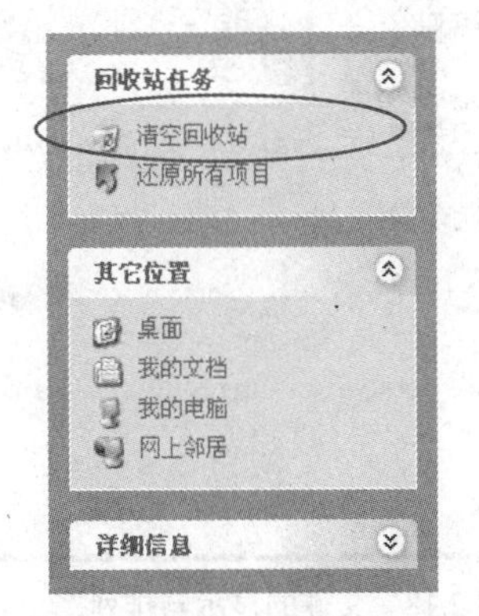

图 2.16　清空“回收站”(B)

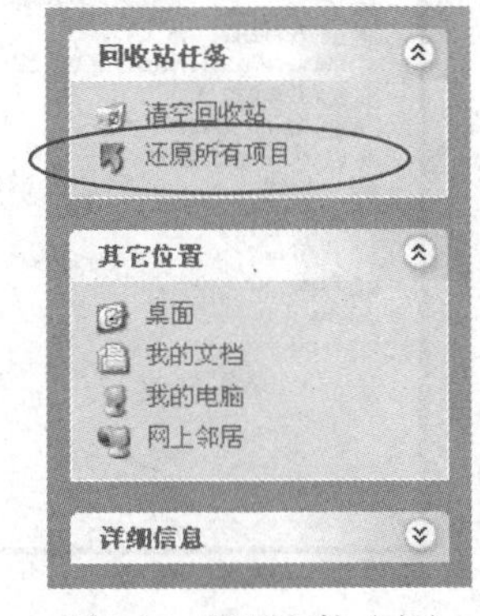

图 2.17　还原文件（夹）

- 文件（夹）的恢复。当文件进行逻辑删除后，亦可以将其恢复。

操作方法：双击桌面上的“回收站”图标，打开“回收站”窗口，在此窗口内选中要恢复的文件（夹），然后通过“回收站任务”面板中的“还原所有（此）项目”，即可实现文件的恢复，如图 2.17 所示。

⑥ 移动与复制文件（夹）的方法有如下两种。

方法一：菜单法。先打开源文件夹，选中要移动/复制的文件（夹），选择“编辑”→“剪切/复制”，然后打开目标文件夹，选择“编辑”→“粘贴”。

注：快捷菜单中也包含“剪切/复制/粘贴”操作。

剪切的快捷键：“Ctrl+X”；复制的快捷键：“Ctrl+C”；粘贴的快捷键：“Ctrl+V”。

方法二：鼠标拖动法。在资源管理器右侧窗口内选中要移动/复制的文件（夹），然后在左侧窗口内展开目标文件夹。从右侧窗口中将文件（夹）向左侧窗口内的目标文件夹内拖动。

注：

如果在相同盘符内操作，直接拖动是移动操作，按住"Ctrl"键拖动是复制操作。

如果在不同盘符间操作，直接拖动是复制操作，按住"Shift"键拖动是移动操作。

⑦ 文件（夹）的搜索。在资源管理器中，选择"文件"→"我的电脑"→"搜索"，可弹出Windows的搜索画面，可通过输入文件名或文件包含文字来搜索相应的文件（夹）。

注：打开"资源管理器"，可通过快捷键"F3"来打开搜索窗口。

⑧ 文件（夹）的显示与排列。在资源管理器中，通过"查看"菜单，可设置右侧窗口内文件（夹）的显示方式，有"缩略图"、"平铺"、"图标"、"列表"和"详细信息"5种。选择"排列图标"，在其子菜单中可设置右侧窗口内的文档图标按"名称"、"类型"、"大小"、"可用空间"、"备注"、"按组排列"、"自动排列"、"对齐到网格"排列，如图2.18所示。

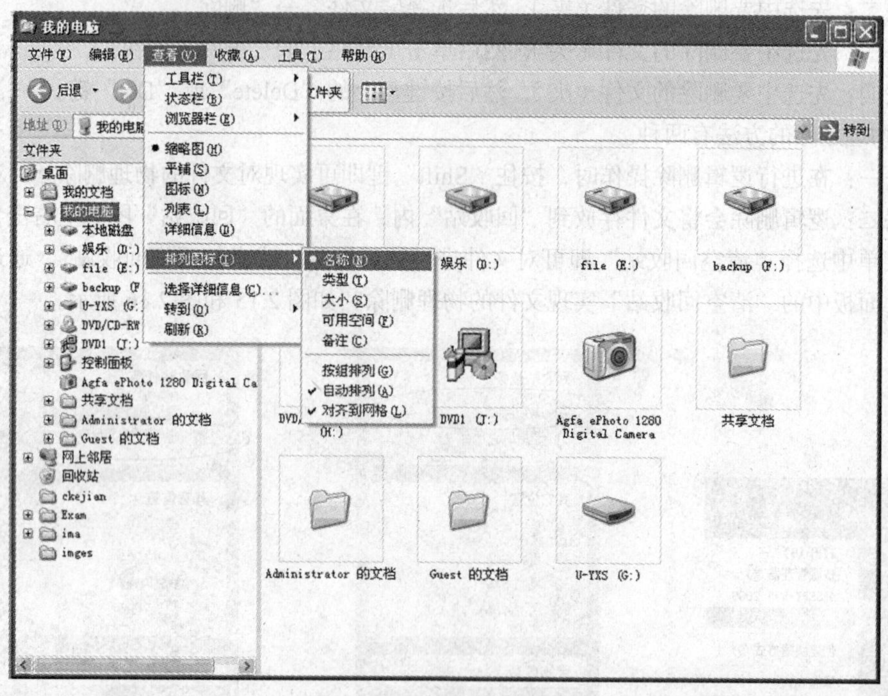

图2.18 文件的显示与排列

注："缩略图"显示方式是Windows XP的一大特色，允许对图片文件进行预览。

4. 文件夹选项的设置

"文件夹选项"能够改变桌面和文件夹的外观，并可以指定打开文件夹的方式，也可以使用"文件夹选项"打开"活动桌面"或在文件夹中显示超链接文本。要在资源管理器窗口内设置文件夹选项，请选择"工具"→"文件夹选项"。

（1）"常规"选项卡

① 任务：用于设置在文件夹中显示常见任务或使用Windows传统风格的文件夹。

② 浏览文件夹：用于设置是否在同一窗口内打开所有文件夹。

③ 打开方式：用于设置是单击还是双击打开一个文件夹窗口。

（2）“查看”选项卡如图 2.19 所示，可用来设置如下常用选项等。

① 隐藏文件/文件夹：用于设置是否显示计算机中的隐藏文件和系统文件。

② 隐藏已知文件类型的扩展名：用于设置已知文件类型的文件扩展名是否显示。

③ 地址栏中显示全路径：用于设置是否在资源管理器的地址栏中显示完整的文件夹路径。

5. 文件（夹）的属性设置

Windows XP 中文件的常用属性有只读、隐藏和存档。默认的文档属性是存档。对文件（夹）的属性设置的方法可以是，先选中要设置属性的文档，然后选择“文件”→“属性”，弹出文件属性对话框，可从中对文件属性进行设置，如图 2.20 所示。

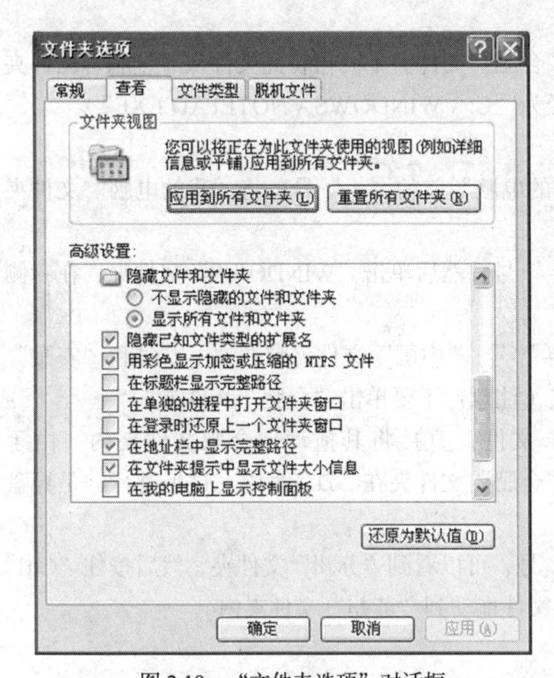

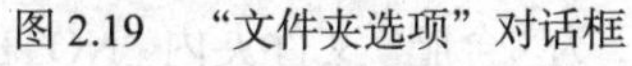
图 2.19 “文件夹选项”对话框

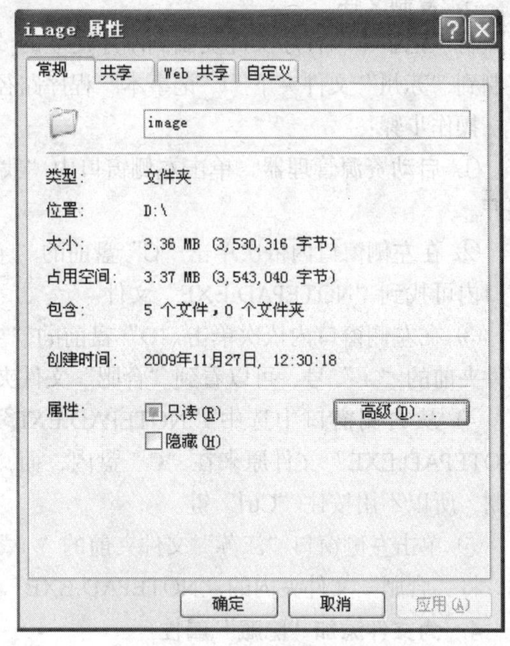

图 2.20 文件属性对话框

【实例演示】

1. 建立目录树

在计算机 D 盘中建立如图 2.21 所示的目录树。

操作步骤：

① 启动资源管理器，单击左侧窗口中“我的电脑”前的“+”号，将“我的电脑”文件夹展开。

② 选中“D”盘。

③ 在右侧窗口中右击，在弹出的快捷菜单中选择“新建”→“文件夹”，然后将新建的文件夹命名为“中国”。

图 2.21 目录树

④ 此时，单击左侧窗口中“D”盘前的“+”号，可将“D”盘文件夹展开，看到“D”盘上有刚才建立的“中国”文件夹。选中“中国”文件夹，然后在右侧窗口中右键单击，在弹出的快捷菜单中选择“新建”→“文件夹”，并将新文件夹命名为“安徽”，重复右键单击操作，建立一个名为“江苏”的文件夹。

⑤ 用类似操作，在“安徽”文件夹下建立“合肥”、“芜湖”和“巢湖”文件夹，在“江苏”文件夹下建立“南京”和“苏州”文件夹。

2. 文件夹选项的设置

设置当前所有文件夹为“显示已知文件类型的扩展名”和“显示设置了隐藏属性的文件”。

操作步骤：

① 启动资源管理器，选择“工具”→“文件夹选项”。

② 单击“查看”选项卡，然后在“高级设置”列表框内先选中“显示所有文件和文件夹”单选按钮，再取消“隐藏已知文件类型的扩展名”复选按钮的选中状态。

3. 复制文件

将“记事本”程序文件复制到刚才建立的“合肥”文件夹下。再将此文件从“合肥”文件夹复制到“苏州”文件夹下。（“记事本”程序路径为“C:\WINDOWS\NOTEPAD.EXE”）。

操作步骤：

① 启动资源管理器，单击左侧窗口中“我的电脑”前的“+”号，将“我的电脑”文件夹展开。

② 在左侧窗口内依次单击“C”盘前的“+”号，然后单击“WINDOWS”文件夹，在右侧窗口内可找到“NOTEPAD.EXE”文件。

③ 在左侧窗口内依次单击“D”盘前的“+”号，“中国”文件夹前的“+”号和“安徽”文件夹前的“+”号，可以看到“合肥”文件夹（注意：不要单击“合肥”文件夹）。

④ 从右侧窗口中选中“NOTEPAD.EXE”文件，直接将其拖动到合肥文件夹内。由于“NOTEPAD.EXE”文件原来在“C”盘内，而“合肥”文件夹在“D”盘内，这里进行的是异盘复制，所以不用按住“Ctrl”键。

⑤ 单击左侧窗口“江苏”文件夹前的“+”号，可以看到“苏州”文件夹，然后按住“Ctrl”键，将“合肥”文件夹内的“NOTEPAD.EXE”文件拖动到“苏州”文件夹内。

4. 为文件添加“隐藏”属性

物理删除“苏州”文件夹内的“NOTEPAD.EXE”文件，为“合肥”文件夹内“NOTEPAD.EXE”文件添加“隐藏”属性。

操作步骤：

① 先启动资源管理器，然后在左侧窗口内依次单击“D”盘前的“+”号、“中国”文件夹前的“+”号、“安徽”和“江苏”文件夹前的“+”号。

② 在左侧窗口内选中“苏州”文件夹，再在右侧窗口中选中“NOTEPAD.EXE”文件，然后按“Shift+Delete”组合键可直接将此文件物理删除。

③ 在左侧窗口内选中“合肥”文件夹，再在右侧窗口中选中“NOTEPAD.EXE”文件，在此文件上右击，在弹出的快捷菜单中选择“属性”，在弹出的“属性”对话框中选中“隐藏”复选按钮。

【强化训练】

（1）仿照示例1建立目录树结构。

（2）将“C:\WINDOWS”下的第1、3、5~7个文本文档复制到刚建立的“D”盘中的“巢湖”文件夹下。知识点：在资源管理器中对文件（夹）的访问、文件（夹）的排列、复制操作。

（3）搜索计算机中名为“NOTEPAD.EXE”的文件。

（4）删除刚才建立的“巢湖”文件夹内的所有文件。

实验 3 使用控制面板配置 Windows XP

【实验目的】

1. 了解控制面板的主要功能及能够利用控制面板配置的项目。
2. 掌握启动与退出控制面板的方法。
3. 掌握显示器、鼠标、用户、时间、输入法、打印机等项目的配置。

【实验内容】

1. 控制面板的启动

方法一：打开“我的电脑”或资源管理器，然后从左边窗口启动“控制面板”。

方法二：选择“开始”→“设置”→“控制面板”。

2. “控制面板”窗口的构成

“控制面板”窗口的构成与其他 Windows 窗口基本相同，“控制面板”的经典示图如图 2.22 所示。

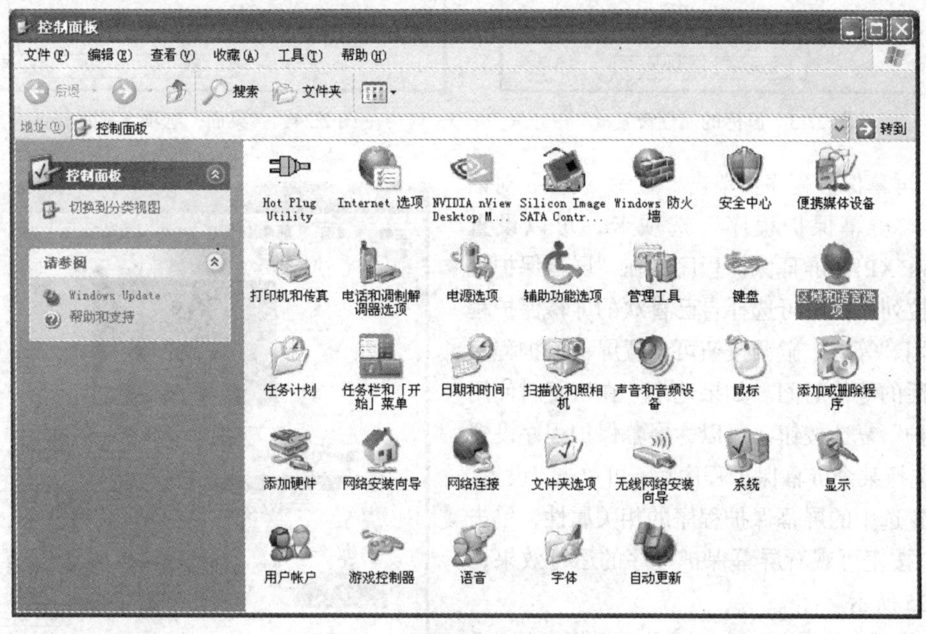

图 2.22 “控制面板”的经典示图

3. 利用控制面板进行系统设置

（1）鼠标的设置

在控制面板中双击“鼠标”图标可弹出“鼠标 属性”对话框，从中可以设置鼠标键配置（使用习惯）、调整双击速度及指针与指针踪迹的显示属性等，如图 2.23 所示。

（2）显示器的设置

在控制面板中双击“显示”图标可弹出“显示 属性”对话框，从中可以设置桌面的主题、屏幕保护程序、外观、屏幕分辨率、刷新率等属性。

① 桌面设置：单击“显示 属性”对话框中的“桌面”选项卡，可以设置桌面的背景属性。在对话框下方的“背景”列表框内可选择系统提供的图片作为屏幕背景。如果希望将自己喜爱的图片作为桌面背景，可单击“浏览”按钮查找需要的图片，然后通过“位置”下拉列表框设置图片的显示模式，有居中、平铺和拉伸 3 种，如图 2.24 所示。

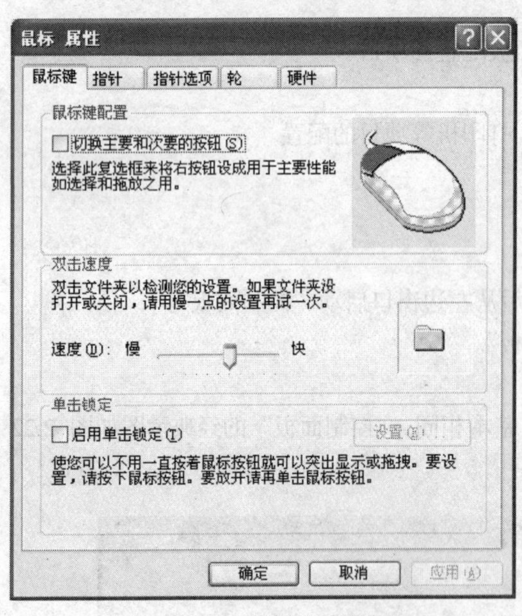

图 2.23 鼠标的属性设置

图 2.24 “桌面”选项卡显示属性

② 屏幕保护程序：单击“显示 属性”对话框中的“屏幕保护程序”选项卡，可以设置 Windows XP 的屏幕保护程序。在“屏幕保护程序”下拉列表框中可选择自己喜欢的屏幕保护程序，利用“等待”微调按钮可设置屏幕保护程序自己激活的等待时间。如果选中“在恢复时使用密码保护”复选按钮，可以为屏幕保护程序设置密码。选择某个屏幕保护程序后，可单击“设置”按钮设置选中的屏幕保护程序的相关属性，单击“预览”按钮可观看屏幕保护程序的运行效果，如图 2.25 所示。

图 2.25 “屏幕保护程序”选项卡显示属性

③ 设置：单击“显示 属性”对话框中的“设置”选项卡，可以设置屏幕的分辨率及 Windows XP 支持的显示色彩。单击“高级”按钮，在弹出的对话框中选择“监视器”选项卡，还可以设置计算机的刷新率，如图 2.26 所示。

（3）日期和时间

双击控制面板中的“日期和时间”图标可以设置系统的日期和时间、系统的时区以及 Internet 时间，如图 2.27 所示。

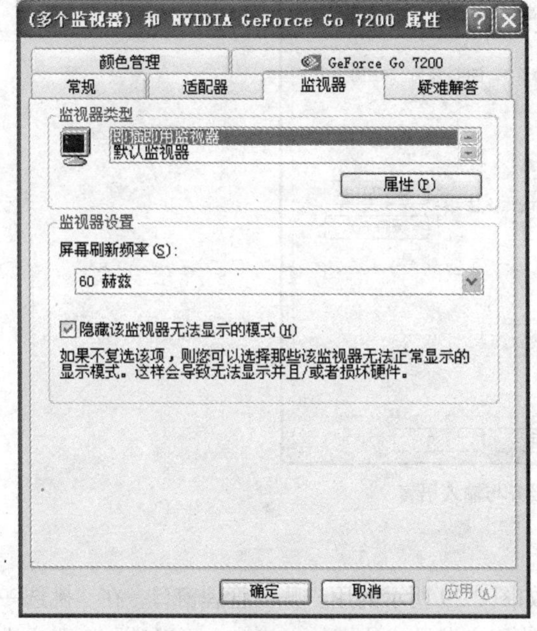

图 2.26　显示器刷新率设置　　　　图 2.27　日期 / 时间属性

（4）添加或删除程序

双击控制面板中的“添加或删除程序”图标可以安装新程序或删除某个已经安装的应用程序。

① 更改或删除程序：先在左侧窗口中单击“更改或删除程序”按钮，这也是默认选项，然后在右侧窗口中选中要删除的应用程序，再单击“更改/删除”按钮。

② 添加新程序：先在左侧窗口中单击“添加新程序”按钮。如果用户有新程序的安装光盘，此时将光盘放入计算机的光驱中，再单击“CD 或软盘”按钮。如果用户希望对当前的 Windows 操作系统进行更新，可单击“Windows Update”，前提是用户的计算机已经接入互联网。

③ 添加/删除 Windows 组件：由于 Windows XP 操作系统包含的某些功能在默认状态下是不安装，当用户对这些功能有需求时，可单击“添加/删除 Windows 组件”按钮，然后将 Windows XP 的安装光盘放入光驱，选择自己需要的组件即可。

④ 设定程序访问和默认值：程序配置指定某些动作的默认程序，例如网页浏览和发送电子邮件。在“开始”菜单、桌面和其他地方显示哪些程序可以被访问。

（5）输入法的设置

双击控制面板中的“区域和语言选项”图标，然后在弹出的对话框中单击“语言”选项卡中的“详细信息”按钮，即可对 Windows XP 中的“文字服务和输入语言”进行设置，如图 2.28 所示。

① “语言栏”按钮：对话框下方的“语言栏”按钮可用来设置在桌面上显示语言栏，在任务栏中显示其他语言图标。

② 添加/删除输入法：单击“添加”或“删除”按钮可对输入法进行添加或删除操作。

③ 输入法属性：单击“属性”按钮可以设置选定输入法的属性。

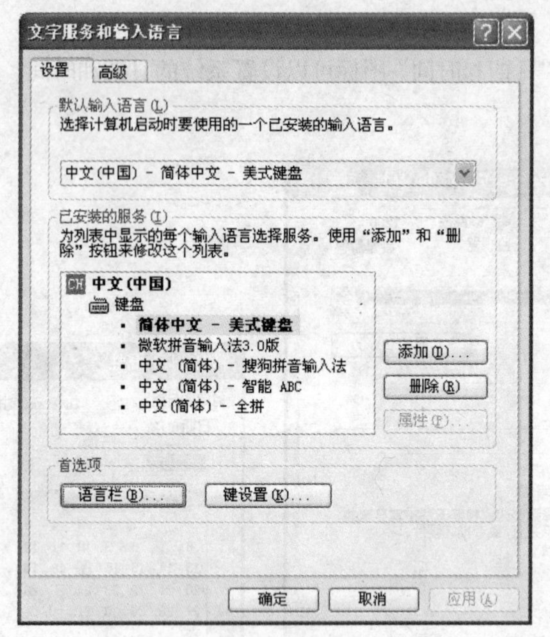

图 2.28　文字服务与输入语言

（6）用户账户

双击控制面板中的“用户账户”图标，打开如图 2.29 所示的用户账户管理窗口，在“挑选一项任务”下可以更改账户、创建一个新账户、更改用户登录或注销的方式，也可以挑一个账户进行更改。

（7）添加打印机

双击控制面板中的“打印机和传真”图标，然后在打印机和传真窗口左边的任务面板中选择“添加打印机”，弹出一个添加打印机向导对话框，可为 Windows XP 安装一个本地打印机或网络打印机。

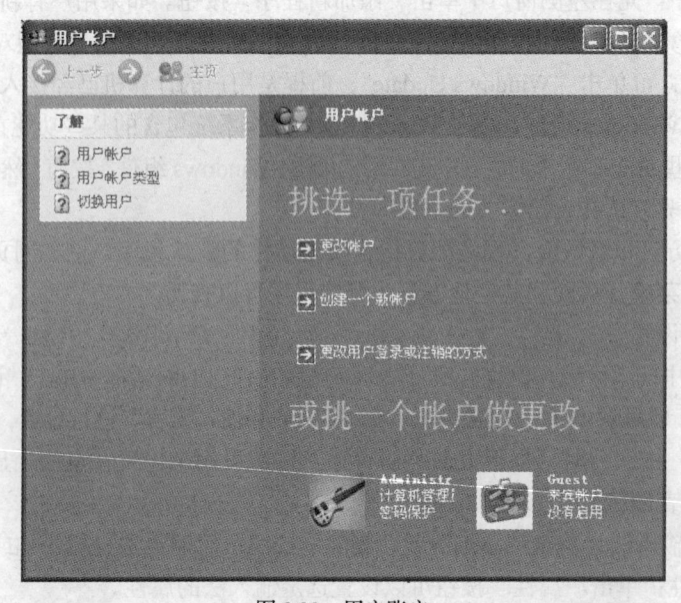

图 2.29　用户账户

【实例演示】

1. 输入法设置

删除全拼输入法，为智能 ABC 输入法设置“词频调整”属性。

操作步骤：

① 选择“开始”→“控制面板”，在弹出的窗口中双击“区域和语言选项”图标，然后在弹出的对话框中选择“语言”选项卡，单击“详细信息”按钮，打开“文字服务和输入语言”对话框，在“已安装的服务”列表框内选中“全拼”输入法，然后单击“删除”按钮，如图 2.28 所示。

② 用同样的方法打开“文字服务和输入语言”对话框，然后选中“智能 ABC”输入法，再单击“属性”按钮，然后选中“词频调整”复选按钮，如图 2.30 所示。

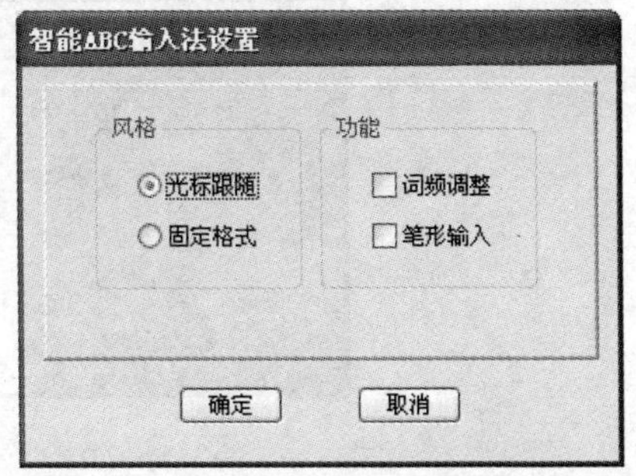

图 2.30　智能 ABC 输入法设置对话框

2. 分辨率及刷新率设置

将屏幕分辨率设置为 1280×800 像素，刷新率调整到 75Hz 以上。

操作步骤：

① 选择“开始”→控制面板”，在弹出的窗口中双击“显示”图标，弹出“显示 属性”对话框。

② 单击“显示 属性”对话框中的“设置”选项卡，从中拖动分辨率滑块到 1280 像素×800 像素。

③ 单击“高级”按钮，在新弹出的对话框中选择“监视器”选项卡，从刷新率下拉列表框中选择刷新率为一个不低于 75Hz 的值。

注：直接在桌面空白处右击，在弹出的快捷菜单中选择“属性”，也可以打开“显示属性”对话框。

3. 添加删除程序及组件

为计算机安装 IIS 服务。

操作步骤：

① 选择“开始”→“控制面板”，在弹出的窗口中双击“添加或删除程序”图标，弹出“添加或删除程序”对话框。

② 单击“添加或删除程序”对话框左侧的“添加/删除 Windows 组件”按钮，弹出“Windows 组件向导”对话框。

③ 选中“Internet 信息服务（IIS）”复选按钮，然后将 Windows XP 的安装光盘放入计算机光驱中。单击“下一步”按钮即可实现 IIS 服务的安装，安装完成后单击“完成”按钮。

注：添加了 IIS 服务后可以在本机上配置网络服务，比如 FTP 服务、WEB 服务等。

4. 添加用户账户

添加一个用户名为“student“的用户，用户类型为计算机管理员，并设置密码为“123456”。

操作步骤：

① 选择“开始”→“控制面板”，在弹出的窗口中双击“用户账户”图标，弹出“用户账户”对话框。

② 在“用户账户”对话框中选择“创建一个新账户”，在屏幕显示的用户账户向导的第一个文本框中输入用户名“student”，如图 2.31 所示，单击“下一步”按钮；再根据提示设置为计

算机管理员用户类型，如图 2.32 所示。

③ 单击“创建账户”按钮，然后返回“用户账户”窗口，就会发现增加了一个新的计算机管理员用户。

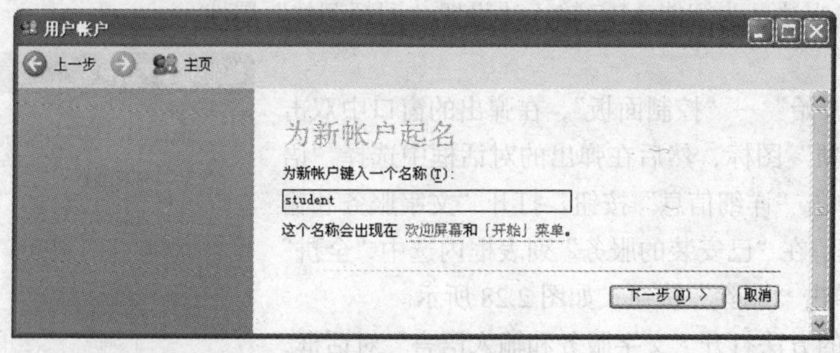

图 2.31 新账户起名

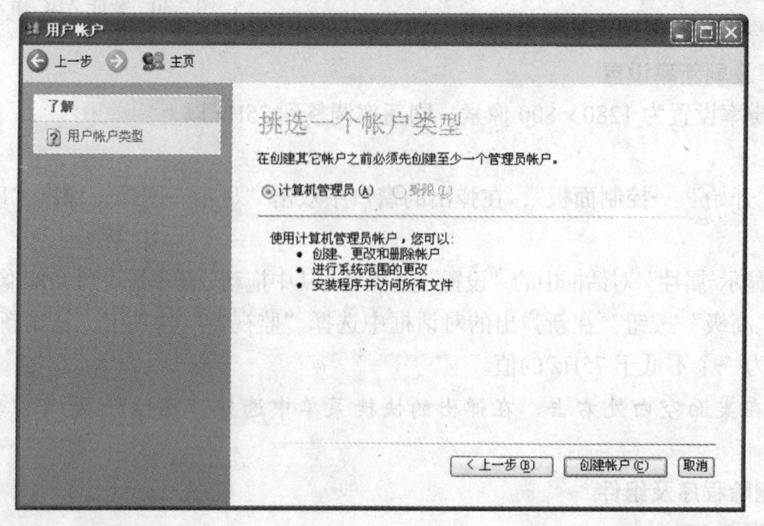

图 2.32 账户类型

④ 单击该用户，进入如图 2.33 所示的窗口，选择“创建密码”，返回如图 2.34 所示的窗口，按照提示输入相应的密码后，再单击“创建密码”按钮，密码设置完成。

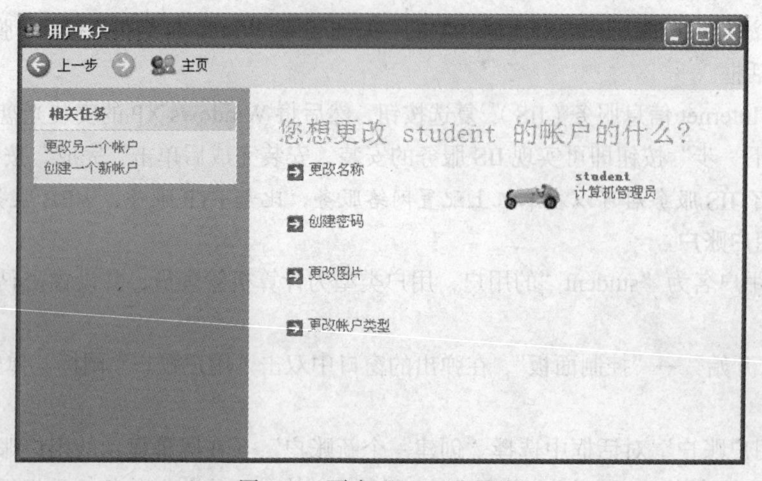

图 2.33 更改“student”账户

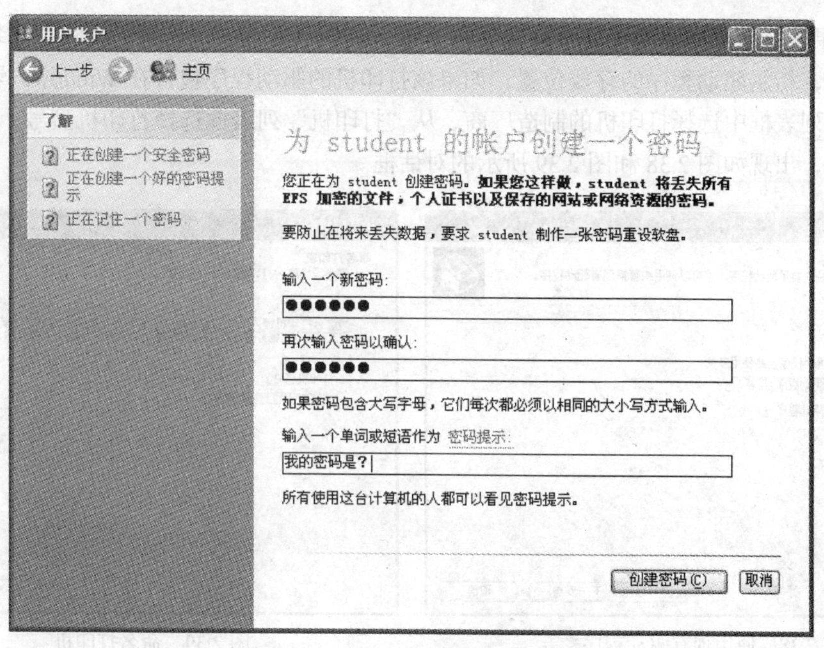

图 2.34 设置“student”账户密码

5. 添加打印机

操作步骤：

① 选择“开始”→“控制面板”，在弹出的窗口中双击“打印机和传真”图标，弹出“打印机和传真”窗口。

② 在左边的“打印机任务栏”中选择“添加打印机”，弹出“添加打印机向导”对话框，如图 2.35 所示。

③ 单击“下一步”按钮，出现如图 2.36 所示的对话框。继续单击“下一步”按钮，直到出现如图 2.37 所示的对话框。

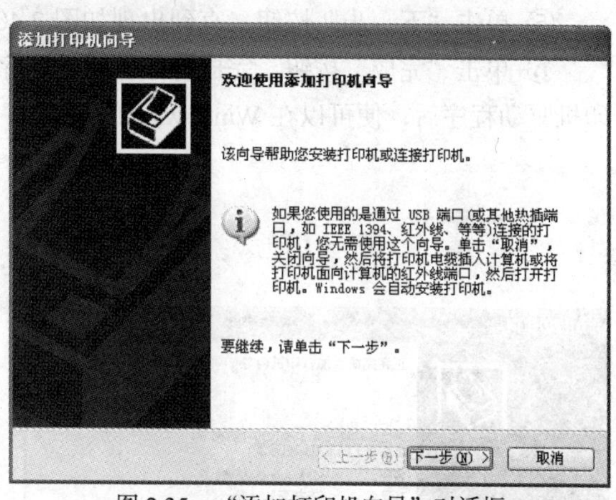

图 2.35 “添加打印机向导”对话框

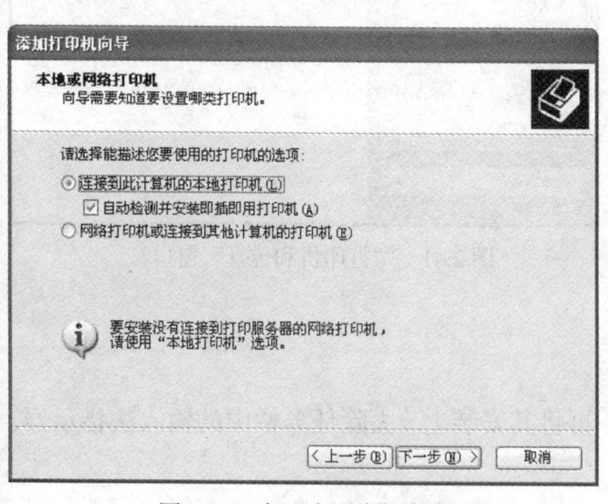

图 2.36 本地或网络打印机

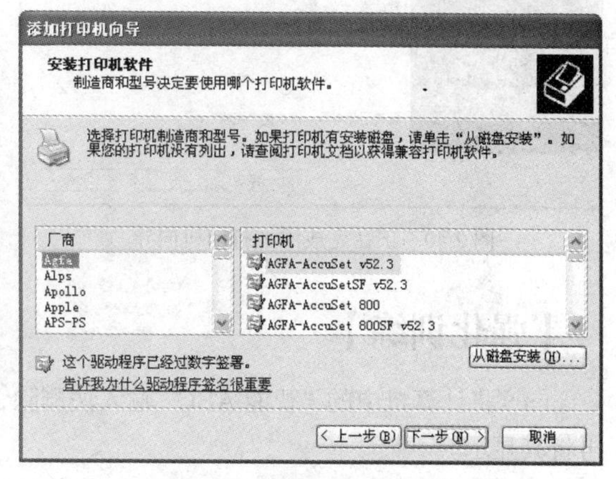

图 2.37 安装打印机的软件

④ 如果该打印机的驱动程序没有包含在 Windows 操作系统中，选择“从磁盘安装”，然后按照屏幕提示，指示驱动程序的存放位置；如果该打印机的驱动程序包含在 Windows 操作系统中，从“厂商”列表框中选择打印机的制造厂商，从“打印机”列表框选择打印机型号，并单击“下一步”按钮，出现如图 2.38 和图 2.39 所示的对话框。

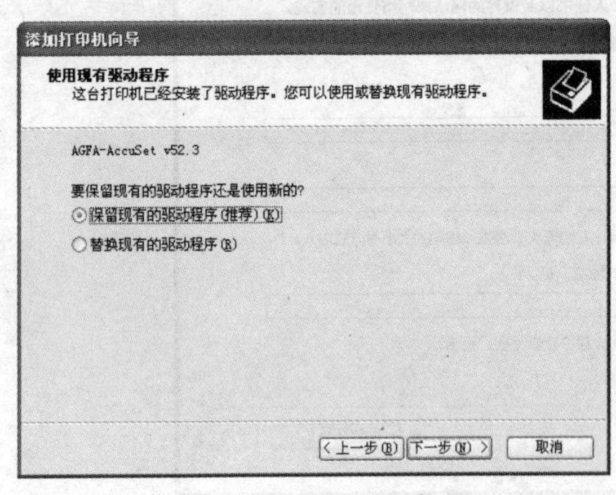

图 2.38　使用现有驱动程序

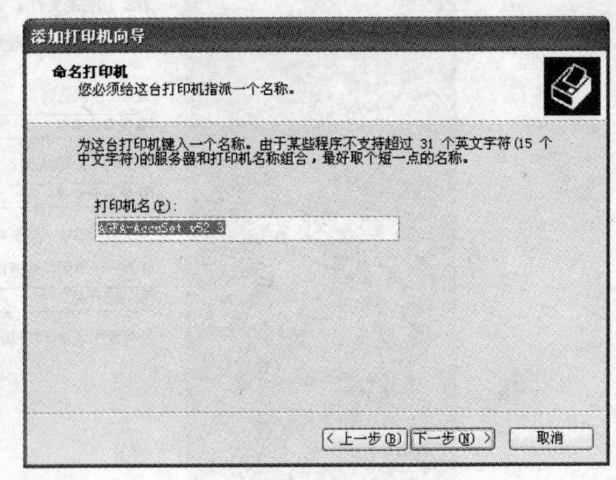

图 2.39　命名打印机

⑤ 单击“下一步”按钮，直到出现如图 2.40 所示的对话框。

⑥ 单击“完成”按钮，完成打印机驱动程序的安装，出现如图 2.41 所示的窗口。安装完打印机驱动程序后，便可以在 Windows 的应用程序中打印文件了。

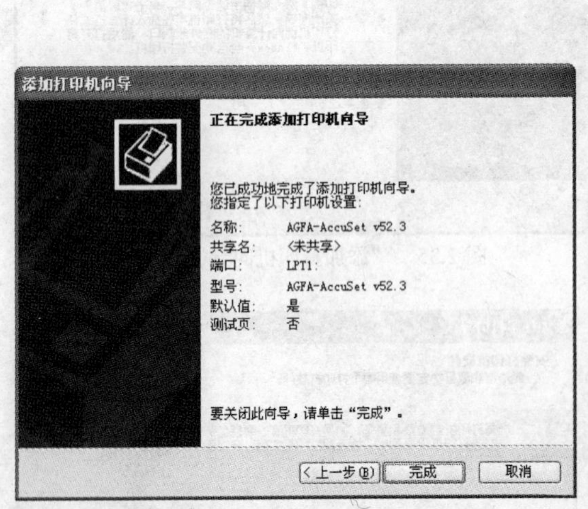

图 2.40　正在完成添加打印机向导

图 2.41　“打印机和传真”窗口

【强化训练】

(1) 将计算机中的“智能 ABC”输入法删除，再将其安装上。去除任务栏中的输入法指示器，再将其显示。

(2) 练习 Office 2003 的安装与卸载（需要 Office 2003 的安装光盘）。

(3) 设置屏幕保护程序为“三维文字”，文字内容为“欢迎参加安徽省计算机水平考试”；旋转样式为“跷跷板式”，等待时间为 15min。

操作步骤：

① 通过“开始→控制面板”，找到“显示”图标双击，弹出“显示”对话框。

② 单击“屏幕保护程序”标签，然后通过屏幕保护程序下拉式列表框，选择屏幕保护程序为“三维文字”。

③ 单击“设置”按钮，然后在文字一栏内输入“欢迎参加安徽省计算机水平考试”，再在旋转样式一栏内选择“跷跷板式”，单击“确定”按钮。

④ 回到“屏幕保护程序”选项卡后，在等待时间一栏内输入“15”分钟。

（4）添加一个用户名为“stu”的受限用户，并设置密码为“123456”。

（5）添加一台厂商为“HP”，型号为“HP LaserJet 6L”的本地打印机。

实验 4　Windows XP 磁盘管理与备份恢复

【实验目的】

1. 了解 Windows XP 磁盘管理的作用。
2. 掌握 Windows XP 磁盘管理的方法。
3. 掌握备份与恢复文件的方法。

【实验内容】

1. 启动磁盘管理的方法

方法一：打开“我的电脑”或资源管理器，在需要处理的磁盘上右击，在弹出的快捷菜单中选择“属性”即可以管理磁盘。

方法二：选择“开始”→“程序”→“附件”→“系统工具”→“磁盘清理”或“磁盘碎片整理程序”。

方法三：打开“控制面板”，双击“管理工具”→“计算机管理”→“存储”→“磁盘管理”或“磁盘碎片整理程序”。

2. 查看磁盘属性

在“我的电脑”或资源管理器窗口中，可以查看到磁盘的有关信息。

具体步骤：

① 在资源管理器的左边窗格中，右击要查看的磁盘，如“D”盘，弹出快捷菜单。

② 在快捷菜单中选择“属性”，弹出“本地磁盘（D:）属性”对话框，如图 2.42 所示，从中可以看到有关“D”盘的信息，如类型、文件系统、总容量、已用空间和可用空间等。

3. 清理磁盘

磁盘使用一段时间后，会出现一些不需要的文件，这些文件可能是临时文件、从 Internet 下载的程序文件、“回收站”中没有清空的文件等。可以删除这些文件，以提高程序的执行效率。具体步骤：

① 在如图 2.42 所示对话框中单击“磁盘清理”按钮，系统开始检查磁盘中可以被删除的文件，然后显示“(D:)的磁盘清理”对话框，如图 2.43 所示，对话框中会列出几类能被删除的文件

以及这些文件占用的磁盘空间，单击某类文件时，对话框下面会显示该类文件的说明，以方便用户了解文件的性质。

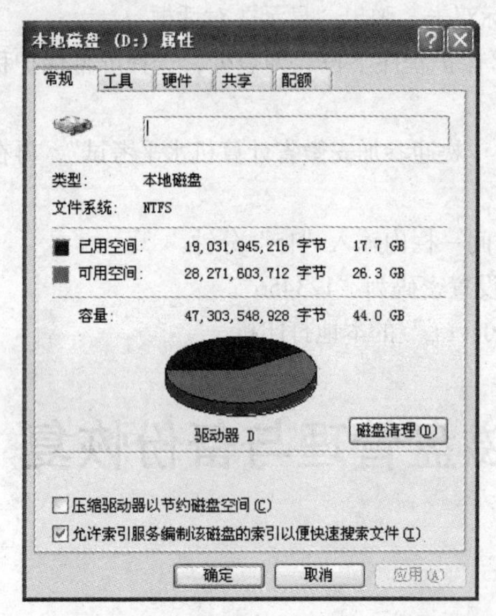

图 2.42 “本地磁盘(D:)属性”对话框

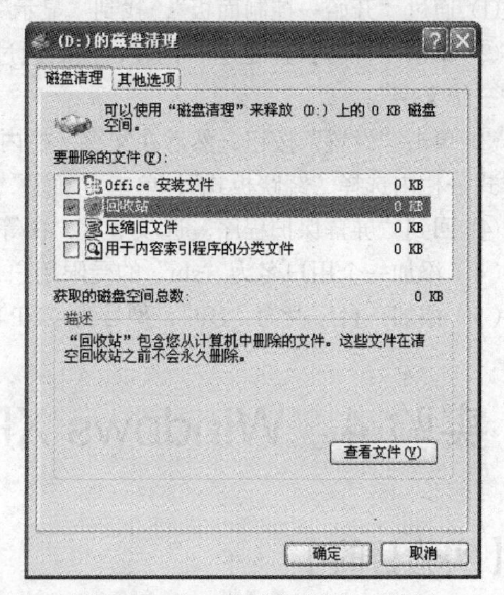

图 2.43 “(D:)的磁盘清理”对话框

② 选择要删除的文件类别后，单击“确定”按钮即可将其删除。

4. 磁盘碎片整理

磁盘使用一段时间后，由于不断地删除文件、添加文件，会形成一些物理位置不连续的文件，这就是磁盘碎片。当某个磁盘含有大量碎片时，系统访问磁盘的时间会加长，这是因为系统需要进行一些额外的磁盘驱动器读操作才能收集不同位置的文件内容。“磁盘碎片整理程序”可以清除磁盘上的碎片，将文件存储在连续的簇中，并且将最常用的程序移到访问时间最短的磁盘位置，以加快程序的启动速度。

具体步骤：

① 打开“我的电脑”，右键单击需要整理的磁盘，如“D”盘，弹出快捷菜单。

② 在快捷菜单中选择“属性”，弹出“本地磁盘(D:)属性”对话框，然后单击“工具”选项卡标签，如图 2.44 所示。

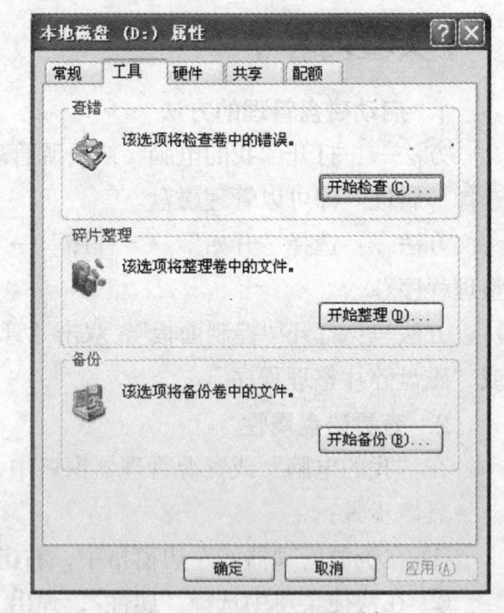

图 2.44 “工具”选项卡

③ 单击“开始整理”按钮，弹出“磁盘碎片整理程序”窗口。

④ 由于整理磁盘要花费较长的时间，因此在整理前最好先单击“分析”按钮，对“D”盘进行分析。分析完毕，出现如图 2.45 所示的窗口，然后弹出一个对话框，如图 2.46 所示，说明该磁盘是否需要进行磁盘碎片整理。单击“查看报告”按钮，可以查看报告的分析结果。

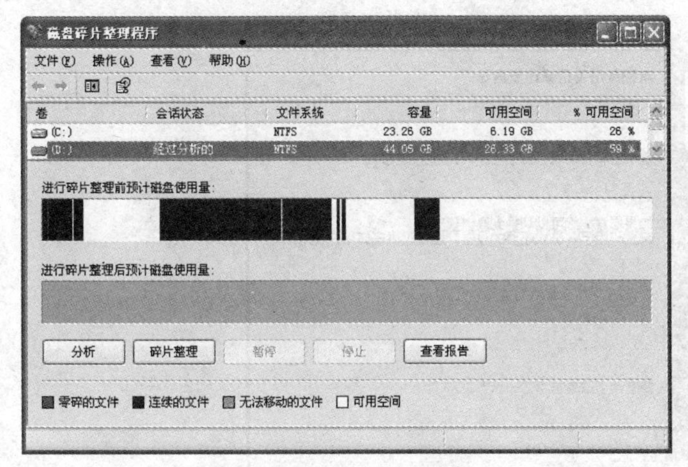

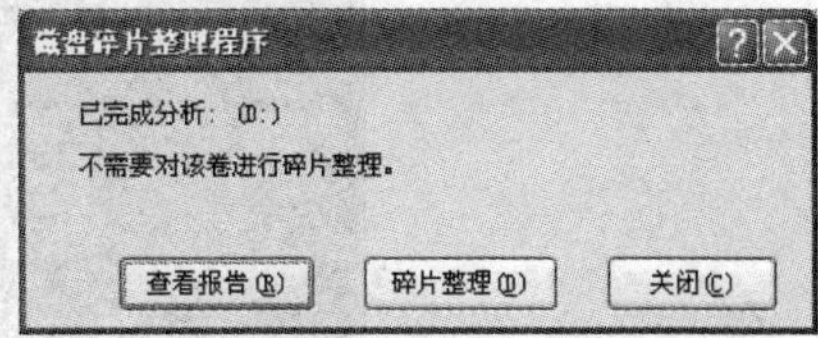

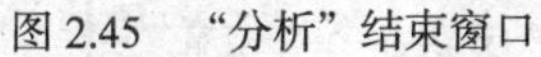
图 2.45 “分析”结束窗口

图 2.46 磁盘分析结果对话框

5. 检查和修复磁盘错误

运行程序、移动或删除文件以及系统正常运行时意外关闭电源开关等，都可能导致磁盘出错。“检查磁盘”工具可以确定这些问题的位置并自动对大多数问题进行修复。通常当磁盘运行遇到问题（如运行速度减慢，不能打开文件、保存文件及打开文件时系统没有反应等）时，应该运行“检查磁盘”工具来查找问题。

具体步骤：

① 打开“我的电脑”，右击需要整理的磁盘，如“D”盘，弹出快捷菜单。

② 在快捷菜单中选择“属性”，弹出“本地磁盘(D:)属性”对话框，然后单击“工具”标签，如图 2.44 所示。

③ 单击“开始检查”按钮，弹出“检查磁盘 本地磁盘（D:)”对话框，如图 2.47 所示。

④ 单击“开始”按钮。

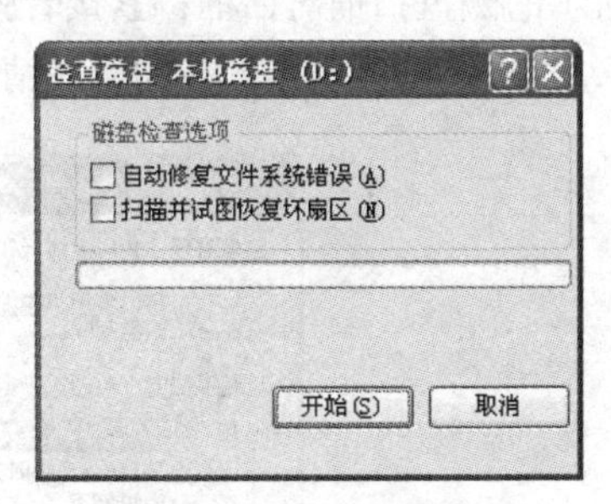

图 2.47 检查磁盘对话框

注意：如果选中“自动修复文件系统错误”或“扫描并试图恢复坏扇区”复选按钮，而且待检查的磁盘当前正在使用，则单击“开始”按钮后，将弹出对话框，提示是否在下次启动时检查磁盘。如果单击“是”按钮，则下次启动时将检查该磁盘。

6. 文件的备份与恢复

对于一般用户来说，通过文件的备份和还原向导，可以轻松地完成文件的备份和还原操作。

具体步骤：

① 依次选择“开始”→“程序”→“附件”→“系统工具”→“备份”，打开“备份或还原向导”对话框，如图 2.48 所示。

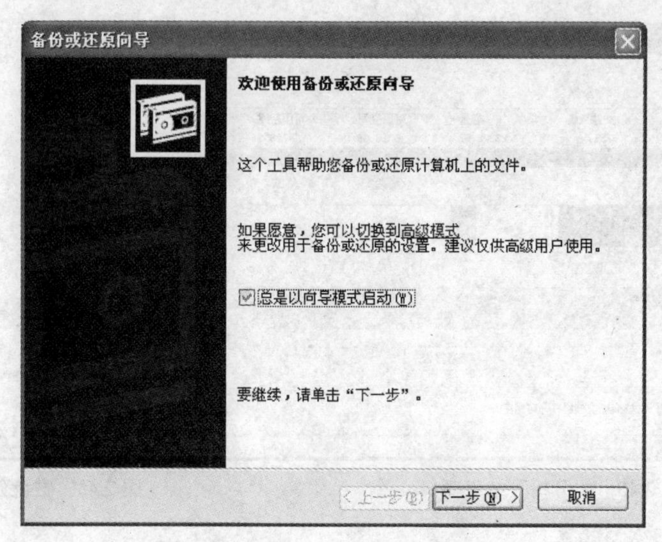

图 2.48 欢迎使用备份或还原向导

② 根据提示进行选择和设置，再依次单击“下一步”按钮，直至完成整个备份或还原操作。

【实例演示】

1. 磁盘清理

对“C”盘进行磁盘清理。

操作步骤：

① 依次选择“开始”→“程序”→“附件”→“系统工具”→“磁盘清理”，打开如图 2.49 所示的对话框。

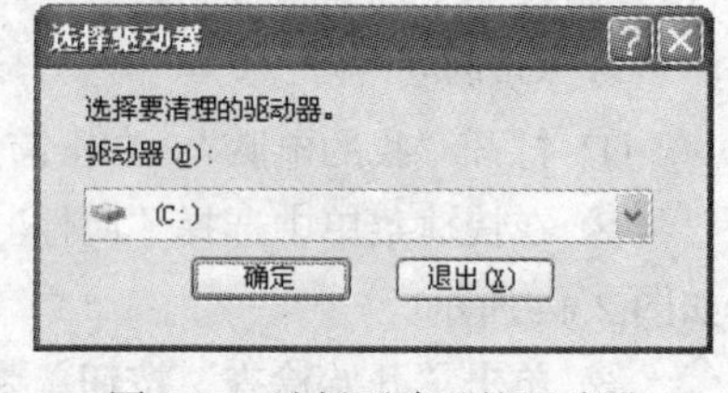

图 2.49 选择要清理的驱动器

② 在下拉列表框中选择要清理的驱动器（C:），单击“确定”按钮，首先弹出如图 2.50 所示的磁盘扫描对话框；紧接着弹出如图 2.51 所示的对话框，选中要删除的文件前面的复选按钮，直接单击“确定”按钮开始清除。

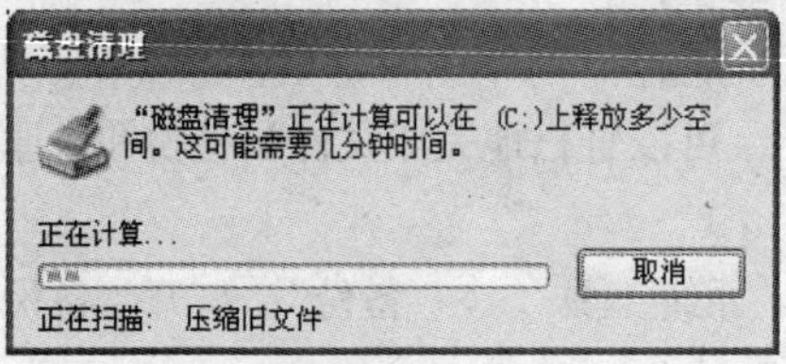

图 2.50 扫描“C”盘

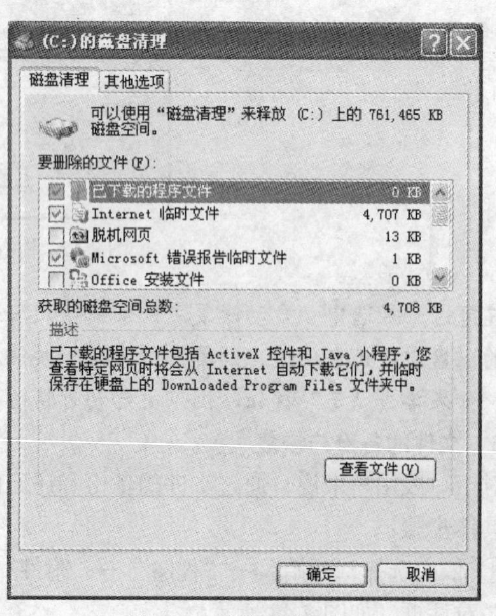

图 2.51 磁盘清理

③ 当出现提示 “您确信要执行这些操作吗？” 时，单击“是”按钮。

④ 接着出现一个清理对话框，蓝条走满 100%后清理工作结束。

2. 磁盘碎片整理

利用【实验内容】中的方法二对本地磁盘（F:）进行碎片整理。

操作步骤：

① 依次选择“开始”→“程序”→“附件”→“系统工具”→“磁盘碎片整理程序”，打开如图 2.52 所示的窗口。

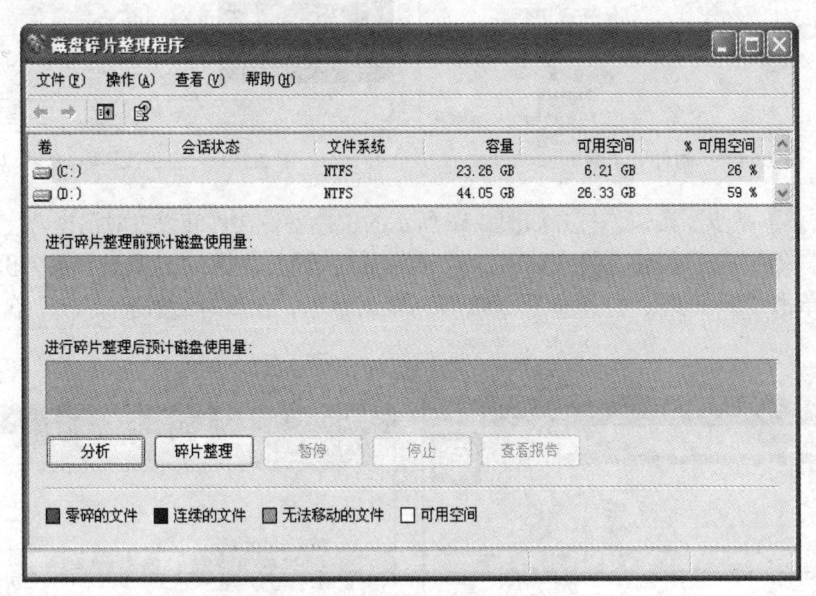

图 2.52　“磁盘碎片整理程序”窗口

② 在该窗口中选中“本地磁盘(C:)”，单击“分析”按钮，稍等片刻即可弹出如图 2.53 所示的对话框。

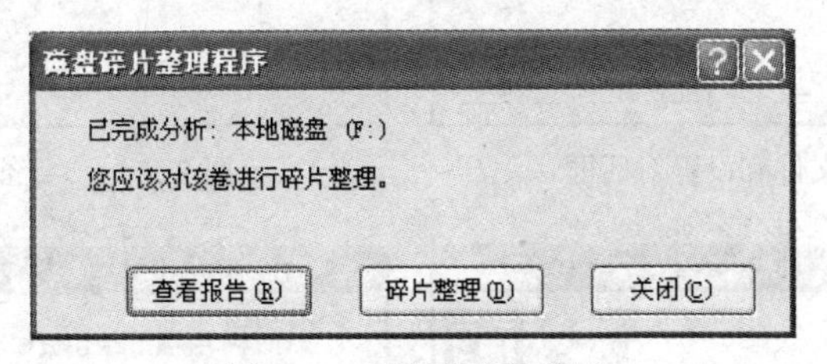

图 2.53　已完成磁盘分析

③ 单击“碎片整理”按钮，这时系统开始启动磁盘碎片整理程序进行整理。

④ 等待整理完毕后，系统会弹出“已完成碎片整理（F:）”对话框，单击“关闭”按钮结束碎片整理操作。

3. 备份

将系统盘（“C”盘）整个进行备份，存放到“F”盘。

操作步骤：

① 在菜单中，依次选择“开始”→“程序”→“附件”→“系统工具”→“备份”，如图 2.54 所示。

② 打开“备份或还原向导”对话框，如图 2.55 所示。

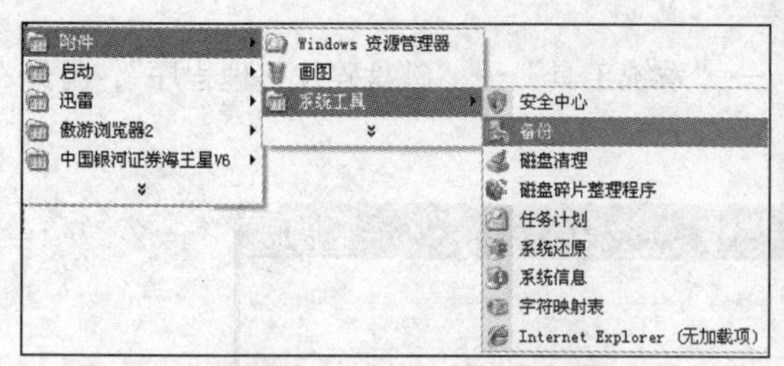

图 2.54 “附件”子菜单

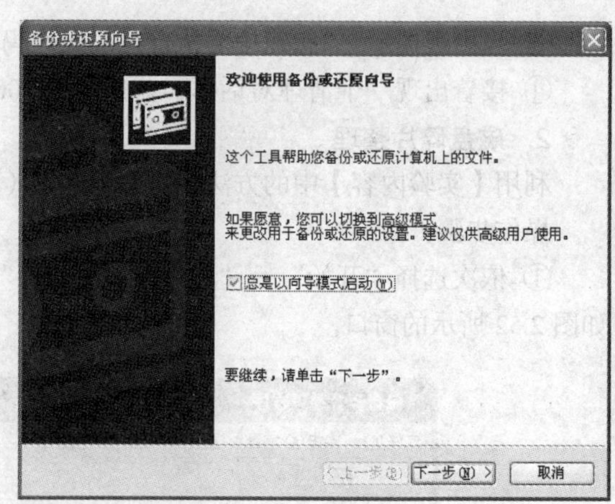

图 2.55 “备份或还原向导”对话框

③ 单击“下一步”按钮，打开如图 2.56 所示的选择备份文件和设置对话框。

④ 单击“下一步”按钮，打开如图 2.57 所示的对话框，选中“让我选择要备份的内容”单选按钮，再单击“下一步”，打开如图 2.58 所示的对话框，在该对话框选择“C”盘，如图 2.59 所示。

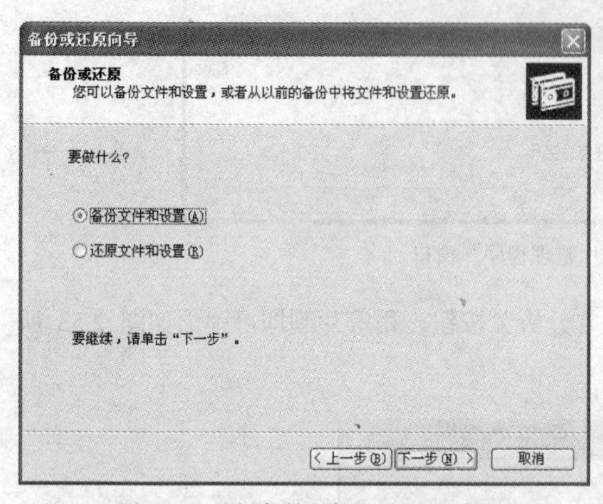

图 2.56 选择备份文件和设置对话框

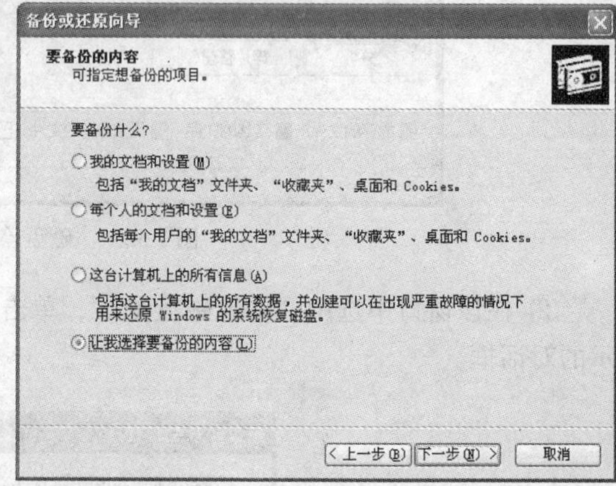

图 2.57 “要备份的内容”对话框

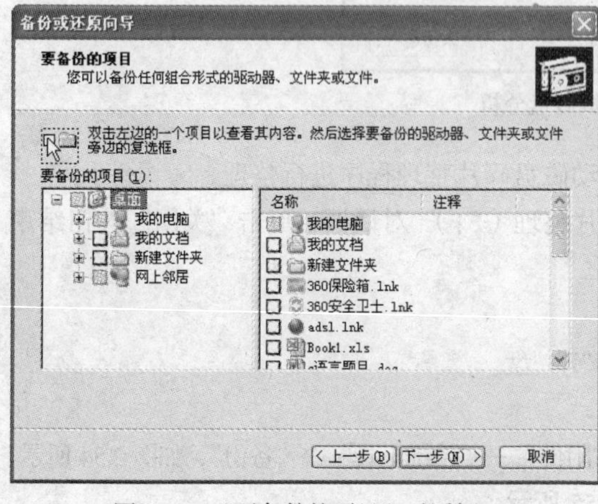

图 2.58 “要备份的项目”对话框

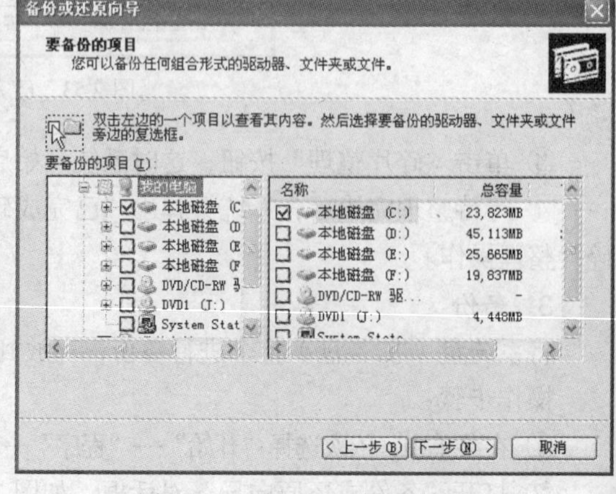

图 2.59 选择“C”盘对话框

⑤ 单击“下一步”，弹出如图 2.60 所示的对话框，选择备份文件存储的盘符并给备份文件起名。

⑥ 继续单击“下一步”按钮，再单击“完成”按钮，出现“备份进度”对话框，系统将自动进行备份，如图 2.61 所示。

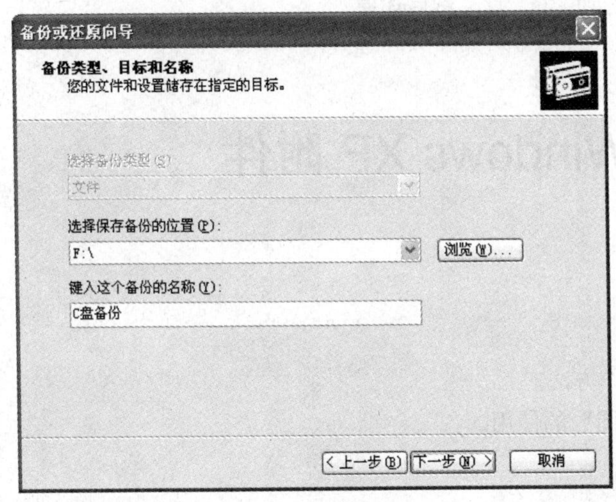

图 2.60　给备份文件起名

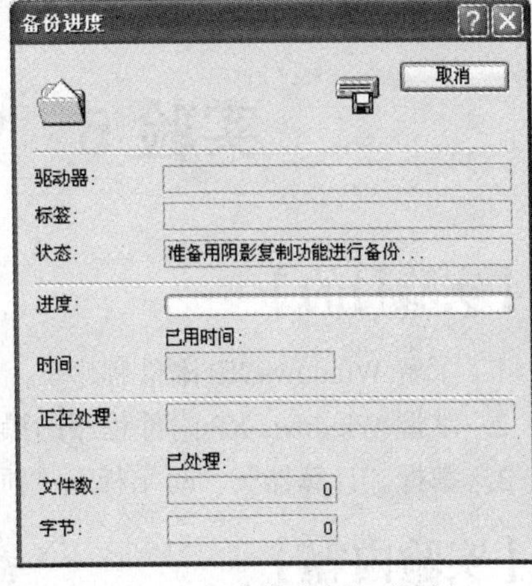

图 2.61　“备份进度”对话框

4. 还原

将“F”盘中系统的备份还原到“C”盘。

操作步骤：

① 和系统备份一样，启动“备份”命令，在出现的如图 2.62 所示的的对话框中，选中“还原文件和设置”单选按钮。

② 弹出如图 2.63 所示的对话框，选择刚创建的备份文件，单击“下一步”按钮。

③ 按照向导完成还原备份即可。

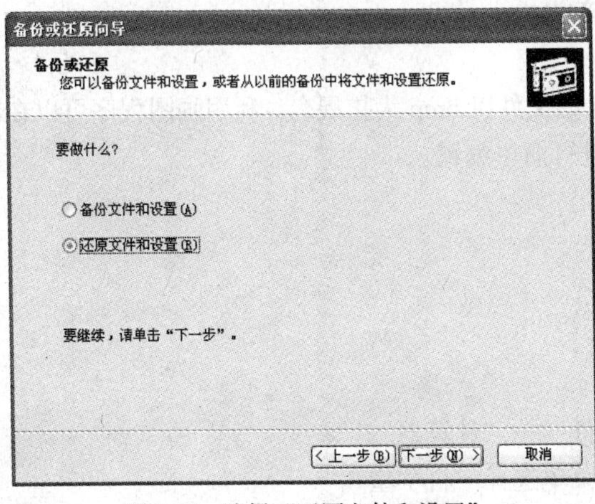

图 2.62　选择“还原文件和设置”

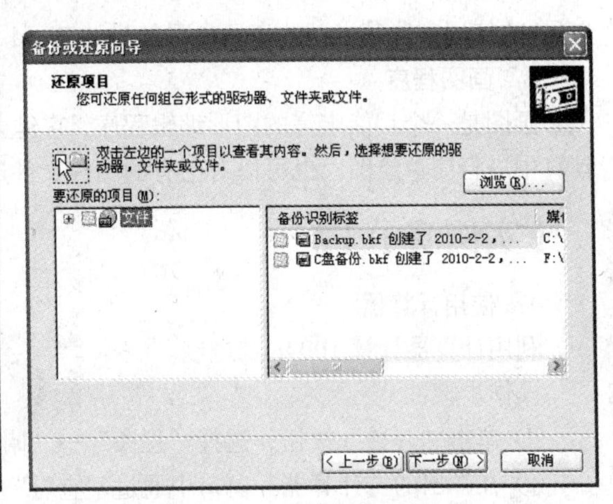

图 2.63　选择备份文件

【强化训练】

（1）请利用【实验内容】中的方法三对“E”盘进行磁盘清理；

（2）请利用【实验内容】中的方法三对“E”盘进行磁盘碎片整理；

（3）在桌面新建一文档，并将其备份到“F”盘，然后还原；

（4）思考备份与复制的异同。

实验 5　Windows XP 附件

【实验目的】

1. 了解 Windows XP 附件程序。
2. 掌握 Windows XP 附件程序的操作方法。
3. 掌握“计算器”、“写字板”、“画图”的使用。

【实验内容】

打开附件程序的方法是一致的，先单击“开始”按钮，指向“程序”，再指向“附件”，就可以看到 Windows XP 中带有的附件程序，单击相应的程序名即可运行相应的附件程序。

1. 计算器

Windows XP 计算器有标准型和科学型两种，可通过“查看”菜单进行切换。标准型计算器能完成普通的算术运行，科学型计算器能完成大量的工程计算，还可以实现不同进制间的切换。操作方法和掌上计算器是一样的，不再赘述。

2. 写字板

写字板程序是 Windows XP 自带的一个具有简单排版功能的文字编辑工具，其操作方法与 Word 的使用方法基本一致。请参看教材的 Word 章节。

3. 画图程序

画图是一个功能丰富的图形编辑程序，它建立的文件以.bmp 为扩展名。利用画图程序可以在计算中进行简单绘图，也可以对已有的图片文件进行简单编辑。

【实例演示】

1. 使用计算器

利用计算器计算 100 的二进制。

操作步骤：

① 单击“开始”按钮，选择“程序”→“附件”→“计算器”。

② 在弹出的“计算器”窗口中通过“查看”菜单选择“科学型”。

③ 先选择“十进制”，然后通过按钮输入 100，再选择“二进制”，即可在文本框内看到 100 的二进制为 1100100，如图 2.64 所示。

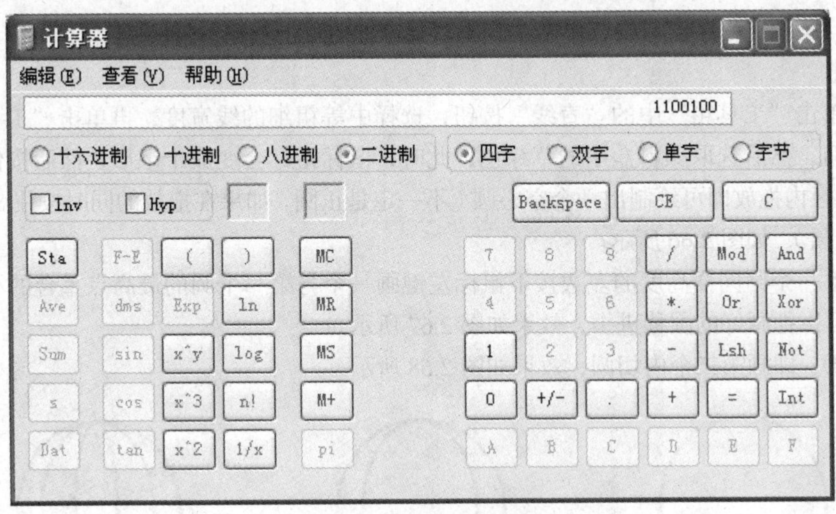

图 2.64 “科学型”计算器

2. 使用画图工具

使用画图巧画西瓜。

操作步骤：

① 单击“开始”按钮弹出“开始”菜单，依次指向“程序”→“附件”→“画图”，弹出“画图”程序窗口，程序窗口中间白色区域就是工作区，如图 2.65 所示，所有的绘图操作都在此工作区内完成。将鼠标指针移动到白色区域的右下角，等鼠标指针变成相对的黑箭头时拖动鼠标可改变工作区的大小。

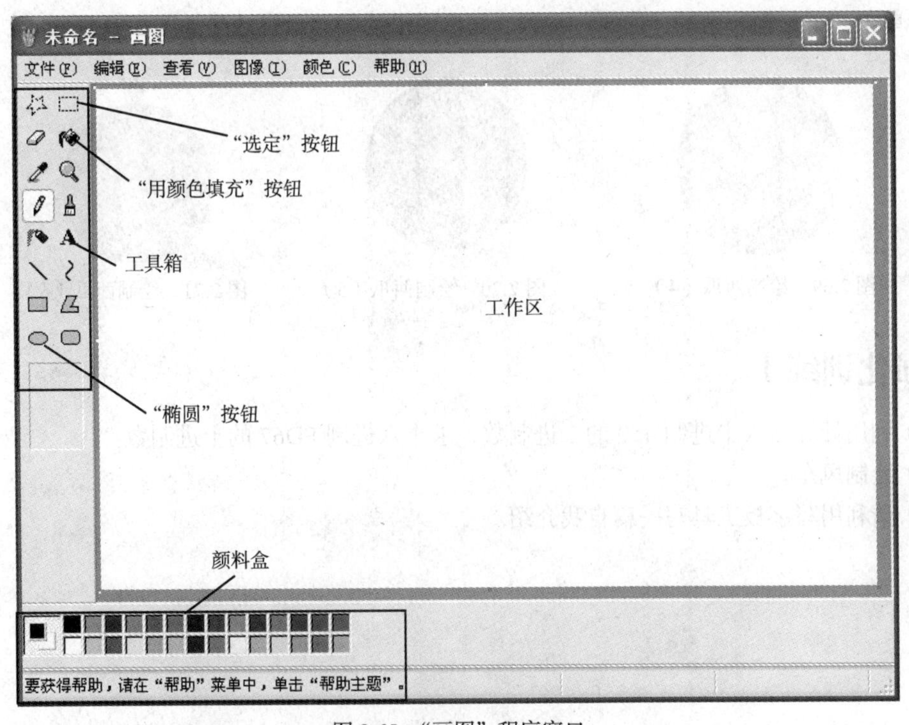

图 2.65 “画图”程序窗口

② 在"画图"程序窗口中，单击"查看"菜单下的"工具箱"，使"工具箱"工具栏显示在窗口的左侧。

③ 先单击"工具箱"中的"直线"按钮，选择中等粗细的线宽度，再单击"工具箱"中的"椭圆"按钮，然后选取颜料盒中的草绿色，此时，鼠标指针会变成十字形，然后按住鼠标左键在白色工作区内拖放即可绘制出一个空心圆（不一定是正圆，如果在拖放的同时按住 Shift 键，即可绘制出正圆），如图 2.66 所示。

④ 在第一个圆同样高度的左边按下鼠标左键画一个与第一个圆的最高点重合的小圆（即内切圆），也可以把画好的圆移进去，效果如图 2.67 所示。

⑤ 同④，即画第二个内切圆，效果如图 2.68 所示。

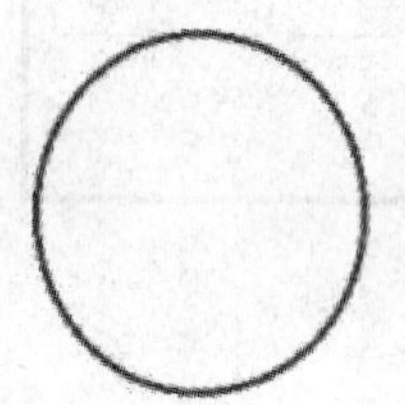

图 2.66　绘制西瓜（1）

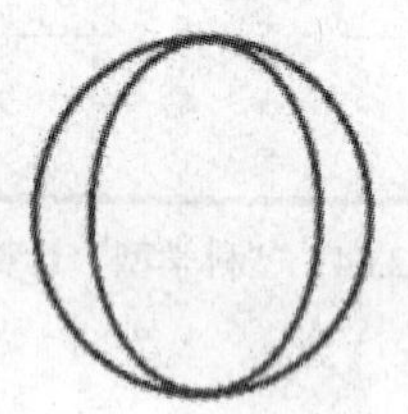

图 2.67　绘制西瓜（2）

图 2.68　绘制西瓜（3）

⑥ 单击"工具箱"中的"用颜色填充"按钮，此时，鼠标指针变成颜料盒的形状，然后将鼠标指针放置到"颜料盒"内淡绿色上单击，再将鼠标指针放置到刚才绘制的西瓜空白处内单击，即为西瓜进行着色，效果如图 2.69 所示。

⑦ 单击"工具箱"内的"喷枪"按钮，此时，鼠标指针又会变成喷枪形状，利用喷枪美化一下，效果如图 2.70 所示。

⑧ 单击"工具箱"内的"曲线"按钮，画出西瓜的蒂，最终效果如图 2.71 所示。

图 2.69　绘制西瓜（4）

图 2.70　绘制西瓜（5）

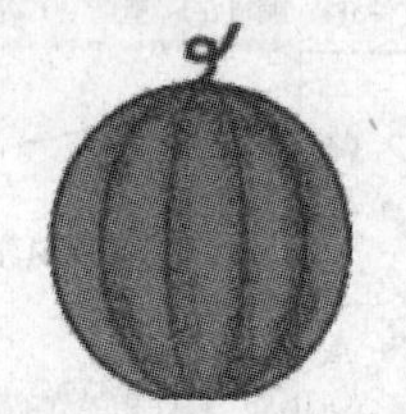

图 2.71　绘制西瓜（6）

【强化训练】

（1）利用计算器求十进制 450 的二进制数，求十六进制 FD67 的十进制数。

（2）绘制风车。

（3）请利用写字板工具写一篇自我介绍。

第3章 文字处理软件 Word 2003

文字处理软件 Word 2003 是微软公司 Office 2003 系列办公软件中最重要的组件之一，是办公自动化软件中最常用的一类应用软件，利用它可以制作各种文档。相对于早期版本，Word 2003 在功能上有较大的改进，能使用户更轻松地完成日常工作。

本章实验主要介绍在 Windows XP 环境下，Word 2003 的基本功能和操作方法。

实验1 Word 2003 的基本编辑操作

【实验目的】

1. 了解启动和退出 Word 2003 的方法。
2. 熟悉 Word 2003 的窗口及各种工具栏、菜单的使用。
3. 掌握 Word 2003 文字编辑的常用方法。
4. 掌握 Word 2003 环境下新建、打开、保存和关闭文件的方法。

【实验内容】

1. Word 2003 启动

Word 2003 的启动方法有 3 种。

方法一：选择“开始”→“程序”→“Microsoft Word”。

方法二：双击桌面上的 Word 程序快捷方式图标。

方法三：双击 Word 文档图标。

2. Word 2003 窗口组成

Word 2003 启动后的窗口界面如图 3.1 所示。

窗口组成如下。

① 标题栏：显示当前编辑的文档名“文档 1”及应用程序名“Microsoft Word”。

② 菜单栏：提供了所有的 Word 操作命令。

③ 控制按钮：从左到右依次为最小化、还原（最大化）、关闭按钮。

④ 常用工具栏：提供了文件处理、文字编辑等操作。每个按钮都有对应的菜单命令。

⑤ 格式工具栏：提供了常用的字体设置、段落设置等“格式”编辑工具。

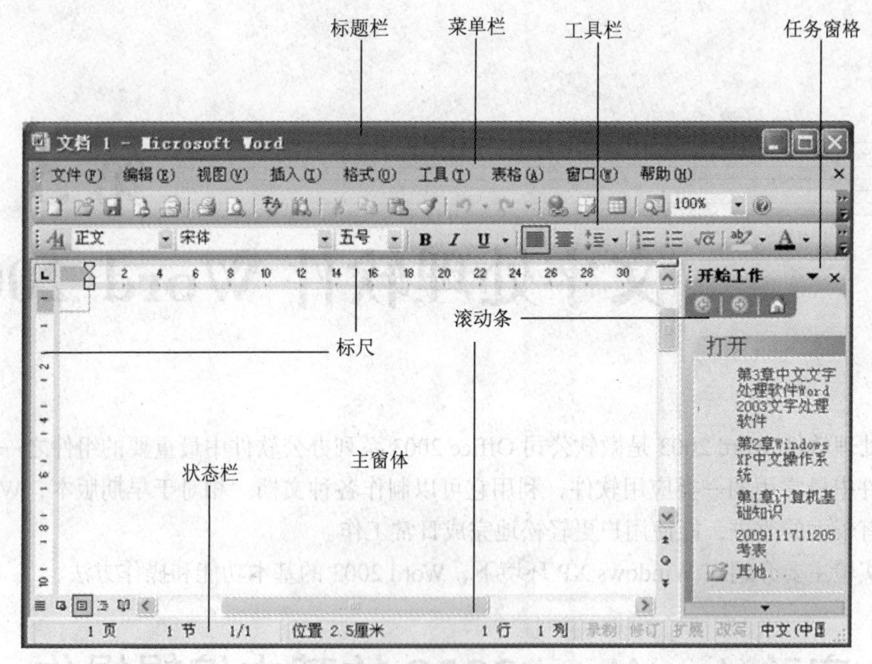

图 3.1　Word 2003 窗口组成

⑥ 文档窗口：为用户提供了编辑文档的空间，包括文字的输入、编辑、设置、排版等处理。其中有一个闪烁的垂直条称“插入点”，它代表当前的插入位置。

⑦ 状态栏：提供了插入点的位置、录入状态等。

⑧ 任务窗格：任务窗格是 Word 2003 的一个重要功能，它可以简化操作步骤，提高工作效率。Word 2003 的任务窗格显示在编辑区的右侧，包括“开始工作”、“帮助”、“新建文档“、“剪贴画”、“保护文档”、“样式和格式”、“显示格式”、“合并邮件”、“XML 结构”等 14 个任务窗格选项。

默认情况下，第一次启动 Word 2003 时打开的是“开始工作”任务窗格。如果启动 Word 2003 时没有出现任务窗格，可以依次选择“视图”→“任务窗格”将其打开。

3. Word 文档的录入规则

（1）不用“空格”键进行字间距格式排版。

（2）不用“回车”键进行段落间距排版，只有当段落结束时，才可按“回车”键。

（3）文字输入：用“Ctrl+Space”组合键进行中、英文输入切换，用“Ctrl+Shift”组合键选择输入方式，或从屏幕右下角输入法指示器直接选择输入方式。

（4）符号的输入：指键盘上没有的符号的输入。

① 符号的插入：选择“插入”→“符号”或“特殊符号”，选择后将出现如图 3.2 或图 3.3 所示的对话框，从中选定要插入的符号，单击“插入”按钮即可。

② 中文符号的输入：按“Ctrl+.”组合键来实现中西文标点的切换。

4. 文字编辑的常用方法

（1）插入：选定插入点，状态栏上的“改写”为灰色，输入内容。

（2）删除：选定输入点，按“Backspace”键删除前一个字符，按“Del”键删除后一个字符。

（3）改写：选定插入点，状态栏上的“改写”为深色（可使用键盘上的“insert”键切换），输入内容将覆盖插入点右侧字符。

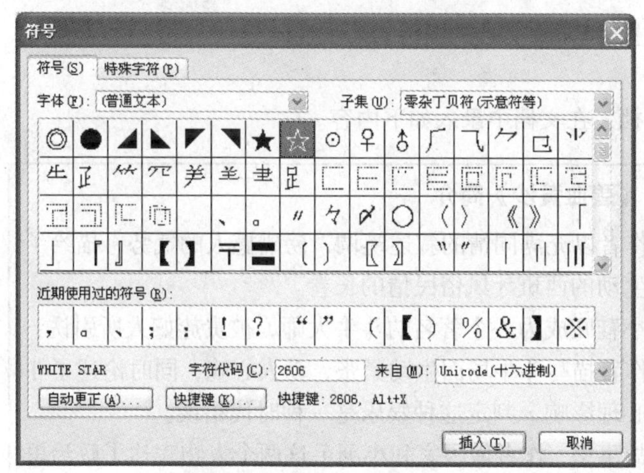

图 3.2　“符号”对话框

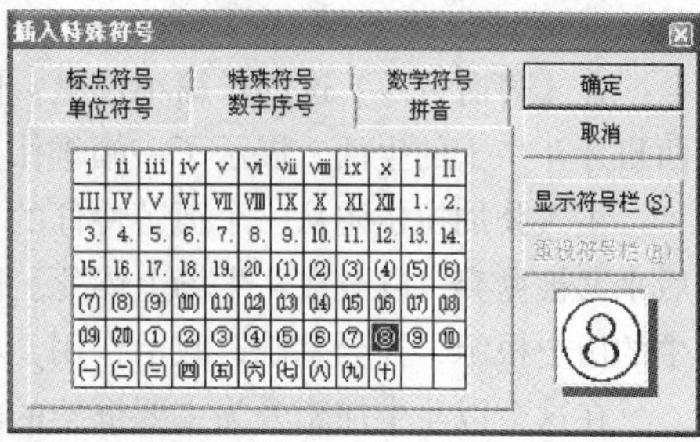

图 3.3　“插入特殊符号”对话框

5. 文档的新建、打开、保存

（1）文档的新建：建立一个新文件。

（2）文档的打开：对已存在的文件进行阅读、编辑或打印。

（3）文档的保存：将当前文档保存到指定磁盘文件夹上。

【实例演示】

1. 启动 Word 2003

启动 Word 2003 的方法有 3 种。

方法一：以程序方式启动 Word，选择“开始”→“程序” →“Microsoft office” →“Microsoft Word”。

方法二：以快捷方式启动 Word，双击桌面上的 Word 图标，如图 3.4 所示。

图 3.4　快捷方式启动 Word

方法三：以关联方式启动 Word，双击某 Word 文档的图标。

2. 输入文字和符号

启动 Word 后，自动进入一个空白文档，在文档中录入如下内容。

《碧血黄沙》简介

在《碧血黄沙》这部长篇小说里，作者以充满同情的叙述笔调，磅礴撼人的气势，描绘了西班牙斗牛士的生活，展示了一幅雄伟生动的西班牙风俗民情的长卷。

主人公加拉尔陀从一个孤苦伶仃的小鞋匠成为一个著名的斗牛大师，被贵族妇人所引诱，后来又被抛弃，以至在斗牛场上惨死。作者描写斗牛场面生动紧张，动人心魄，同时论述了斗牛的历史根源，社会基础，政治作用，心理影响，判定这种娱乐是一种时代错误。

在这个以斗牛加恋爱为主要框架的故事里，作者借国家和小羽毛这两个人物表达了政治思想，用他们的言行，剖析了当时整个西班牙严酷的现实生活。这无疑加深了小说的思想性。但是，作者的政治理想仍然是朦胧抽象的，国家的最高政治观点也只是“教育救国”，像小羽毛这样拿起刀枪和反动政府英勇斗争的“革命者”，作者却安排了一个被自己人暗杀的结局，因此，在表现作者共和主义思想方面，远远不如他对于斗牛场面的精湛描绘。

3. 保存文档

将文档以“示例 1.doc”为文件名保存在“我的文档”文件夹下。

操作步骤：

① 选择“文件”→“保存”，出现“另存为”对话框，如图 3.5 所示。

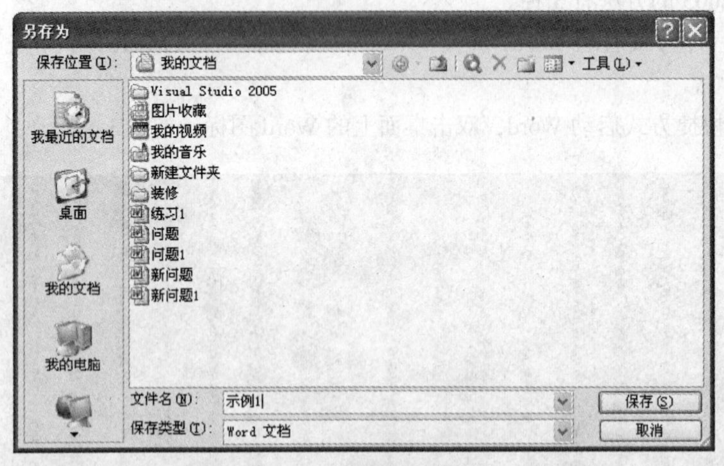

图 3.5 “另存为”对话框

② 默认的保存位置为“我的文档”文件夹，在“文件名”文本框中输入“示例 1”，然后单击“保存”按钮。

对于已保存的文件，将修改后的文档以“碧血黄沙”为文件名另存于优盘（或“D”盘）中。

操作步骤：

① 先将优盘插入 USB 接口中。

② 选择“文件”→“另存为”，在弹出对话框的“保存位置”右侧的下拉列表框中选择“可移动磁盘（或“D”盘）”。

③ 在“文件名”文本框中输入“碧血黄沙”，单击“保存”按钮。

4. 关闭文档

单击标题栏右侧的“关闭”按钮，或者选择“文件”→“关闭”。

5. 打开文档

操作步骤：

① 选择“文件”→“打开”，或单击“常用”工具栏上的“打开”按钮，弹出“打开”对话框，如图 3.6 所示。

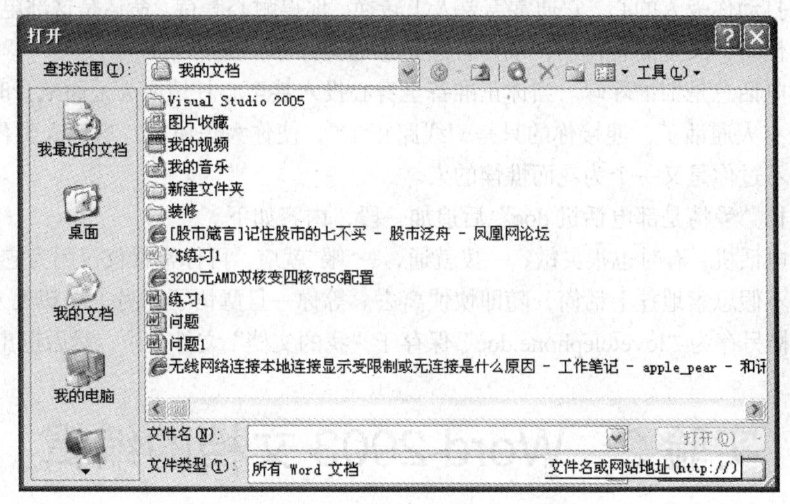

图 3.6　打开 Word 文件对话框

② 在“查找范围”右侧的下拉列表框中找到“我的文档”文件夹。

③ 选择“示例 1”文档，单击“打开”按钮；或者直接双击“示例 1”文档图标。

④ 打开“示例 1”后，在文章之后录入下面一段英文文章。

Love is a telephone

Love is a telephone which always keeps silent when you are longing for a call, but rings when you are not ready for it. As a result, we often miss the sweetness from the other end.

Love is a telephone which is seldom program-controlled or directly dialed. You cannot get an immediate answer by a mere“hello”, let alone go deep into your lover’s heart by one call. Usually it had to be relayed by an operator, and you have to be patient in waiting. Destiny is the operator of this phone, who is always irresponsible and fond of laying practical jokes to which she may make you a lifelong victim intentionally or unintentionally.

Love is a telephone which is always busy, When you are ready to die for love, you only find, to your disappointment, the line is already occupied by someone else, and you are greeted only by a busy line, This is an eternal regret handed down from generation to generation and you are only one of those who languish for followers.

录入完成后，将文档另存为“Exm1.doc”，保存于“我的文档”文件夹。

【强化训练】

（1）新建一个文档，输入如下文章内容，文件名为“爱情是部电话机.doc”，保存在“我的文档”文件夹中。在输入过程中，注意中文与英文输入之间的切换。

爱情是一部电话机，渴望它响起时，它却总是悄无声息；不经心留意时，它又丁零零地响起。因此，我们经常错过另一端传来的温馨的甜蜜。

爱情这部电话机通常不是程控直拨的。并非纯粹说声“喂”便可立即得到回音，更不是呼吸一声就能深深打动你爱人的心。它通常需要人工转换，你得耐心等待。命运是这部电话的话务员，她总是缺乏责任心，又爱搞恶作剧，或许有意无意地捉弄你一生。

爱情这部电话总是忙忙碌碌。当你正准备全身心投入甚至心甘情愿为爱而献身时，却发现线路正忙，已经有人通话了，迎接你的只是“线路正忙”，使你大失所望。这是人类代代相袭的永恒的遗憾，只不过你是又一个为花而憔悴的人。

（2）在文档“爱情是部电话机.doc”后追加一段，内容如下。

爱情这部电话机，有时也很灵敏，一拨就通，一“喂”就应。可你常常仅仅因为它缺乏挑战性、不太费力气而不假思索地挂上话筒，随即快快离去。等你一旦醒悟了，另一端却无人接应。

（3）将文档另存为“lovetelephone.doc”保存于“我的文档”文件夹中，然后退出 Word 窗口。

实验 2　Word 2003 文档的编辑

【实验目的】

1. 掌握文本的选定、复制、移动、删除的方法。
2. 熟悉撤销和恢复命令的使用。
3. 掌握文本的查找和替换的方法。

【实验内容】

1. 阅读文档

阅读文档的方法有两种。

方法一：在滚动条上按住鼠标并拖动，则可以快速地移动文档。此时插入点并不移动。

方法二：使用键盘编辑区上的“PageUp”、“PageDown”及上下左右 4 个方向键，此时插入点也随之移动。

2. 选定文本

用户对文本进行移动、删除或复制等操作之前，必须选定该文本。使用鼠标选定文本的方法如表 3.1 所示。

表 3.1　使用鼠标选定文本的方法

选　定	操　作
一个单词	双击该单词
一句	按住“Ctrl”键单击该句

续表

选　定	操　作
一行文本	单击该行左侧的选择栏
多行文本	从起点拖动鼠标至终点
一段	双击该段左侧的选择栏，或在该段的任意位置三击
多段	从起点拖动鼠标至终点
整个文档	按“Ctrl+A”组合键，或三击左侧的选择栏
矩形文本区	按住“Alt”键，从左上角拖动鼠标至右下角

3. 删除文本

删除文本的方法有 4 种。

方法一：利用“编辑”菜单的“剪切”或“清除”命令。

方法二：利用快捷菜单中的“剪切”命令。

方法三：按“Delete”键。

方法四：利用“常用”工具栏中的“剪切”按钮。

4. 复制文本

复制文本的方法有 4 种。

方法一：利用“编辑”菜单的“复制”和“粘贴”命令。

方法二：利用快捷菜单中的“复制”和“粘贴”命令。

方法三：利用“Ctrl+C（复制）”和“Ctrl+V（粘贴）”组合键。

方法四：利用“常用”工具栏中“复制”和“粘贴”按钮。

5. 移动文本

移动文本的方法有 4 种。

方法一：利用“编辑”菜单的“剪切”和“粘贴”命令。

方法二：利用快捷菜单中的“剪切”和“粘贴”命令。

方法三：利用“Ctrl+X（剪切）”和“Ctrl+V（粘贴）”组合键。

方法四：利用“常用”工具栏中的“剪切”和“粘贴”按钮。

6. 查找文本

（1）查找操作：选择“编辑”菜单中的“查找”命令，打开“查找和替换”对话框。选择其中的“查找”选项卡，如图 3.7 所示。

（2）在“查找内容”文本框中输入所要查找的内容，然后单击“查找下一处”按钮进行查找操作。

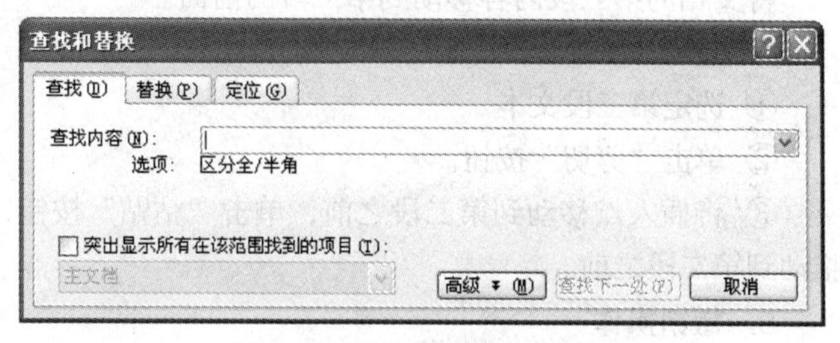

图 3.7　“查找和替换”对话框

7. 替换文本

（1）替换操作：选择“编辑”菜单中的“替换”命令，打开“查找和替换”对话框。

（2）在“查找内容”文本框中输入被替换的内容，在“替换为”文本框中输入替换的内容，根据需要进行相关替换操作。

8. 重复操作

若想重复前一次操作，则可以将鼠标光标移动到要重复的位置，然后选择“编辑”菜单中“重复”命令完成操作。

9. 撤销操作

要取消前一步操作，可以选择“编辑”菜单中的“撤销”命令完成操作；也可以按“常用”工具栏中的“撤销”按钮完成操作。

【实例演示】

1. 启动 Word 2003，打开文件“示例 1.doc”

操作方法参照实验 1 中实例 5。

2. 复制文档

将文档中的第一段“在《碧血黄沙》这部长篇小说里，作者以充满同情的叙述笔调，磅礴撼人的气势，描绘了西班牙斗牛士的生活，展示了一幅雄伟生动的西班牙风俗民情的长卷。”复制到文档末尾作为新的一个段落。

操作步骤：

① 选定文本“在《碧血黄沙》这部长篇小说里，作者以充满同情的叙述笔调，磅礴撼人的气势，描绘了西班牙斗牛士的生活，展示了一幅雄伟生动的西班牙风俗民情的长卷。”

② 单击“常用”工具栏中“复制”按钮。

③ 将插入点移动到文档末尾，按“回车”键，产生一个新的空段。

④ 单击“常用”工具栏中“粘贴”按钮；也可以选定文本后，按住“Ctrl”键，再将文本拖动到目标位置。

3. 删除复制的内容

操作步骤：

① 选定刚复制到文档末段的文本“在《碧血黄沙》这部长篇小说里，作者以充满同情的叙述笔调，磅礴撼人的气势，描绘了西班牙斗牛士的生活，展示了一幅雄伟生动的西班牙风俗民情的长卷。”

② 按“Delete”键。

4. 移动文档

将文档的第三段内容移动到第二段的前面。

操作步骤：

① 选定第三段文本。

② 单击“剪切”按钮。

③ 将插入点移动到第二段之前，单击“粘贴”按钮；也可以选定第三段文本，直接将文本拖动到第二段之前。

5. 撤销操作

撤销这次移动，选择“编辑”菜单中的“撤销移动”命令，或者单击“常用”工具栏上的“撤销”按钮，取消本次移动操作。

6. 查找操作

查找全文中的“作者”，并将其替换为“The author”。

操作步骤：

① 选择“编辑”菜单中的“替换”命令。

② 在“查找内容”文本框中输入“作者”。

③ 在“替换为”文本框中输入“The author”，如图 3.8 所示。

④ 单击“高级”按钮，展开查找和替换的高级选项。

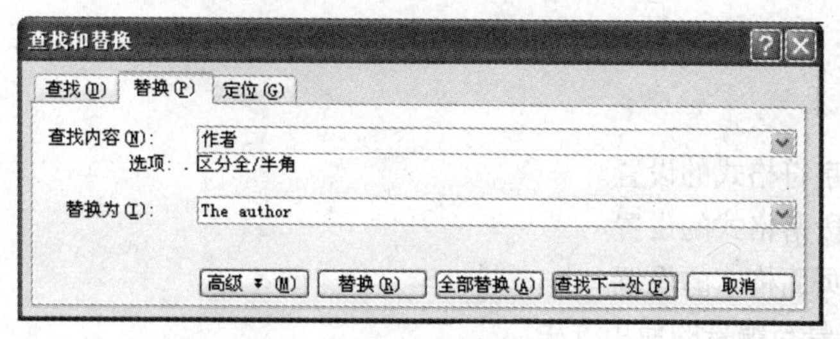

图 3.8　“查找和替换”对话框

⑤ 设定“搜索范围”为“全部”，单击“全部替换”按钮。

【强化训练】

对文档“E00004.doc”做如下操作。

（1）打开文档“E00004.doc”。

（2）在文档的第一段前插入标题“软件工程方法论”，如图 3.9 所示。

（3）将标题文本复制到文档第二段后。

（4）删除复制的标题文本“软件工程方法论”。

（5）将第二段内容移动到第三段的后面。

（6）撤销本次移动操作。

（7）查找文中的“阶段”，并将其全部替换为“jie duan”。

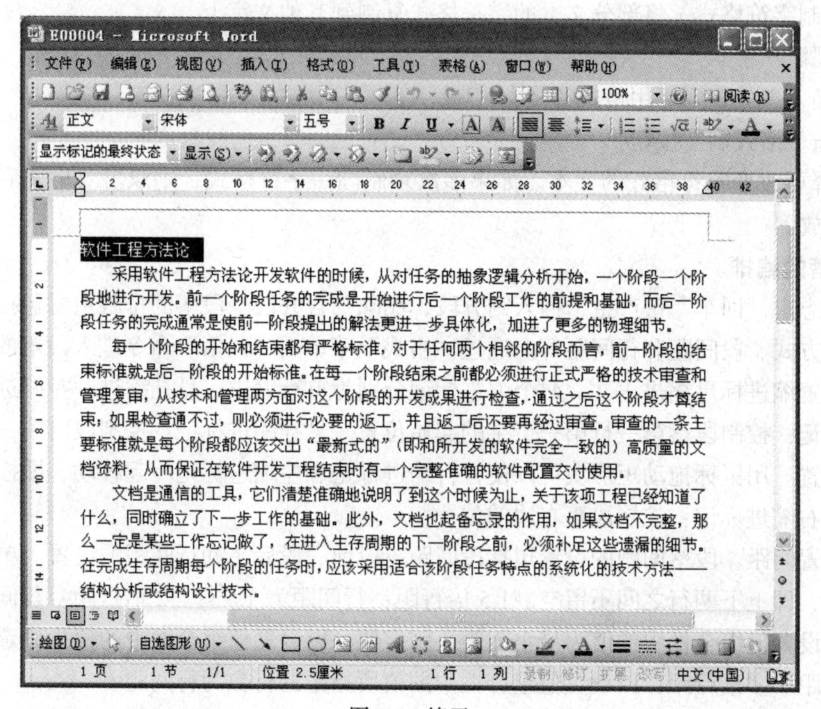

图 3.9　练习

实验 3　Word 2003 的版面设计

【实验目的】

1. 掌握 Word 字符格式的设置。
2. 掌握 Word 段落格式的设置。
3. 熟悉 Word 页面格式的设置。
4. 了解项目符号与编号的使用方法。

【实验内容】

文档内容的排版是指字符设置、段落设置、页面设置等。

1. 字符的格式排版

在 Word 中，字符可以是一个汉字、一个字母、一个数字或一个符号。

字符的格式包括字符的字体、大小、粗细、下划线、颜色等。

字符格式的排版可以通过工具栏的格式按钮、菜单、快捷键、格式刷来完成。

字符格式的排版需要首先选择要排版的文本对象，然后才能设定；也可设定后输入新文本。

（1）字体的设置。一般英文的字体名对英文字符起作用，汉字的字体名对英文、汉字都起作用。

操作步骤：

① 选取文本。

② 选择 “格式”菜单中的“字体”命令。

（2）复制字符格式。将部分文本的字符格式复制到其他文字上。

操作步骤：

① 将插入点放置到所用格式的文本区域。

② 单击“格式刷”按钮。

③ 选择要改变字符格式的文本。如果多次复制同一字符格式，则双击“格式刷”按钮，按“Esc”键释放。

2. 段落的编排

段落标志由“回车”键产生，插入则分段，删除则合并段。段落的排版主要包括，设置缩进方式、对齐方式、段间距和行间距等。通过“格式”菜单的“段落”命令进入段落的编排。

（1）设置缩进标尺缩进正文。4 个缩进标记分别为首行缩进、悬挂缩进、左缩进和右缩进。首行缩进标记：控制段落第一行第一个字的起始位置。悬挂缩进标记：控制段落第一行外的其他行的起始位置。用鼠标拖动矩形块可以使首行缩进标记和左缩进标记一起移动，即控制段落左缩进的位置。右缩进标记：控制段落右边的位置。

（2）设置间距。段落间距的设置包括段间距（段前、段后）和行间距的设置。单倍行距：行间距为 1 行，即上下两行之间不留空。1.5 倍行距：行间距为 1.5 行。2 倍行距：行间距为 2 行。最小值：以设置值组合框中的值为最小间距。固定值：以设置值组合框中的值为固定间距，不允许调节行间距。多倍行距：以设置值组合框中的值所指定的行数为行间距。

（3）设置对齐方式。Word 对齐方式为“两端对齐”、“左对齐”、“居中”、“右对齐”和“分散对齐”。

（4）段落编号和项目符号操作步骤：① 选择“格式” →“项目符号和编号”，弹出“项目符号和编号”对话框；② 选择“项目符号”或“编号”选项卡中的选项。

（5）首字下沉。首字下沉是指一段开头的第一个字被放大数倍。首字下沉的位置、字体、下沉行数可以设置。首字下沉只有在页面视图下才有效果。

3. 分栏排版

控制文档分栏包括栏数、栏宽、栏间距、分隔线等参数。在页面视图或打印预览视图下，才有分栏效果。可对全文或部分文档进行分栏操作，可重新分栏，也可删除分栏。操作步骤：选择“格式”→“分栏”。

4. 页面设置

（1）页眉和页脚的建立。页眉和页脚是指每一页顶部和底部的文字和图形，通常包含页码、日期、时间、姓名和图形等一些辅助性的信息内容。

操作步骤：

① 建立页眉和页脚。步骤：选择“视图”→“页眉和页脚”，弹出“页眉和页脚”工具栏，建立页眉和页脚。

② 页码的设定：选择“插入”→“页码”，弹出“页码”对话框，通过对页码的位置和格式的设定，完成页码的设置。

（2）选择“文件”菜单中的“页面设置”命令，在弹出的“页面设置”对话框中根据需要进行设置。“页面设置”对话框共有 5 个选项卡，分别设置页边距、纸型、纸张来源、版式和文档网格。

【实例演示】

进入 Word 程序，打开文档“示例 1.doc”。

1. 字型设置

操作步骤：

① 选中标题文本“《碧血黄沙》简介”。

② 选择“格式”菜单中的“字体”命令，打开“字体”对话框。

③ 在“字体”选项卡中设置“中文字体”为“楷体_GB2312”。

④ 设置“字形”为“加粗 倾斜”。

⑤ 设置标题文本的字号，如“三号”。

⑥ 选择“字体颜色”为“蓝色”。

⑦ 单击“下划线线型”下拉列表框，选择下划线型为“双波浪线”，设置“下划线颜色”为“红色”。

⑧ 设置完毕，单击“确定”按钮，如图 3.10 所示。

常用字体格式可直接在“格式”工具栏中设置，例如设置文档第二段字体为楷体，单击“格式”工具栏中的“字体”下拉列表框，从中选择“楷体-GB2312”。

2. 字符间距设置

操作步骤：

① 选择第二段文本。

② 选择“格式”菜单中的“字体”命令，打开“字体”对话框，选择“字符间距”选项卡。

③ 在“间距”下拉列表框中选择“加宽”，设置“磅值”为“3 磅”。

④ 单击“确定”按钮。

3. 段落设置

操作步骤：

① 选中第三段文本。

② 选择“格式”菜单中的“段落”命令，打开“段落”对话框，如图 3.11 所示。

③ 分别设置“左”、“右”缩进的缩进值为“2 字符”。

④ 设置“特殊格式”缩进为“首行缩进”，“度量值”为“2 字符”。

⑤ 设置段落间距，段前为 1 行，段后为 1 行。

⑥ 设置“行距”为“1.5 倍行距”。

⑦ 在“对齐方式”下拉列表框中选择“两端对齐”，单击“确定”按钮。

上述操作设置后的屏幕结果如图 3.12 所示。将文档另存为“示例 2.doc”。

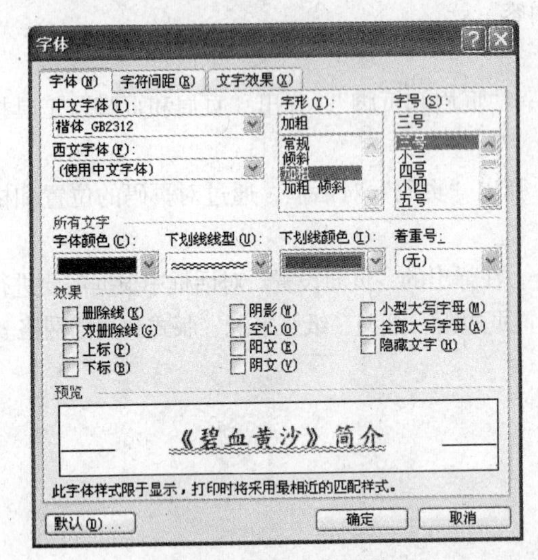

图 3.10 “字体”对话框

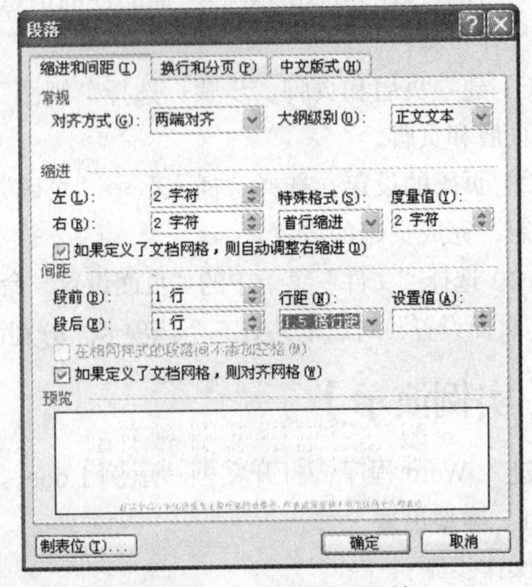

图 3.11 “段落”对话框

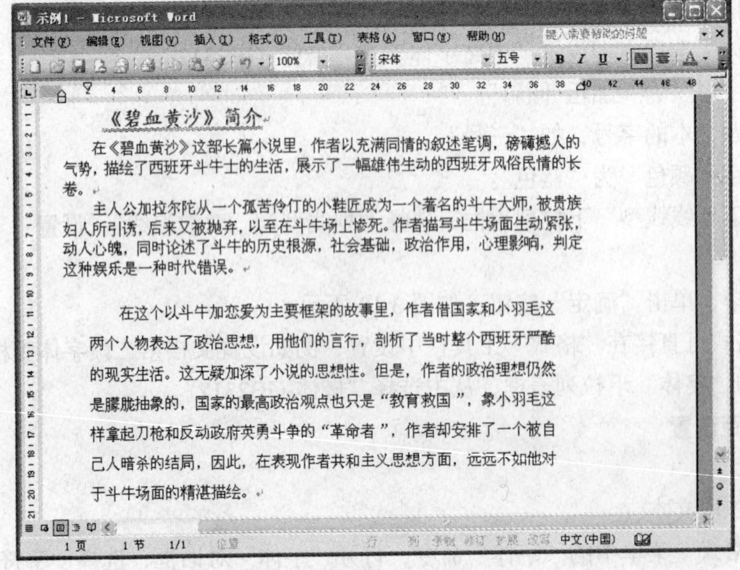

图 3.12 设置后显示效果

4. 边框与底纹设置

操作步骤：

① 打开最初的文档“示例 1.doc”，选中标题文字“《碧血黄沙》简介”。

② 选择“格式”菜单中的“边框和底纹”选项卡，打开“边框和底纹”对话框。

③ 在“边框”选项卡中的“设置”栏中选择合适的边框，如“方框”。

④ 在“线型”列表框中选择合适的线型，并设置颜色与宽度。

⑤ 在“应用于”下拉列表框中选择“文字”，如图 3.13 所示。

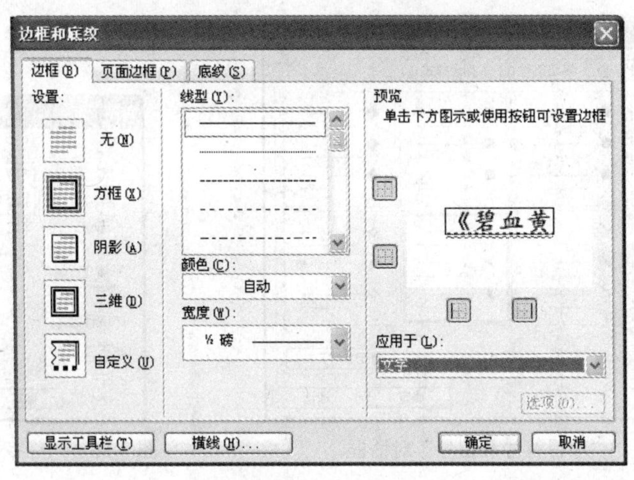

图 3.13　“边框和底纹”对话框—“边框”选项卡

⑥ 选择“底纹”选项卡，设置填充色为“黄色”，图案样式为“15%”，如图 3.14 所示。

⑦ 单击“确定”按钮。

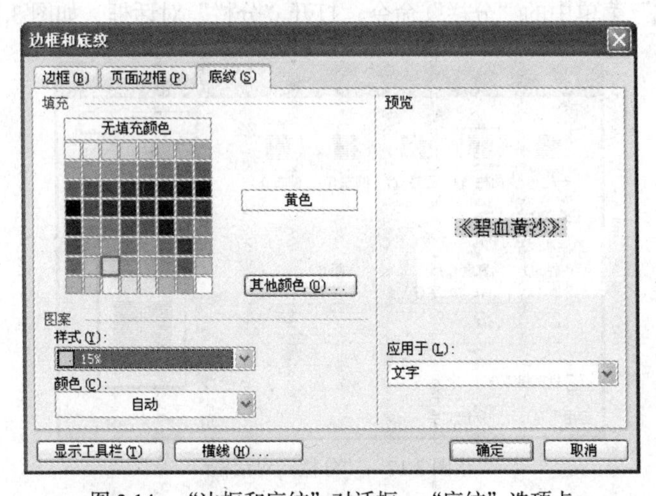

图 3.14　“边框和底纹”对话框—“底纹”选项卡

5. 项目符号与编号的设置

操作步骤：

① 选中被处理的文本，选择“格式”菜单中的“项目符号和编号”命令。

② 在“项目符号和编号”对话框中选择合适的项目符号或编号，如图 3.15 所示。

③ 单击“确定”按钮。

6. 首字下沉

操作步骤：

① 将鼠标光标定位到第一段，选择“格式”菜单中的“首字下沉”命令，打开“首字下沉”对话框。

② 在“位置”栏中选择“下沉”，在“字体”下拉列表框中选择“下沉字体”，还可设置下沉行数距正文的距离，设置完毕后，单击“确定”按钮即可，如图 3.16 所示。

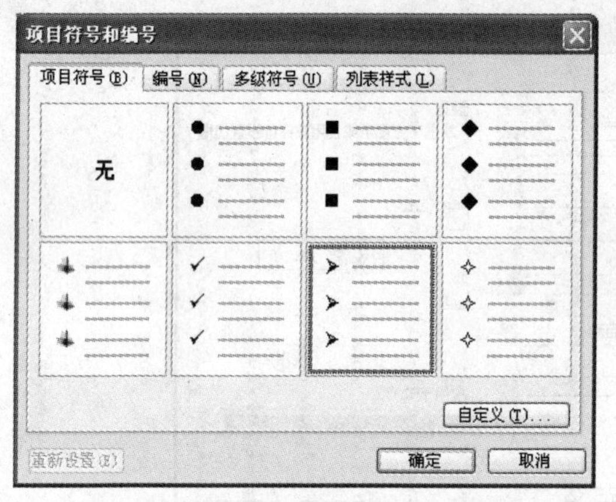

图 3.15　“项目符号和编号”对话框

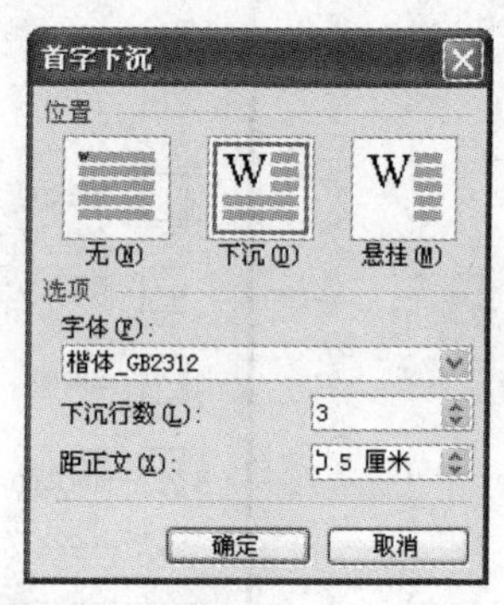

图 3.16　“首字下沉”对话框

7. 将文档中的第二段内容进行分栏设置

操作步骤：

① 选定第二段文本。

② 选择“格式”菜单中的“分栏”命令，打开“分栏”对话框，如图 3.17 所示。

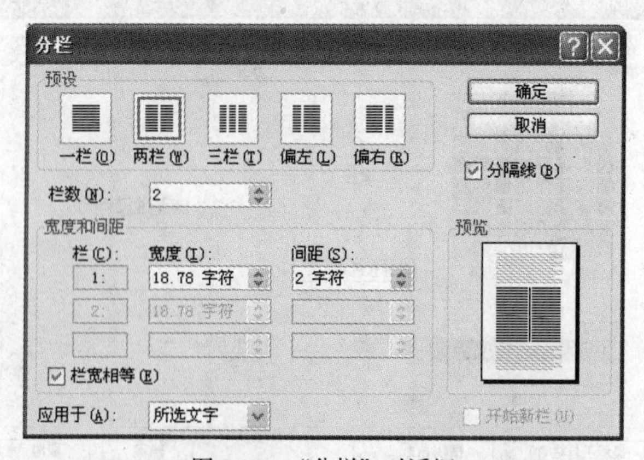

图 3.17　“分栏”对话框

③ 设置为“两栏”，栏宽相等，有分隔线，栏间距“2 字符”，单击“确定”按钮，显示结果如图 3.18 所示。

8. 页眉和页脚的设置

操作步骤：

① 选择“视图”菜单中的“页眉和页脚”命令，进入页眉和页脚编辑状态。

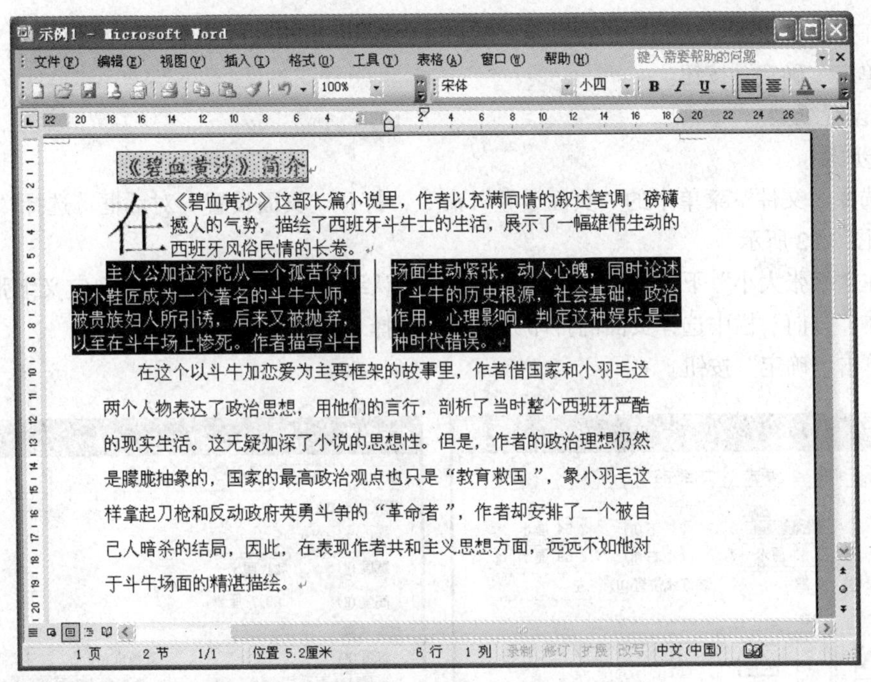

图 3.18 分栏显示结果

② 同时自动弹出“页眉和页脚”工具栏，如图 3.19 所示。

③ 单击相关按钮，添加页眉和页脚信息。

④ 单击“页眉和页脚”工具栏上的“关闭”按钮，返回正文编辑状态。

图 3.19 “页眉和页脚”工具栏

注：若仅仅是为了得到页码，Word 中有一个简单的插入页码的功能。

- 选择“插入”菜单中的“页码”命令，打开“页码”对话框。
- 选择要插入页码的位置和对齐方式。
- 单击“确定”按钮，如图 3.20 所示。

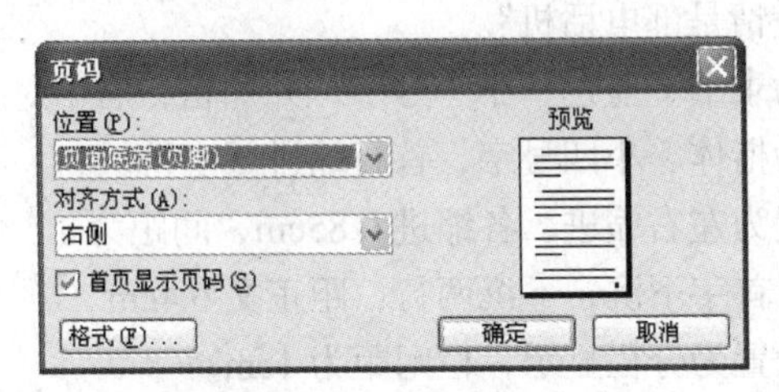

图 3.20 插入页码

9. 页面设置

(1) 设置页边距

操作步骤：

① 选择“文件”菜单中的“页面设置”命令，打开“页面设置”对话框，如图 3.21 所示。

② 在“上”、“下”、“左”、“右”及“装订线”微调框中输入或调整边距大小。

③ 单击“确定”按钮。

（2）设置纸型

操作步骤：

① 选择“文件”菜单中的“页面设置”命令，打开“页面设置”对话框，选择“纸张”选项卡，如图 3.22 所示

② 在“纸张大小”下拉列表框中选择纸型，默认纸型为“A4”，也可以自定义纸张大小。

③ 在“方向”栏中选择页面的打印方向，可选择“纵向”或“横向”。

④ 单击“确定”按钮。

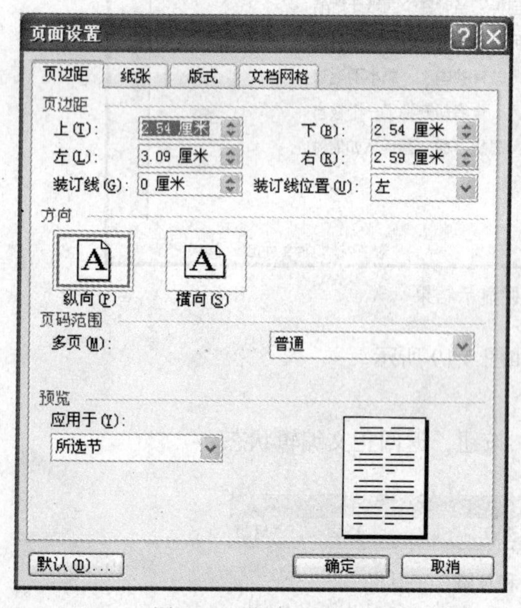

图 3.21　设置页边距

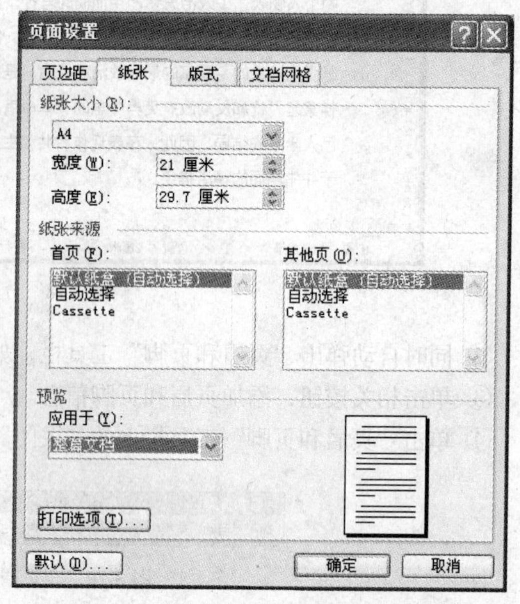

图 3.22　“页面设置”对话框—“纸张”选项卡

【强化训练】

（1）打开文档“爱情是部电话机.doc”。

（2）添加文档标题“爱情是部电话机”。

（3）将标题文本设置为隶书、蓝色、小一号字，并加粗，居中对齐，文本底纹为灰色-20%。

（4）将正文文本设置为楷体、小四号字，首行缩进 2 字符。

（5）将文档第二段设置为左右缩进，各缩进 0.85cm，间距为 1.5 倍行距。

（6）对文档第一段设置首字下沉，下沉两行，距正文 0.4cm。

（7）将文档的第三段设置为分栏显示，栏间距为 1cm。

（8）设置文档的页眉为“关于爱情的不同见解”，居中对齐；页脚格式为“第 x 页 共 y 页”，右对齐。

（9）设置页面格式为 16 开纸，左、右页边距为 2.0cm，上、下页边距为 2.5cm，装订线置于左侧，边距为 0.6cm，方向为横向。

实验 4　Word 2003 的表格制作

【实验目的】

1. 学会创建普通表格和不规则表格。
2. 学会使用表格编辑、修改、属性设置等方法处理表格。
3. 掌握在表格中输入数据的方法。

【实验内容】

1. 表格

表格由不同行列的单元格组成，可以在单元格中填写文字和插入图片。表格经常用于组织和显示信息，还可以用表格创建引人入胜的页面版式以及排列文本和图形。

2. 单元格

表格中单个的方格称为“单元格”。用户可以根据需要对单元格进行合并、拆分。

3. 建立表格的 3 种方法

（1）使用“常用”工具栏中的“插入表格”按钮，如图 3.23 所示。

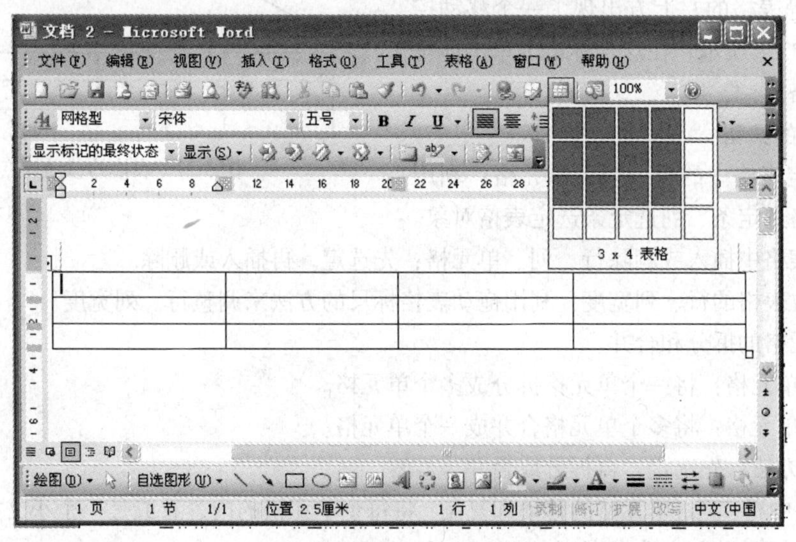

图 3.23　“插入表格”按钮

（2）选择“表格”→“插入”→“表格”，弹出“插入表格”对话框，如图 3.24 所示。

（3）绘制表格：选择“表格”菜单中的“绘制表格”命令，或单击“常用”工具栏中的“表格和边框”按钮，弹出“表格和边框”工具栏，如图 3.25 所示。常用于建立一些复杂或不规则的表格。

4. 表格的选定

（1）将鼠标指针放在表格的任意单元格内。

（2）选择“表格”→“选定” →“单元格”、“行”、“列”或“表格”，则鼠标指针所在位置的单元格、行、列或表格分别被选中，如图 3.26 所示。

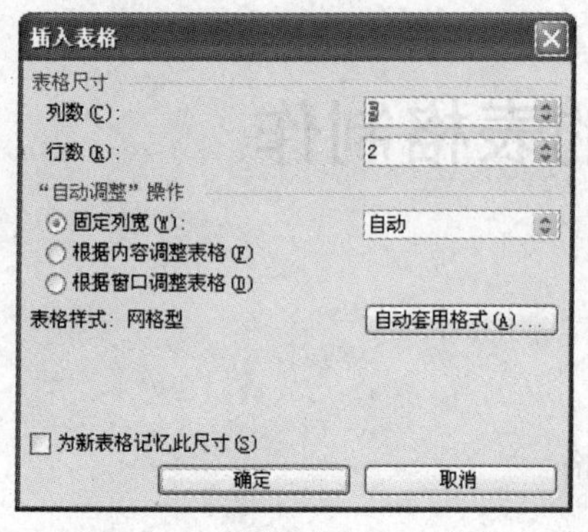

图 3.24 "插入表格"对话框

图 3.25 "表格和边框"工具栏

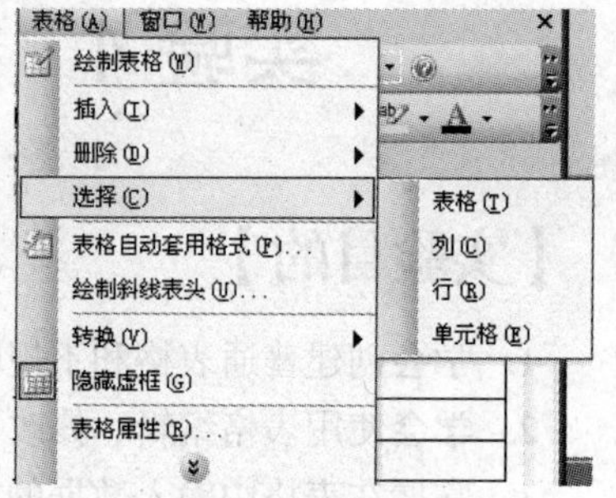

图 3.26 表格的选定

（3）用鼠标选择

① 选定单元格　把鼠标指针指向单元格左边界的选择区，鼠标指针变成一个右向上黑色的箭头"➚"，单击可选定一个单元格，拖动可选定多个单元格。

② 选定行 像选中一行文字一样，在表格左边界外侧的文档选择区单击，可选中表格的一行单元格。

③ 选定列 将鼠标指针指向某一列的上边界，等鼠标指针变成向下的箭头"➚"时单击即可选取一列，拖动可选取多列。

④ 选定整个表格 把鼠标指针移到表格任意位置上，等表格的左上方出现了一个移动控点时，如图 3.27 所示，在这个标记上单击即可选取整个表格。

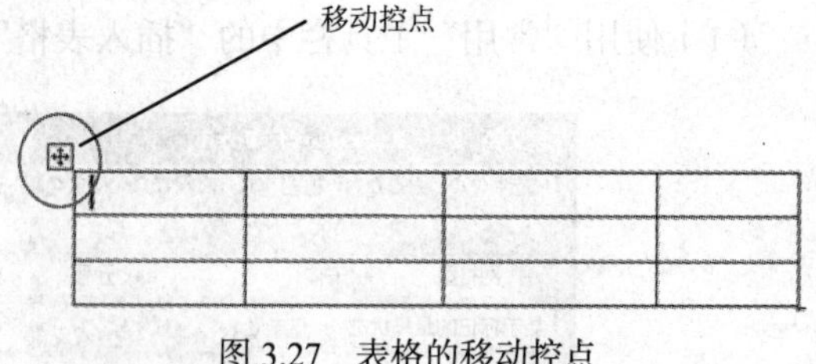

图 3.27 表格的移动控点

5. 表格的编辑

（1）选定表格中的行、列、单元格：利用表格的单元格选定条、列选定条选定表格对象。

（2）在表格中插入或删除行、列、单元格：先选定，再插入或删除。

（3）修改表格的行、列宽度：利用拖动表格标尺的方法来调整行、列宽度。

（4）单元格的拆分和合并。

① 拆分单元格：将一个单元格拆分成多个单元格。

② 合并单元格：将多个单元格合并成一个单元格。

③ 操作方法：先选定，再拆分或合并。

（5）表格中行、列、单元格的移动和复制：将每个单元格的内容看成是一个小文档，利用"剪切"、"复制"、"粘贴"方法来完成。

6. 向表格内输入数据

空表格创建后，可以向各个单元格中输入数据。

（1）将插入点移动到单元格内

操作步骤：

① 将鼠标指针移到单元格内后单击鼠标左键。

② 按"Tab"键，插入点移动到右边单元格内。

③ 按"Shift+Tab"组合键，插入点移动到左边单元格内。

（2）输入数据

当插入点已经在表格的某个单元格内时，输入的数据便在该单元格内。每个单元格是一个单独的编辑区域。当输入的内容到达单元格的右边界时会自动换行，输入的内容多于一行时，单元格会自动加高。可以以一个单元格为单位来设定字体、间距等格式。

7. 表格的显示

在 Word 默认状态下，表格线是不打印出来的，用户可以选择“格式”菜单中的“边框和底纹”命令，显示可打印的表格线，并可以设置各种底纹修饰。

8. 表格的排序

对表格中的数据进行排序。

操作步骤：

① 将鼠标指针放置在表格中。

② 选择“表格”菜单中的“排序”命令，打开“排序”对话框。

③ 设置三级排序，分别设置每级的排序内容，最后单击“确定”按钮。

9. 调整行高和列宽

行高：拖动水平标尺分隔线；拖动表格横线或选择“表格”→“表格属性”→“行”来设置单元格高度。

列宽：拖动垂直标尺分隔线；拖动表格竖线或选择“表格”→“表格属性”→“列”来设置单元格宽度。

10. 设置表格的边框和底纹

操作步骤：

① 选择要加边框的单元格或整表。

② 选择“格式”→“边框和底纹”，打开“边框和底纹”对话框，选择线型、颜色、线宽。

③ 在“底纹”选项卡中选择底纹色、前景、背景色，产生底纹效果。

④ 在“页面边框”选择卡中设置整页的边框。

【实例演示】

1. 创建普通表格（见表 3.2）

操作步骤：

① 将鼠标指针移至需插入表格的位置。

② 选择“表格”→“插入”→“表格”，弹出“插入表格”对话框（见图 3.24）。

表 3.2　　课程表

星期 时间		星期一	星期二	星期三	星期四	星期五
上午	第一节					
	第二节					
	第三节					
	第四节					
下午	第五节					
	第六节					

③ “行数”和“列数”微调框中分别输入“7”和“7”，并调整第1行的行高。

④ 对照目标表格合并相应的单元格，并输入相应的汉字。

⑤ 制作斜线框：让“星期”和“时间”分两行输入，并分别选用“右对齐”和“左对齐”。单击“常用”工具栏中的“表格与边框”按钮，在弹出的“表格和边框”工具栏中选择“铅笔工具”绘制斜线。

⑥ 边框格式的设置：选定要设置边框的单元格，单击鼠标右键，在弹出的快捷菜单中选择“边框和底纹”，弹出“边框和底纹”对话框，如图3.28所示，在“线型”列表框中选择“双线线型”，并在“预览”栏中进行设置。

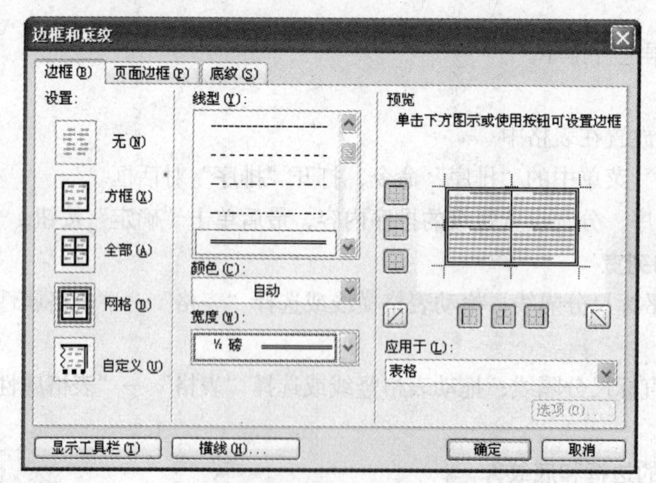

图3.28　“边框和底纹”对话框

2. 创建不规则表格（见表3.3）

操作步骤：

① 先建立一个单行表格，设置边框和填充颜色。

② 再嵌套建立一个8行10列的基本表格。

③ 利用合并和拆分单元格形成不规则表格。

④ 输入表格的文字内容。

表3.3　不规则表格

送 货 单

收货单位＿＿＿＿　地址＿＿＿＿　年　月　日

货 号	品 名	规 格	单 位	数 量	单 价	金 额	备 注
合计人民币（大写）　万　仟　佰　拾　元　角　分							
发货单位　电话 发货人				收货单位盖章 收货人签字			

开发票　月　日　发票号码　送货　经办人：

3. 将下列文本转换为表格，并套用“典雅型”表格格式

学　号	姓　名	英　语	数　学	计 算 机	总　分
110011	王二小	79	82	86	247
110034	毛志勇	70	73	64	197
110123	李大力	65	60	55	180

操作步骤：

① 选中待转换为表格的文本。

② 选择“表格”→“转换”→“文字转换为表格”，弹出如图 3.29 所示对话框，从中设置“文字分隔位置”为“空格”，转换的表格会根据原始数据文本中的分隔符自动确定行、列数。

③ 选择“表格”→“表格自动套用格式”，弹出如图 3.30 所示对话框，选择“典雅型”格式，单击“确定”按钮。

转换后表格效果如表 3.4 所示。

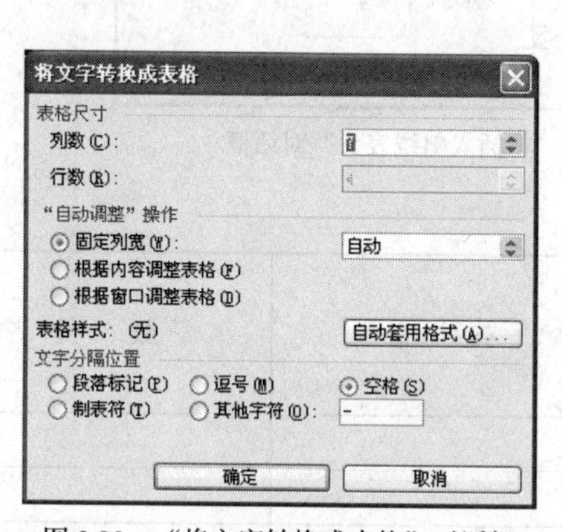

图 3.29　“将文字转换成表格”对话框

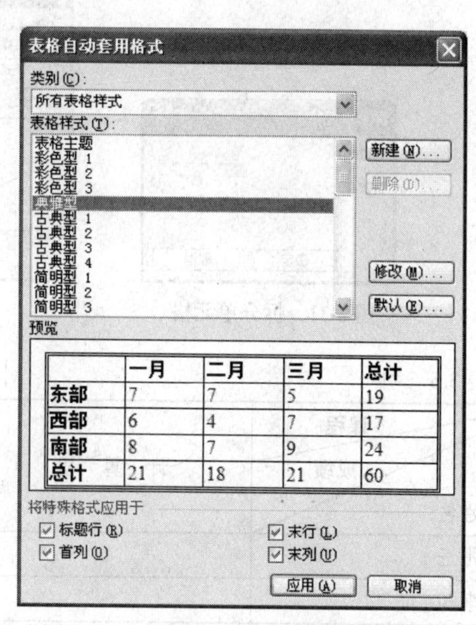

图 3.30　“表格自动套用格式”对话框

表 3.4　转换后表格效果

学　号	姓　名	英　语	数　学	计 算 机	总　分
110011	王二小	79	82	86	247
110034	毛志勇	70	73	64	197
110123	李大力	65	60	55	180

4. 拆分单元格

操作步骤：

① 选中需拆分的单元格。

② 选择“表格”菜单中的“拆分单元格”命令。

③ 在“拆分单元格”对话框中输入需拆分的列数和行数，如图 3.31 所示。

④ 单击“确定”按钮，并调整行高、列宽。

5. 合并单元格

操作步骤：

① 选中需合并的若干单元格。

② 选择“表格”菜单中的“合并单元格”命令。

6. 制作斜线表头

操作步骤：

① 选中需要制作斜线的单元格，并调整好高度和宽度。

② 选择“表格”菜单中的“绘制斜线表头”命令。

③ 在“插入斜线表头”对话框中选择表头样式（如“样式二”），如图 3.32 所示。

④ 输入行标题、数据标题、列标题（如课程、成绩、姓名）。

⑤ 单击“确定”按钮，效果如表 3.5 所示。

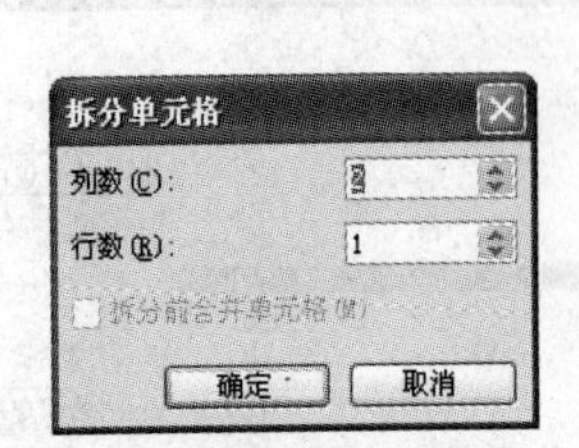

图 3.31 拆分单元格

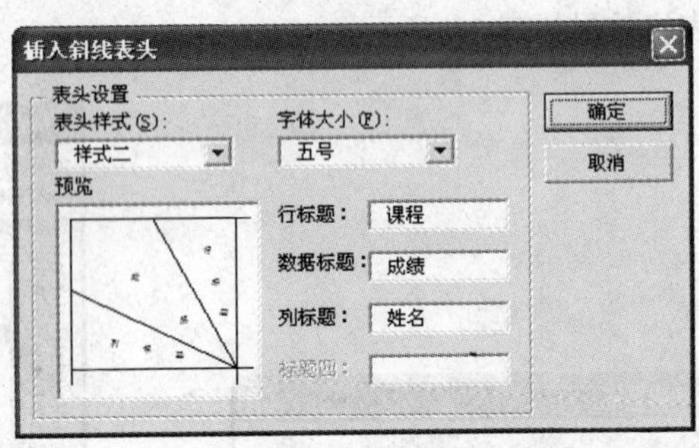

图 3.32 “插入斜线表头”对话框

表 3.5 斜线表头

课程 / 成绩 / 姓名	计 算 机	英 语	数 学
张三			
李四			
王五			

7. 表格数据处理

表格中的单元格位置用列号（A，B，C，…）与行号（1，2，3，…）来定位，如 B3 表示为第 3 行第 2 列的单元格，对于单元格区域的描述为，左上角单元格:右下角单元格，如 A1:D3 表示从第 1 行第 1 列到第 3 行第 4 列连续的单元格区域。

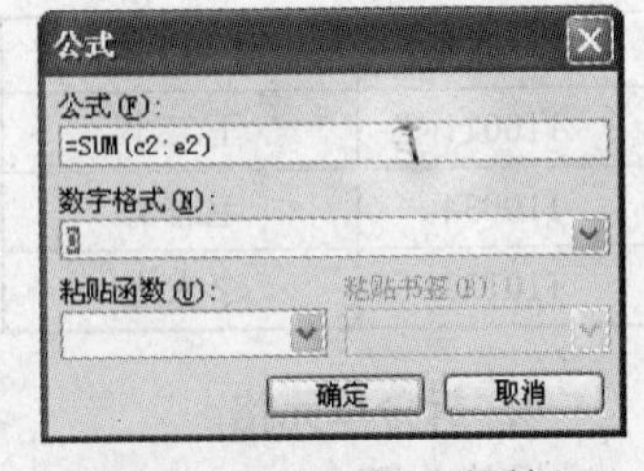

图 3.33 “公式”对话框

数据的计算操作如下。

① 将鼠标指针定位到需要放置计算结果的单元格中，然后选择“表格”菜单中的“公式”命令。

② 在弹出的“公式”对话框中确定计算公式和结果的数字格式，如图 3.33 所示。

可以通过“粘贴函数”下拉列表框来选择函数，如表 3.6 所示。常见的函数有 SUM（ ）——求和函数，AVERAGE（ ）——求平均值函数等。

表 3.6　　函数求和

姓　　名	计　算　机	英　　语	解　　剖	总　　分
张三	87	84	90	261
李四	83	81	86	250
王五	65	77	83	225

【强化训练】

（1）根据实际情况制作课程表，并填充具体内容。

（2）新建文档，制作如图 3.34 所示的个人简历表，以文件名“个人简历表.doc”保存到“我的文档”文件夹下。

个　人　简　历

<table>
<tr><td rowspan="7">基本资料</td><td>姓名</td><td>张大山</td><td>性别</td><td>男</td><td rowspan="4">照片</td></tr>
<tr><td>民族</td><td>汉族</td><td>籍贯</td><td>河北邯郸</td></tr>
<tr><td>出生日期</td><td>1981 年 10 月 25 日</td><td>政治面貌</td><td>党员</td></tr>
<tr><td>学历</td><td>本科</td><td>健康情况</td><td>良好</td></tr>
<tr><td>专业</td><td colspan="4">汉语言文学</td></tr>
<tr><td>通信地址</td><td colspan="2">安徽师范大学 76#</td><td>邮编</td><td>541004</td></tr>
<tr><td>联系电话</td><td colspan="4">0552-5840000</td></tr>
<tr><td>个人技能</td><td colspan="5">英语通过四级，具有良好的听、说、读、写能力。计算机通过三级。对 Office 办公软件、Photoshop 、 AutoCad 及 PC 的组装和维护有一定的经验。</td></tr>
<tr><td>获奖情况</td><td colspan="5">2008-09 —— 2009-09 获专业奖学金三等奖</td></tr>
<tr><td>兴趣爱好</td><td colspan="5">看书，听音乐，玩计算机游戏，打篮球等</td></tr>
<tr><td>主修课程</td><td colspan="5">文学概论、语言学概论、美学概论、中国古代文学、中国当代文学、中国现代文学、中国古代文论、外国文学、古代汉语、现代汉语、汉语训诂学、民间文学概论、写作、西方美学史、中国美学史、逻辑学、汉语方言学、诗词格律、文艺学、中国当代小说研究、当代散文研究、诸子哲学、汉字学、中国古代名作欣赏、外国文学名片欣赏、中国文化史、汉语语法史、专业外语、计算机基础与应用。</td></tr>
</table>

图 3.34　个人简历表

（3）建立如表 3.7 所示学生成绩表，利用 SUM（）函数和 AVERAGE（）函数分别计算每个学生的总分和每科成绩的平均分，并按计算机成绩从高分到低分重新排序，保存为“成绩表.doc”。

表 3.7　　学生成绩表

姓　名	大学英语	计算机基础	高等数学	C 语言	总　分
李一平	80	78	67	89	
孙只文	66	69	77	87	
张李宏	68	90	85	68	
平均分					

实验 5　Word 2003 的图形制作

【实验目的】

1. 掌握在文档中插入图形的方法。
2. 熟练掌握图形的基本编辑方法。
3. 了解图文混排方法。

【实验内容】

用户在编辑文档时，经常需要在文档中插入一些图形，并对图形进行处理。

1. Word 2003 常用的图形文件类型

可使用的图形文件类型有 Windows 位图（.bmp、.rle、.dib）、Windows 图元文件（.wmf）、增强型图元文件（.emf）、Joint Photographic Experts Group（.jpg）、GIF （.gif）以及便携式网络图形（.png）等。

2. 图片的插入和编辑

Word 2003 能够直接将计算机中已有的图形文件插入到文档中。图形文件有 3 个主要来源：图片剪贴库、通过扫描仪获取的图片或照片、由网上下载或来自数码相机的图片。

（1）图片的插入步骤：选择“插入”→“图片”→“剪贴画”或“来自文件”。

操作步骤：

① 插入“剪贴画”的任务窗格如图 3.35 所示。选择搜索范围和结果类型，然后单击“搜索”按钮，结果如图 3.36 所示。

单击要插入的剪贴画右边的向下按钮，在弹出的下拉列表中选择“插入”，如图 3.37 所示。

②“插入图片”（来自文件）对话框如图 3.38 所示。

在文档中插入图片的位置有两种：嵌入式和浮动式。嵌入式图片为直接放置到文本中的插入点处，占据文本的位置；而浮动式图片为插入在绘图层的图形对象，可以在页面上精确定位，也可使其浮于文字或其他对象的上方，或衬于文字或其他对象的下方。在默认的情况下，Word 2003 将插入的图片作为嵌入式对象，如图 3.39 所示。

图 3.35　插入剪贴画（1）

图 3.36　插入剪贴画（2）

图 3.37　插入剪贴画（3）

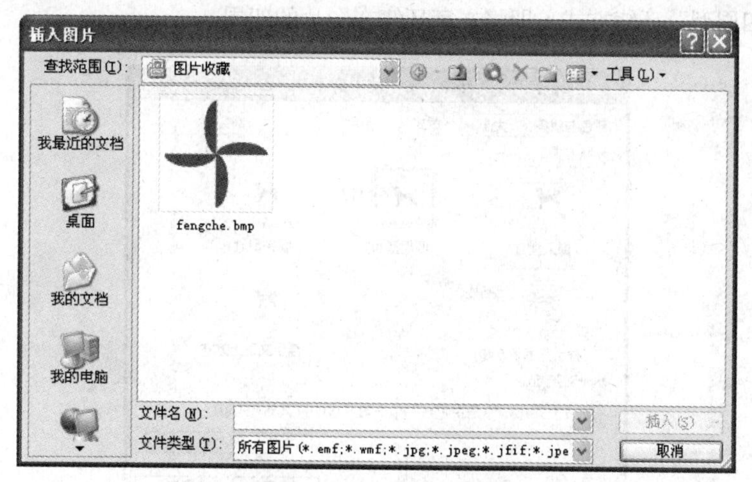

图 3.38　“插入图片”对话框

（a）嵌入式图片

（b）浮于文字上方图片

图 3.39　嵌入式和浮动式图片比较

（2）图片的编辑：右键单击图片，在弹出的快捷菜单中选择“显示‘图片’工具栏”，弹出如图3.40所示工具栏。利用“图片”工具栏完成诸如缩放、剪裁、对比度设定、亮度设定、文字环绕、透明度设定等操作。

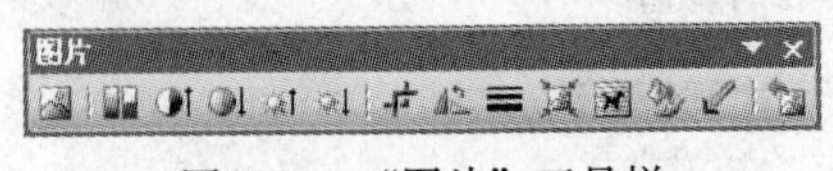

图3.40 “图片”工具栏

① 移动或复制图片与移动或复制文本一样，使用“剪贴板”或鼠标拖动即可。

② 图片缩放。

方法一：选中图片，用鼠标拖动图片边框的句柄（8个），即可改变图片的大小。

方法二：使用“图片”对话框能够精确设置图片的大小。

③ 图片的剪裁。选定要剪切的图片，单击“图片”工具栏上的“裁剪”按钮，鼠标指针移到切除一侧的边框上，鼠标指针变成剪切图片形状，按下鼠标左键拖动，使框边线向图片内部移动。当边框线移动到所需位置时，松开鼠标左键，此时该边框线位置与老位置间的图片部分被剪掉。利用这种方法可以从图片句柄的8个方向进行剪切操作。重复操作，直到满意为止。

3. 图文混排

设置图片与文档之间的排列关系。选定图片，利用“图片”工具栏中的“文字环绕”按钮进行设置，或者通过“设置图片格式”对话框中的“版式”选项卡设置文字环绕方式，如图3.41所示。若选择“四周型”环绕方式，即将文字环绕在图片的四周。

图3.41 “设置图片格式”对话框

【实例演示】

1. 熟悉“绘图”工具栏

进入Word程序，选择“视图”→“工具栏”→“绘图”，打开“绘图”工具栏，如图3.42所示。

图3.42 “绘图”工具栏

2. 插入图形

（1）插入“自选图形”

操作步骤：

① 单击“绘图”工具栏中的“自选图形”按钮，打开自选图形菜单，如图 3.43 所示。

② 选中某类形状，如“基本形状”。

③ 选中某个图形（如“心”形）。此时鼠标指针变为“十”字形。

④ 移动鼠标指针到需插入图形的位置。

⑤ 按住鼠标左键向下拖动至所需大小，松开鼠标，则图形被插入。

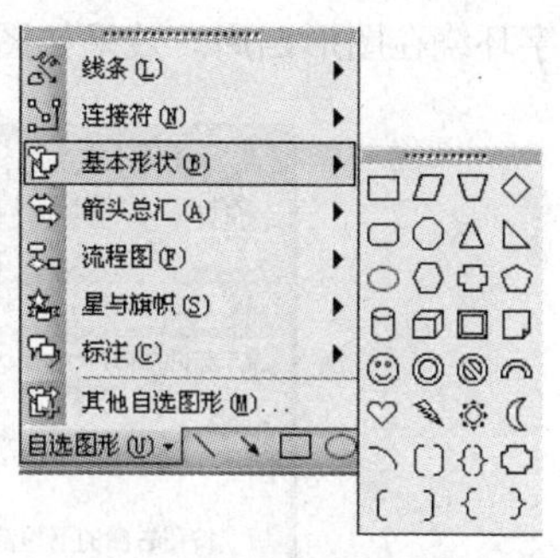

图 3.43　选择自选图形

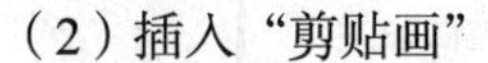

（2）插入“剪贴画”

操作步骤：

① 将鼠标指针移动到需插入图形的位置。

② 单击“插入”菜单。

③ 选择“图片”→“剪贴画”，打开“剪贴画”任务窗格，如图 3.36 所示。

④ 选择搜索范围（如所有收藏集）和结果类型（如选中的媒体文件类型），单击“搜索”按钮将会在下面的空白区域显示很多图片。

⑤ 单击要插入的剪贴画右边的向下按钮，在弹出的下拉列表框中选择“插入”，则剪贴画被插入。

（3）插入图形文件

操作步骤：

① 将鼠标指针移动到需插入图形的位置。

② 单击“插入”菜单。

③ 选择“图片”→“来自文件”。

④ 在弹出对话框的“查找范围”下拉列表框中选择图片所在的文件夹，找到所需的图形文件。

⑤ 单击“插入”按钮，则所选图形文件被插入。

3. 改变图形大小和位置

操作步骤：

① 选中刚插入的图形。

② 将鼠标指针放在图形控点以外的任意处，此时鼠标指针变成“十”字形。

③ 按住鼠标左键，拖动图形到新的位置。

④ 将鼠标指针放在图形的控点上，放在不同的控点上，鼠标指针的箭头方向不同，此时，可沿箭头方向拖动，改变图形的大小。

4. 修饰图形

修饰图形的基本步骤：首先选中待修饰的图形，然后通过某种修饰工具按钮或菜单命令来修饰。

（1）设置线框和填充色。选中图形，单击“绘图”工具栏中的“填充颜色”和“线条颜色”按钮右侧的向下按钮，在颜色框中选择某个颜色，则为图形设置相应的线框和填充颜色。

（2）加阴影。选中图形，单击“绘图工具栏”中的“阴影”按钮，选中某个阴影样式，则图形附加了此种阴影。

（3）环绕。右键单击图片，在弹出的快捷菜单中选择“设置自选图形格式”，在打开的对话框中选择“版式”选项卡，在“文字环绕”栏中选择某类型环绕方式，如“紧密型环绕”，则文字环绕在图形四周。效果如图 3.44 所示。

图 3.44　文字环绕效果

（4）水印制作。设置图片的“文字环绕”方式为“衬于文字下方”，单击“图片”工具栏中的“图像控制”按钮，选择“水印”，则图片成水印效果。

5. 艺术字制作

操作步骤：

① 单击“绘图”工具栏中的“艺术字”按钮，在弹出的“艺术字库”对话框中选择一种样式。

② 打开“编辑‘艺术字’文字”对话框，输入所需文字。

③ 单击“确定”按钮，则使文字以艺术字效果显示。

④ 艺术字的属性设置方法与图形类似，可以通过“艺术字”工具栏进行设置，如图 3.45 所示。

图 3.45　改变艺术字属性

6. 公式编辑方法

操作步骤：

① 选择“插入”菜单中的“对象”命令。

② 在弹出的“对象”对话框中选择“Microsoft 公式 3.0”，单击“确定”按钮，启动如图 3.46 的公式编辑器。

③ 在公式编辑器环境下，利用“公式”工具栏来输入和编辑各种公式。

④ 公式编辑结束后，在公式外围的 Word 文档窗口中单击，即可回到文本编辑状态，建立的数学公式将默认作为嵌入型图形对象插入到光标所在位置。

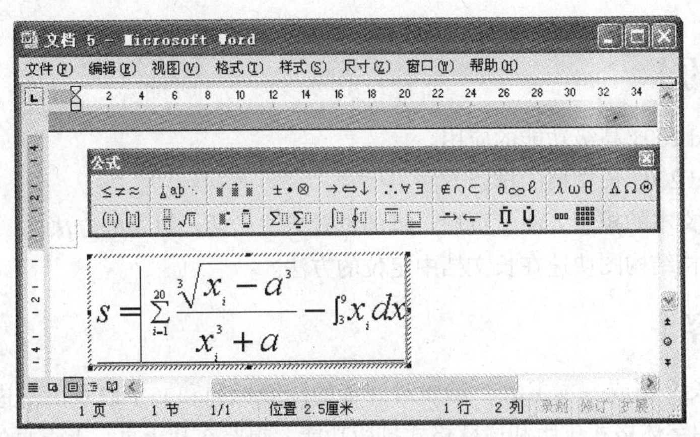

图 3.46　公式编辑界面

【强化训练】

完成如图 3.47 所示的图文混排效果，包含图片、文本框、艺术字和水印效果等。

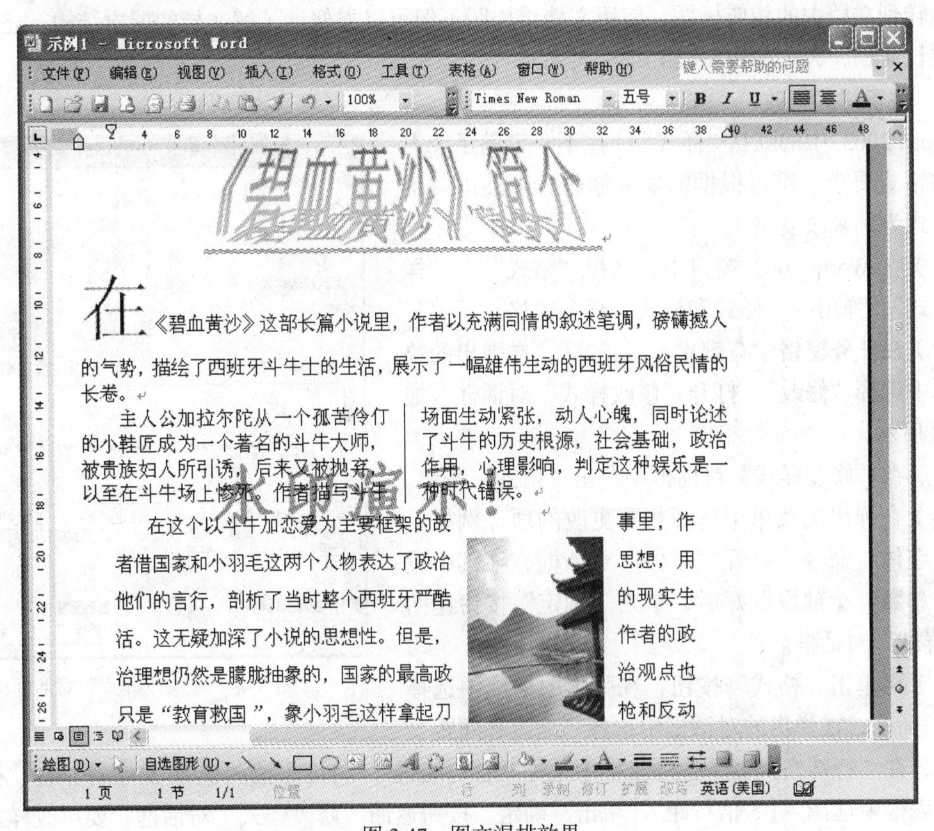

图 3.47　图文混排效果

实验 6　Word　2003 长文档的排版技巧

【实验目的】

1. 了解 Word 2003 高级功能的应用。
2. 掌握 Word 2003 长文档的排版方法。
3. 掌握样式文本的排版方法、页眉页脚的设置方法、插入目录的方法。
4. 掌握用文档结构图快速在长文档中定位的方法。

【实验内容】

在编排一篇长文档或一本书时，需要对许多的同级标题和文字以及段落进行相同的排版工作，如果只是利用字体格式排版和段落格式排版功能，想要在几十页、上百页的文件里找出所有同级标题来，效率非常低。文档的格式也很难保持一致，如果事先使用“格式与样式”功能，这些问题就能轻松地解决了。

1. 文档结构图

使用“文档结构图”可以对整个文档进行浏览。单击“文档结构图”中的标题后，Word 视图就会跳转到文档中的相应标题。使用文档结构图不但可以方便地了解文档的层次结构，还可以快速定位长文档，大大加快阅读和排版时间。

2. 关于样式修改

Word 2003 中的默认“样式”往往不一定满足个人常用的格式要求，可以根据需要来修改，下面以“正文”样式为例来改变格式。

（1）在 Word 2003 窗口中，选择“格式”→“样式和格式”，弹出的“样式和格式”任务窗格。

（2）在任务窗格中右键单击“正文”，在弹出的快捷菜单中选择“修改”，打开“修改样式”对话框，如图 3.48 所示。

（3）在“修改样式”对话框中单击“格式”按钮。

（4）在弹出的菜单中选择想要更改的项，例如，选择“字体”命令，打开“字体”对话框，在其中设置各项参数，全部设置好后，单击“确定”按钮返回“修改样式”对话框。

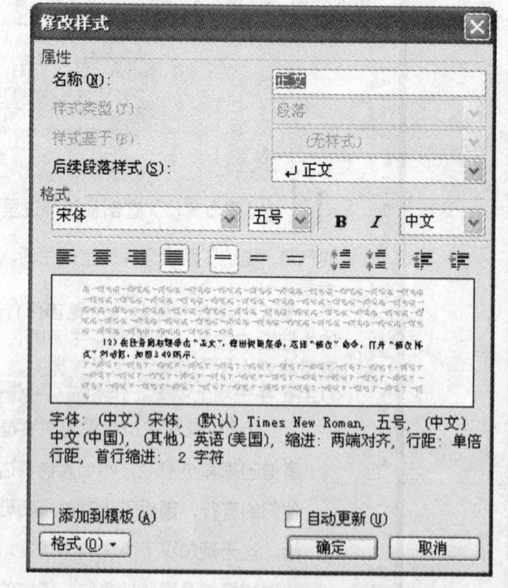

图 3.48　“修改样式”对话框

（5）再单击“格式”按钮，在弹出的菜单中选择“段落”命令，在弹出的对话框中选择“缩进和间距”选项卡，在“特殊格式”下拉列表框中选择“首行缩进”，将度量值调整为 3 字符，在“行距”下拉列表框中选择“1.5 倍行距”，单击“确定”按钮返回“修改样式”对话框。要更改样式中其他的选项，以此类推。

（6）再单击“确定”按钮，则当前文档的正文部分全部应用了新的“正文”样式，以后录入的新的内容自动按更改后的样式编排。

3. 插入目录

在编排一本书时，目录是不可少的。插入目录的方法如下。

选择“插入”→“引用”→“索引和目录”，打开“索引和目录”对话框，选择“目录”选项卡，根据需要进行相应的设置。

【实例演示】

1. 对如图 3.49 所示的文本内容进行排版，具体要求如下。

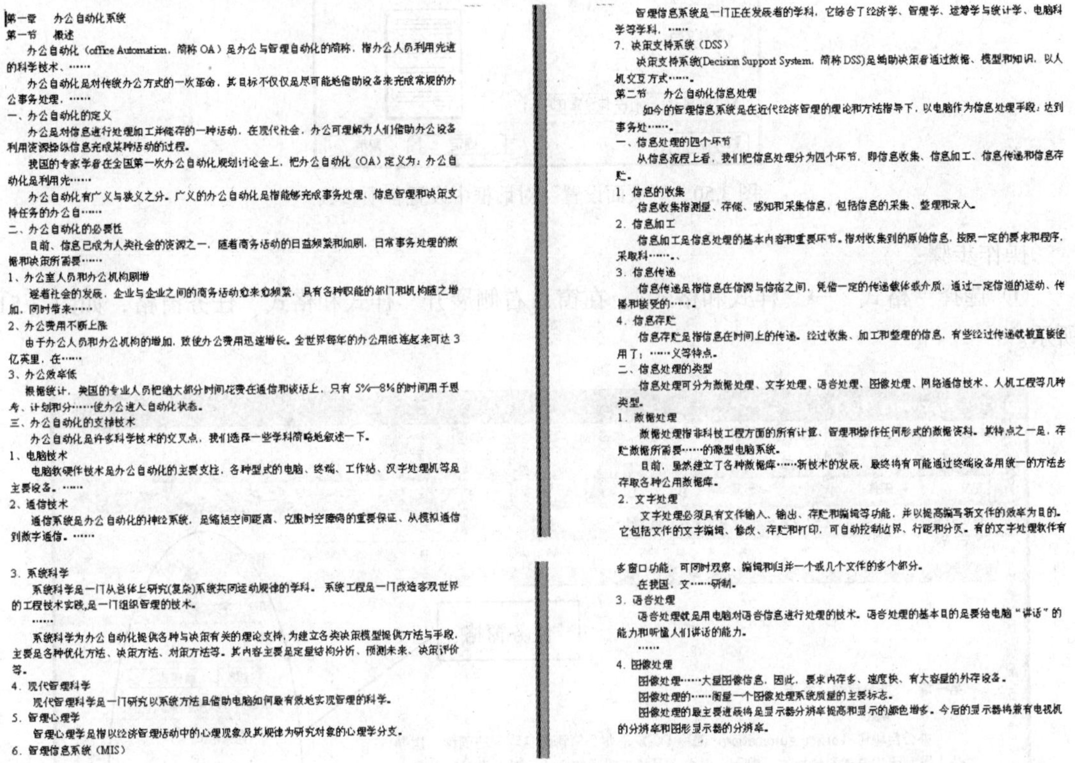

第一章　办公自动化系统

第一节　概述

办公自动化（office Automation，简称 OA）是办公与管理自动化的简称，指办公人员利用先进的科学技术、……

办公自动化是对传统办公方式的一次革命，其目标不仅仅是尽可能地借助设备来完成常规的办公事务处理，……

一、办公自动化的定义

办公是对信息进行处理加工并储存的一种活动，在现代社会，办公可理解为人们借助办公设备利用资源操纵信息完成某种活动的过程。

我国的专家学者在全国第一次办公自动化规划讨论会上，把办公自动化（OA）定义为：办公自动化是利用先……

办公自动化有广义与狭义之分。广义的办公自动化是指能够完成事务处理、信息管理和决策支持任务的办公自……

二、办公自动化的必要性

目前，信息已成为人类社会的资源之一，随着商务活动的日益频繁和加剧，日常事务处理的数据和决策所需要……

1、办公室人员和办公机构剧增

随着社会的发展，企业与企业之间的商务活动愈来愈频繁，具有各种职能的部门和机构随之增加，同时带来……

2、办公费用不断上涨

由于办公人员和办公机构的增加，致使办公费用迅速增长。全世界每年的办公用纸连起来可达 3 亿英里，在……

3、办公效率低

根据统计，美国的专业人员把绝大部分时间花费在通信和谈话上，只有 5%—8%的时间用于思考、计划和分……使办公进入自动化状态。

三、办公自动化的支持技术

办公自动化是许多科学技术的交叉点，我们选择一些学科简略地叙述一下。

1、电脑技术

电脑软硬件技术是办公自动化的主要支柱，各种型式的电脑、终端、工作站、汉字处理机等是主要设备。……

2、通信技术

通信系统是办公自动化的神经系统，是缩短空间距离、克服时空障碍的重要保证、从模拟通信到数字通信。……

3. 系统科学

系统科学是一门从总体上研究(复杂)系统共同运动规律的学科。系统工程是一门改造客观世界的工程技术实践,是一门组织管理的技术。

……

系统科学为办公自动化提供各种与决策有关的理论支持,为建立各类决策模型提供方法与手段,主要是各种优化方法、决策方法、对策方法等。其内容主要是定量结构分析、预测未来、决策评价等。

4. 现代管理科学

现代管理科学是一门研究以系统方法且借助电脑如何最有效地实现管理的科学。

5. 管理心理学

管理心理学是指以经济管理活动中的心理现象及其规律为研究对象的心理学分支。

6. 管理信息系统（MIS）

管理信息系统是一门正在发展着的学科，它综合了经济学、管理学、运筹学与统计学、电脑科学等学科，……

7. 决策支持系统（DSS）

决策支持系统(Decision Support System，简称 DSS)是辅助决策者通过数据、模型和知识，以人机交互方式……。

第二节　办公自动化信息处理

如今的管理信息系统是在近代经济管理的理论和方法指导下，以电脑作为信息处理手段，达到事务处……。

一、信息处理的四个环节

从信息流程上看，我们把信息处理分为四个环节，即信息收集、信息加工、信息传递和信息存贮。

1. 信息的收集

信息收集指测量、存储、感知和采集信息，包括信息的采集、整理和录入。

2. 信息加工

信息加工是信息处理的基本内容和重要环节。指对收集到的原始信息，按照一定的要求和程序，采取科……。

3. 信息传递

信息传递是指信息在信源与信宿之间，凭借一定的传递载体或介质，通过一定信道的运动、传播和接受的……。

4. 信息存贮

信息存贮是指信息在时间上的传递。经过收集、加工和整理的信息，有些经过传递就被直接使用了；……义等特点。

二、信息处理的类型

信息处理可分为数据处理、文字处理、语音处理、图像处理、网络通信技术、人机工程等几种类型。

1. 数据处理

数据处理指非科技工程方面的所有计算、管理和操作任何形式的数据资料。其特点之一是，存贮数据所需要……的微型电脑系统。

目前，虽然建立了各种数据库……新技术的发展，最终将有可能通过终端设备用统一的方法去存取各种公用数据库。

2. 文字处理

文字处理必须具有文件输入、输出、存贮和编辑等功能，并以提高编写新文件的效率为目的。它包括文件的文字编辑、修改、存贮和打印，可自动控制边界、行距和分页。有的文字处理软件有

多窗口功能，可同时观察、编辑和归并一个或几个文件的多个部分。

在我国，文……研制。

3. 语音处理

语音处理就是用电脑对语音信息进行处理的技术。语音处理的基本目的是要给电脑“讲话”的能力和听懂人们讲话的能力。

……

4. 图像处理

图像处理……大量图像信息，因此，要求内存多、速度快、有大容量的外存设备。

图像处理的……衡量一个图像处理系统质量的主要标志。

图像处理的最主要进展将是显示器分辨率提高和显示的颜色增多。今后的显示器将兼有电视机的分辨率和图形显示器的分辨率。

图 3.49　长文本

（1）将页边距设置为上下各 2.2 厘米、左右各 2.3 厘米，纸张设置为 16 开，每页 36 行，每行 37 个字。

操作步骤：

① 录入或打开一篇如图 3.49 所示的长文本。

② 选择“文件”→“页面设置”，打开“页面设置”对话框，在“页边距”选项卡中设置好指定的页边距；再选择“纸张”选项卡，在“纸张大小”下拉列表框中选择“16 开”；再选择“文档网格”选项卡，在“网格”栏中选中“指定行和字符网格”，在“每行”微调框中输入“36”，在“每页”微调框中输入“37”，如图 3.50 所示，最后单击“确定”按钮退出“页面设置”对话框。

（2）使用“样式和格式”将大标题设置为“标题 1”，各章节的标题设置为“标题 2”，各章节的小标题设置为“标题 3”。

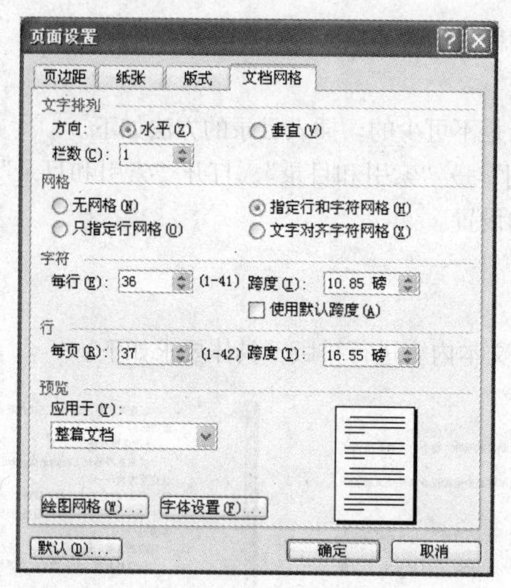

图 3.50 “页面设置”对话框中设置各项参数

操作步骤：

① 选择“格式”→“样式和格式”，在窗口右侧展开“样式和格式”任务窗格，如图 3.51 所示。

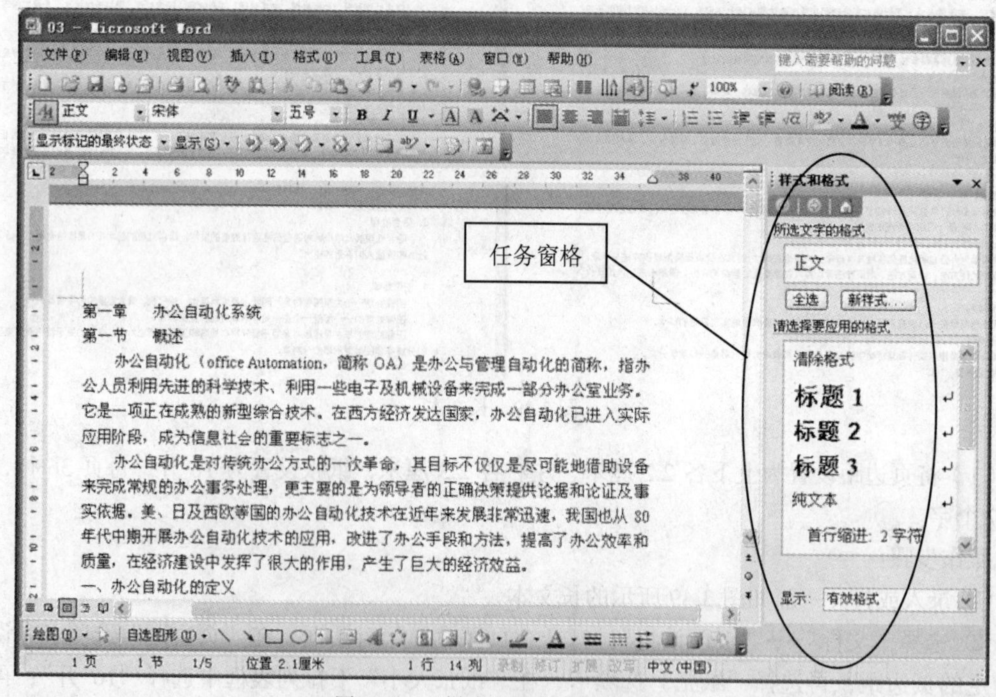

图 3.51 “样式和格式”任务窗格

② 将光标定位到文件头的标题处，单击“样式和格式”任务窗格中的“标题 1”，然后单击“格式”工具栏上的“居中”按钮，将标题居中。

③ 将光标定位到“第一节　概述”行的任意位置，单击“样式和格式”任务窗格中的“标题 2”；再将光标定位到“一、办公自动化的定义”行中，将其设置为“标题 3”。以此类推，设

置好“二、办公自动化的必要性”和“三、办公自动化的支撑技术”两个标题。

④ 重复步骤③，将第二节的标题和各小标题设置好。

（3）添加和修改“标题 4”样式，并将各章节小标题中的要点设置为“标题 4”。

操作步骤：

① 新建“标题 4”样式，单击“样式和格式”任务窗格中的“新样式”按钮，打开“新建样式”对话框，如图 3.52 所示。

② 展开“样式基于”下拉列表框，拖动滚动条选择“标题 4”，单击“确定”按钮，退出“新建样式”对话框，如图 3.52 所示。

③ 右键单击“样式和格式”任务窗格中的“标题 4”，在弹出的快捷菜单中选择“修改”，弹出“修改样式”对话框，如图 3.53 所示。在“格式”栏中修改字体为“仿宋”，字号为“小四”，取消加粗，然后单击“确定”按钮。

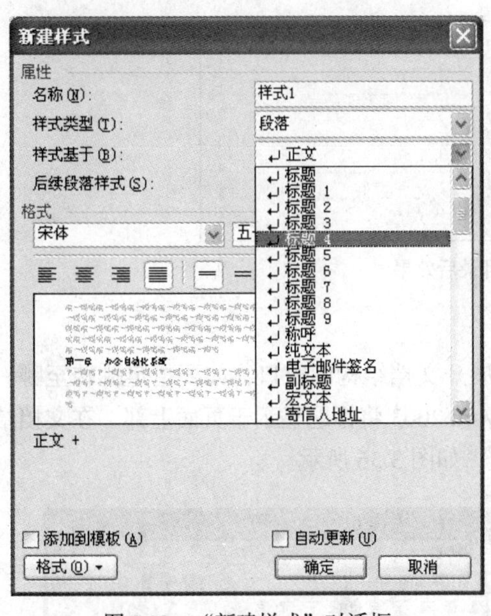

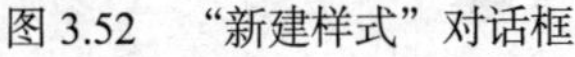
图 3.52　“新建样式”对话框

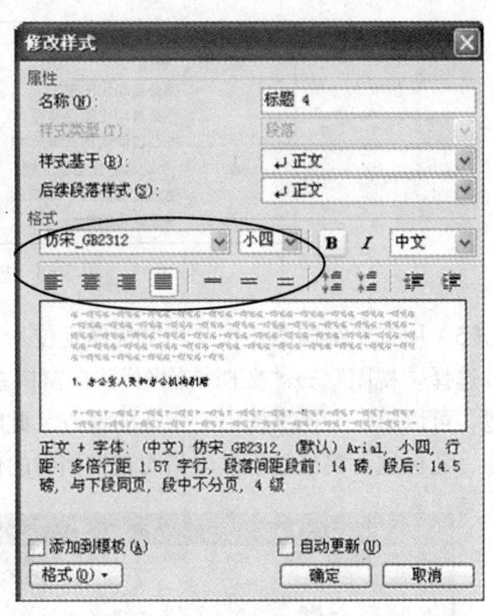

图 3.53　“修改样式”对话框

④ 将光标定位在“1.办公室人员……”标题中，右键单击“标题 4”样式，使之改为相应格式。

⑤ 按步骤④将文章中各个小标题设置为“标题 4”。

（4）在文章的前面插入目录。

操作步骤：

① 将光标移到要建立目录的位置。一般创建在该文档的开头或者结尾。

② 选择“插入”→“引用”→“索引和目录”，并在弹出的“索引和目录”对话框中选择“目录”选项卡，打开如图 3.54 所示的“索引和目录”对话框。

③ 确认“显示页码”和“页码右对齐”复选按钮被选中。

④ 在“显示级别”微调框中指定目录中显示的标题层次，一般显示 3 级目录比较合适。

⑤ 在“制表符前导符”下拉列表框中指定标题与页码之间的制表位分隔符。

⑥ 单击“确定”按钮，插入了目录后的效果如图 3.55 所示。

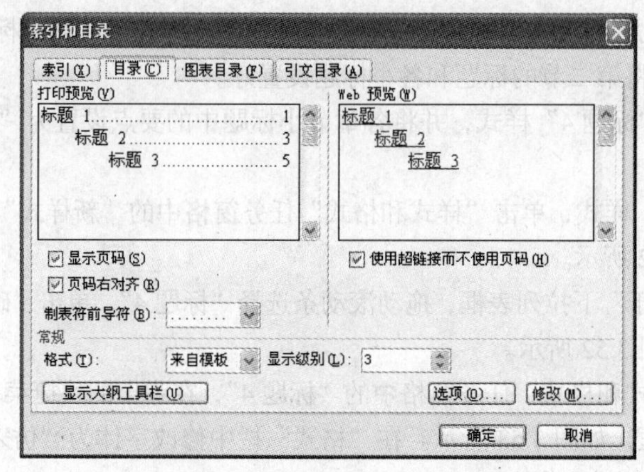

图 3.54 “索引和目录”对话框

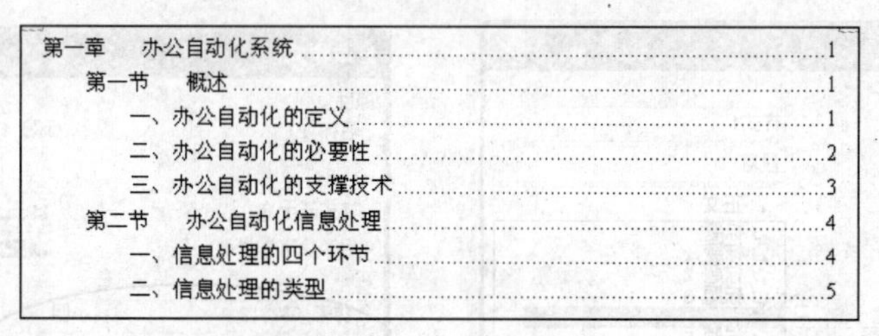

第一章 办公自动化系统 1
第一节 概述 1
一、办公自动化的定义 1
二、办公自动化的必要性 2
三、办公自动化的支撑技术 3
第二节 办公自动化信息处理 4
一、信息处理的四个环节 4
二、信息处理的类型 5

图 3.55 插入目录后效果

（5）用文档结构图在长文档中快速定位。

选择“视图”→“文档结构图”，在窗口左侧展开文档结构图窗口，如要指定跳转至哪一个标题，可以单击文档结构中要指定的地方。此时 Word 2003 将标题显示于页面上部。在文档结构图中，此标题为突出显示，以指明在文档中的位置，如图 3.56 所示。

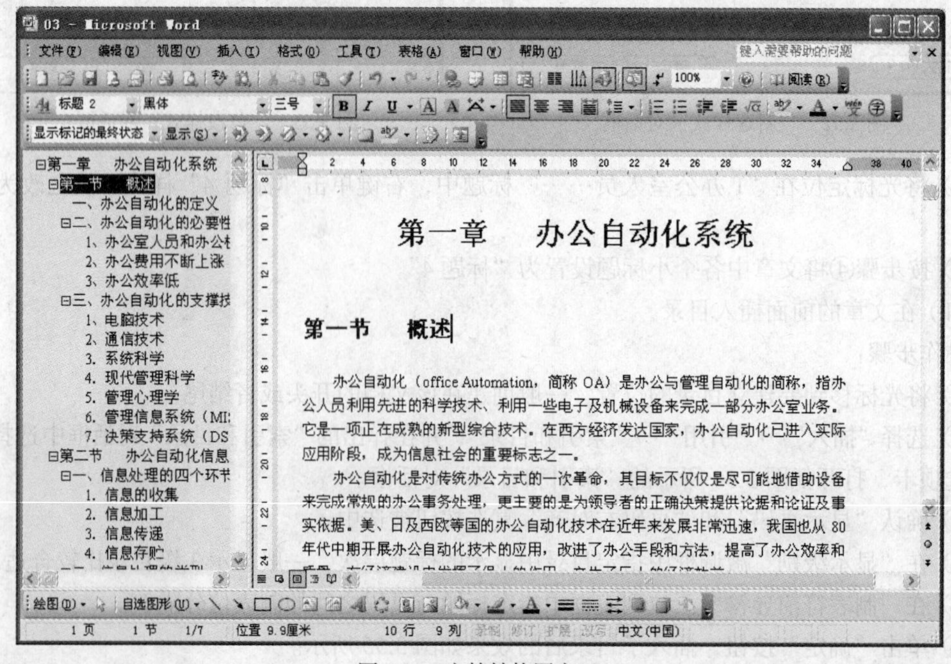

图 3.56 文档结构图窗口

【强化训练】

打开或录入一篇长文档（如某篇毕业论文）。

（1）将页边距设置为上、下各 2 厘米，左右各 2.2 厘米；文档中每行 42 字，每页 44 行，将大标题设置为“标题 1”并居中。

（2）将作者姓名及“摘要”部分设置为楷体、五号字，作者姓名居中。

（3）将各个小标题设置为“标题 2”。

（4）添加“标题 4”样式，将字体设置为“仿宋”，字号设置为“小四”，取消加粗，然后将小标题中的各要点设置为“标题 4”。

（5）为文档设置页眉、页脚，页眉为“Word 2003 文档练习”，页脚为“插入自动图文集”中的“第 × 页 共 × 页”。

（6）在文章的前面插入目录。

实验 7 Word 2003 邮件合并

【实验目的】

1. 了解邮件合并的作用。
2. 掌握邮件合并在日常生活工作中的应用。

【实验内容】

1. 邮件合并的思想

在实际工作中，经常会遇到需要处理大量日常报表和信件的情况。这些报表和信件的主要内容基本相同，只是具体数据有变化。为此 Word 2003 提供了非常有用的邮件合并功能。例如，要打印新生入学通知书，通知书的形式相同，只是其中有些内容不同。在邮件合并中，只要制作一份作为通知书内容的“主文档”，它包括通知书上共有的信息；另一份是新生的名单（称为“数据源”），里面可存放若干个各不相同的新生信息；然后在主文档中加入变化的信息（称为“合并域”）和特殊指令，通过邮件合并功能，可以生成若干份新生入学通知书。由此可见，邮件合并通常包含以下 4 个步骤。

（1）创建主文档，输入内容不变的共有文本。

（2）创建或打开数据源，存放可变的数据。

（3）在主文档中所需的位置插入合并域名字。

（4）执行合并操作，将数据源中的可变数据和主文档的共有文本进行合并，生成一个合并文档并打印输出。

2. 利用“向导”进行邮件合并

（1）单击“常用”工具栏中的“新建”按钮，创建一个空白文档，也就是主文档。

（2）选择“工具”→“信函与邮件”→“邮件合并”，弹出“邮件合并”任务窗格。

（3）在“选择文档类型”栏中，可以选择要创建的主文档的类型，共有信函、信封、标签和目录 4 种。选中相对应的单选按钮，任务窗格内会给出该选项的提示信息。单击“下一步：正在启动文档”链接，弹出“邮件合并”任务窗格步骤 2。

（4）在“选择开始文档”栏中，可以选择要使用的主文档。用户可以使用当前文档、模板或者其他 Word 文档作为主文档。选中相对应的单选按钮，任务窗格内会给出该选项的提示信息。单击“下一步：选取收件人”链接，弹出“邮件合并”任务窗格步骤 3。

（5）在“选择收件人”栏中，选择收件人信息的来源，可以使用现有的列表、Outlook 中的地址簿或者单击“创建”链接创建新的列表。选中相对应的单选按钮，任务窗格内会给出该选项的提示信息。单击“下一步：撰写信函”链接，弹出“邮件合并”任务窗格步骤 4。

（6）在“撰写信函”栏中，可以单击链接，弹出相应的对话框，然后在文档中插入相应内容的合并域。单击“下一步：预览信函”链接，弹出“邮件合并”任务窗格步骤 5。

（7）单击“预览信函”栏中的“和”按钮，Word 会自动用收件人列表中相应的信息替代合并域，在给每一个收件人的信函中进行切换。单击“下一步：完成合并”链接，弹出“邮件合并”任务窗格步骤 6。

（8）在“合并”栏中，可以选择打印正在编辑的文档，也可以结束邮件合并，继续对文档进行编辑。

3. 利用“工具栏”进行邮件合并

（1）新建一个新文档或打开一个现有文档。

（2）选择“视图”→“工具栏”→“邮件合并”，打开“邮件合并”工具栏。

（3）设置文档类型　单击“设置文档类型”按钮，在弹出的对话框中选中“信函”，单击“确定”按钮。

（4）打开数据源　单击“打开数据源”按钮，在弹出的“选取数据源”对话框中找到数据表所在位置并将其打开。

（5）插入域　单击“插入域”按钮，在弹出的“插入合并域”对话框中，选择“姓名”字段并“插入”，继续选择“学院”字段并插入。重复这些步骤，将“专业”和“日期”的信息插入。

（6）预览信函　单击“查看合并域数据”按钮可以看到合并结果，还可以按记录看到一封一封已经填写完整的信函。

（7）打印结果　单击“合并到新文档”按钮，在弹出的对话框中选择合并记录，单击“确定”按钮，形成一个合并后的新文件，此时就可以将这一批信件打印输出了。

注意：括住合并域的“《》”是 Word 2003 插入合并域的特殊字符，用户不可以自己输入字符“《》”。

【实例演示】

现有新生的入学信息如表 3.8 所示，对表格中的每个新生打印出如图 3.57 所示的录取通知单。下面以此为例介绍邮件合并的操作过程。

表 3.8　　新生信息

姓　名	学　院	专　业	日　期
王丽	外国语	英语	9月3日
张三丰	计算机	计算机网络	9月1日
孙文	商学	电子商务	9月1日

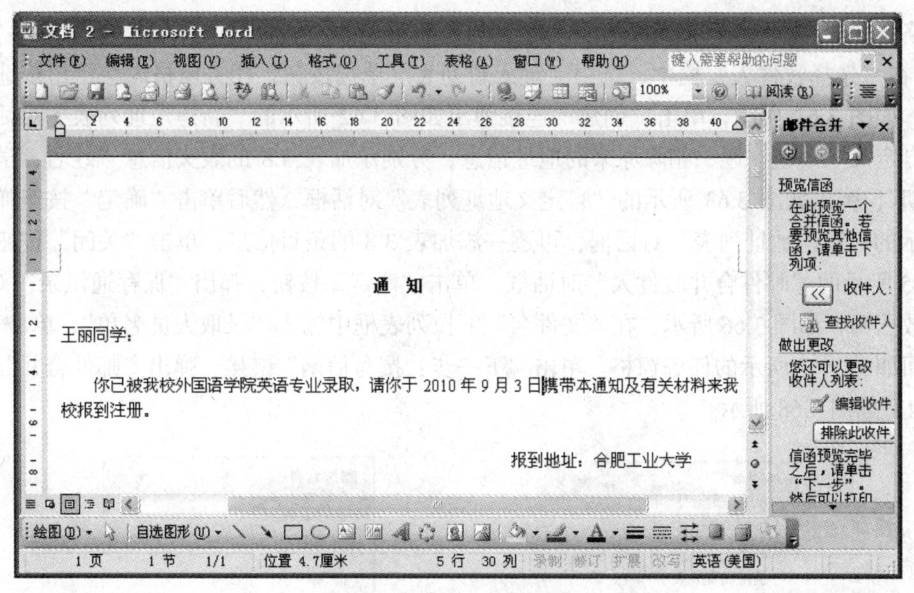

图 3.57　邮件合并结果

操作步骤：

① 单击“常用”工具栏中的“新建“按钮，创建一个空白文档。

② 选择“工具”→“信函与邮件”→“邮件合并”，弹出 “邮件合并”任务窗格步骤 1，如图 3.58 所示。

③ 在“选择文档类型”栏中，选择要创建的主文档的类型“信函”，单击“下一步：正在启动文档”链接，调出“邮件合并”任务窗格步骤 2，如图 3.59 所示。

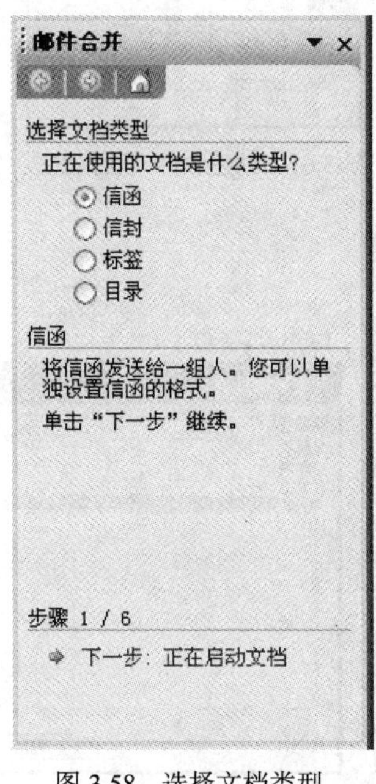

图 3.58　选择文档类型

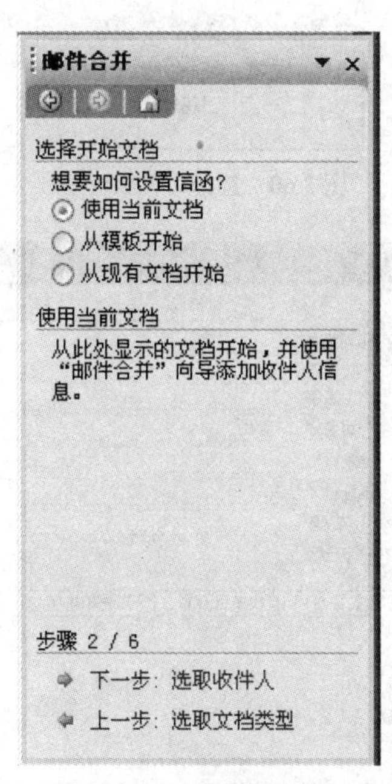

图 3.59　选择开始文档

④ 在“选择开始文档”栏中，选择要使用的主文档“使用当前文档”。选中相对应的单选按钮，任务窗格内会给出该选项的提示信息。单击“下一步：选取收件人”链接，弹出“邮件合并”

任务窗格步骤 3，如图 3.60 所示。

⑤ 在“选择收件人”栏中，选中“键入新列表”单选按钮，任务窗格内会给出该选项的提示信息，如图 3.61 所示，单击“创建”连接弹出如图 3.62 所示的“新建地址列表”对话框，再单击“自定义”按钮，逐一删除原来的地址信息，分别添加表 3.8 的表头信息“姓名、学院、专业、日期”，弹出如图 3.63 所示的“自定义地址列表”对话框，然后单击“确定”按钮弹出如图 3.64 所示的“新建地址列表”对话框，再逐一添加表 3.8 的条目信息，单击“关闭”按钮，弹出如图 3.65 所示的“邮件合并收件人”对话框，单击“确定”按钮，弹出“保存通讯录”对话框，即保存数据源，如图 3.66 所示，在“文件名”下拉列表框中输入“录取人员名单”，单击“保存”按钮返回如图 3.67 所示的任务窗格。单击“下一步：撰写信函”链接，弹出“邮件合并”任务窗格步骤 4，如图 3.68 所示。

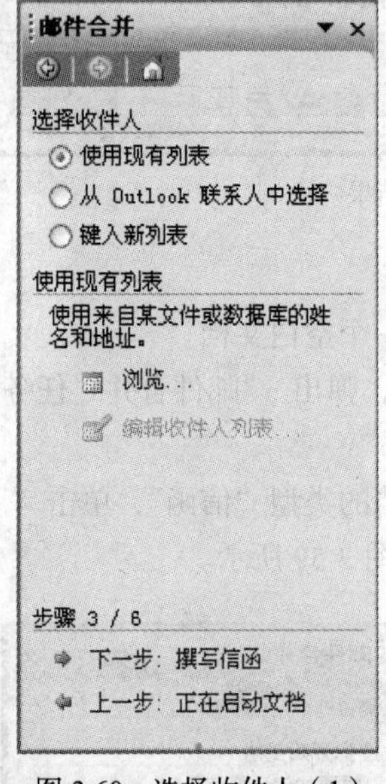

图 3.60 选择收件人（1）

图 3.61 创建收件人数据源表

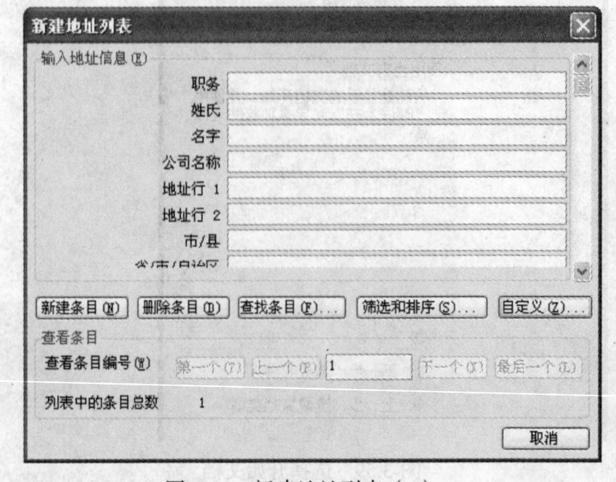

图 3.62 新建地址列表（1）

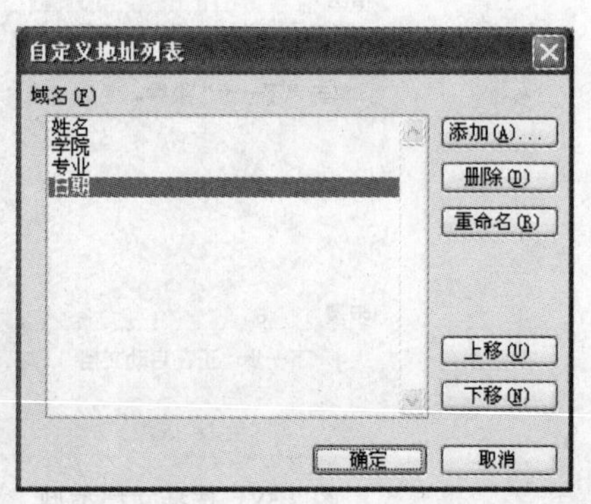

图 3.63 自定义列表

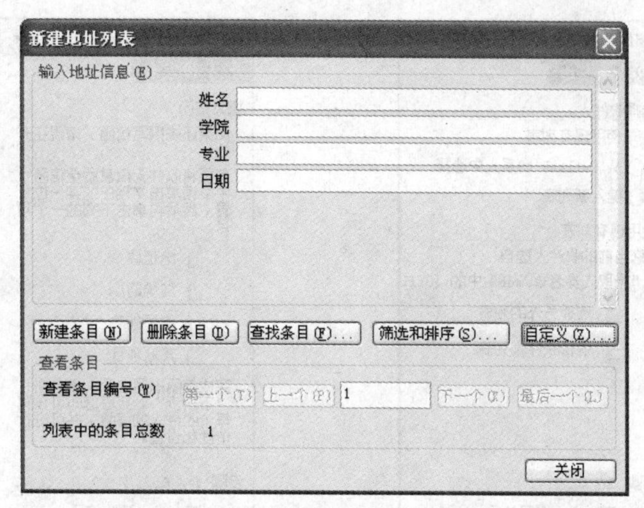

图 3.64　新建地址列表（2）

图 3.65　邮件合并收件人

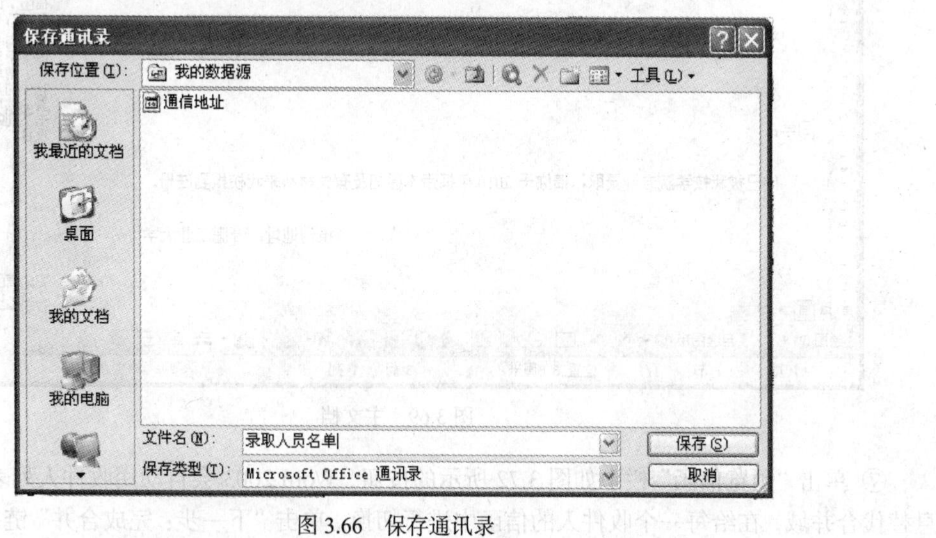

图 3.66　保存通讯录

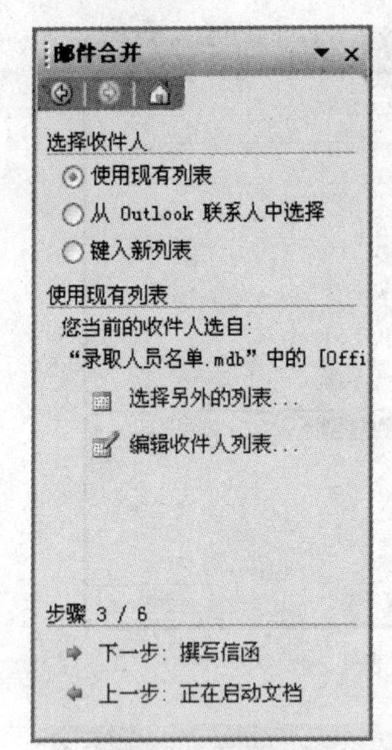

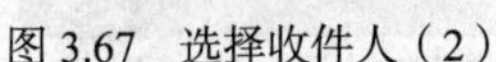
图 3.67　选择收件人（2）

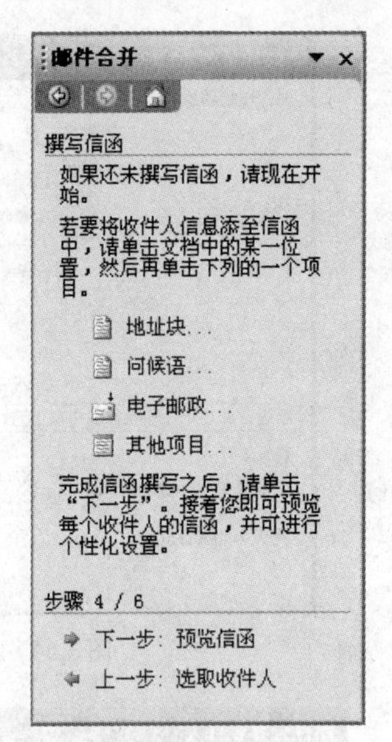

图 3.68　撰写信函

⑥ 首先在空白文档处撰写如图 3.69 所示的主文档，在任务窗格的“撰写信函”栏中，单击“其他项目”链接，弹出相应的对话框，然后在文档中插入相应内容的合并域，如图 3.70 所示。单击“下一步：预览信函”链接，弹出“邮件合并”任务窗格步骤 5，同时邮件合并成功，如图 3.71 所示。

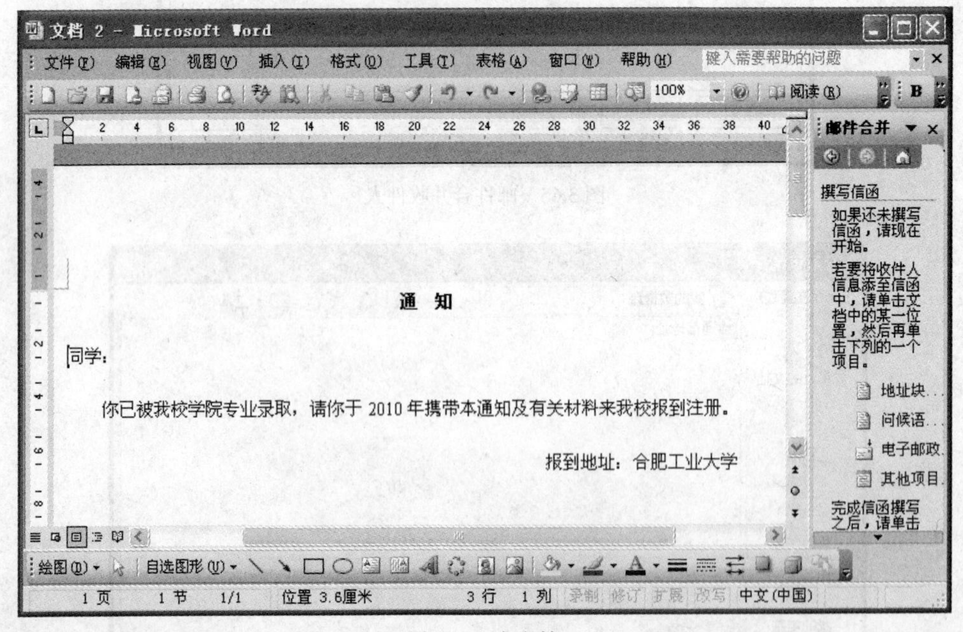

图 3.69　主文档

⑦ 单击“预览信函”栏中如图 3.72 所示的按钮，Word 2003 会自动用收件人列表中相应的信息替代合并域，在给每一个收件人的信函中进行切换。单击“下一步：完成合并”链接，弹出“邮件合并”任务窗格步骤 6，如图 3.73 所示。

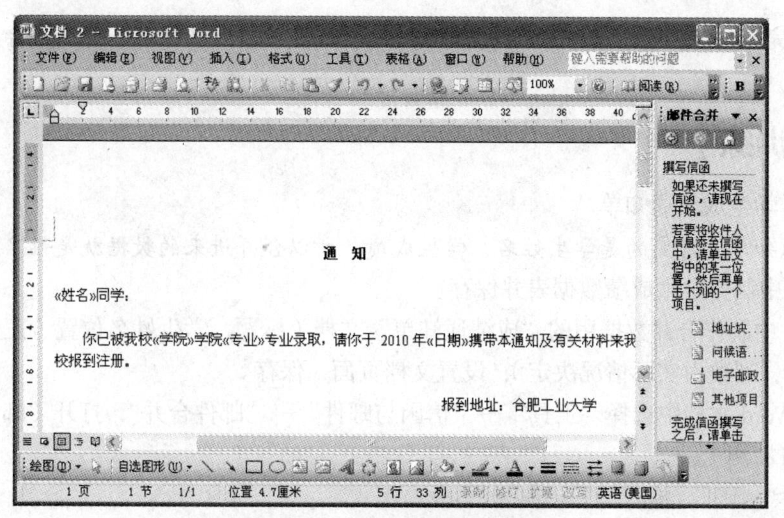

图 3.70　插入合并域的主文档

图 3.71　邮件合并效果

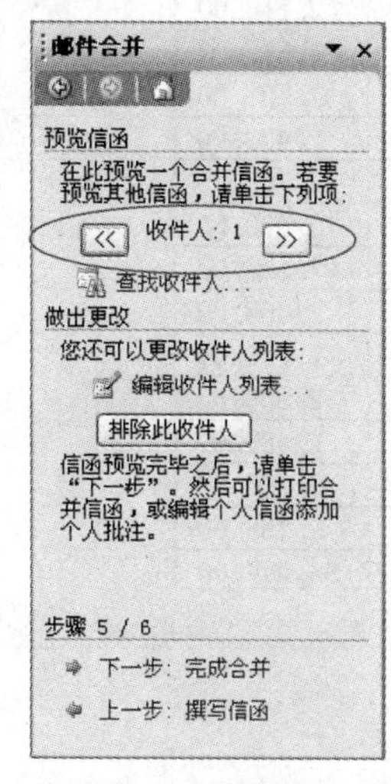

图 3.72　单击按钮

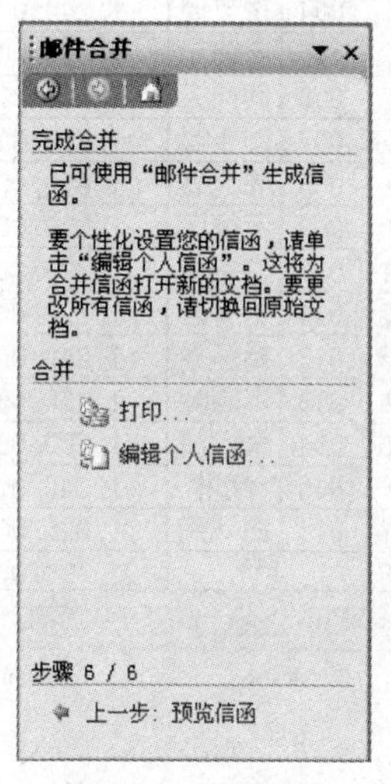

图 3.73　完成合并

⑧ 在“完成合并”栏中，可以选择打印正在编辑的文档，也可以结束邮件合并，继续对文档进行编辑。

【强化训练】

（1）制作学生成绩通知单。

提示：通知单上可变的是学生姓名、学生成绩，所以合并进来的数据就是姓名、成绩。

在 Excel 中制作学生成绩数据表并保存。

在 Word 中制作合并数据用的“成绩通知单”文档（标题、学生姓名位置、正文内容、成绩表格——2 行，列数由实际情况决定），设置文档页面，保存。

在当前 Word 文档中选择“工具”→“信函与邮件”→“邮件合并”，打开“邮件合并”任务窗格（在窗口右侧）。

① 选中“信函”，单击“下一步”；

② 选中“使用当前文档”，单击“下一步”；

③ 选中“使用现有列表”，单击“浏览”，找到数据表后单击“打开”，单击“下一步”；

④ 将光标定位于要合并数据的位置，单击“其他项目”，把“插入合并域”中的项目选定后单击“插入/关闭”；

⑤ 重复邮件合并窗口中的第 5 步，完成所有合并域的插入后，单击“下一步”；

⑥ 进行插入合并域的数字格式化，单击“预览信函”中的按钮即可浏览合并效果，再单击“下一步：完成合并”就可以进行打印；

⑦ 打印可以全部打印也可以指定打印，根据实际情况在“合并到打印机”进行设置。

（2）在 Word 2003 下使用邮件合并，将如图 3.74 所示的工资表转成如图 3.75 所示的工资条。

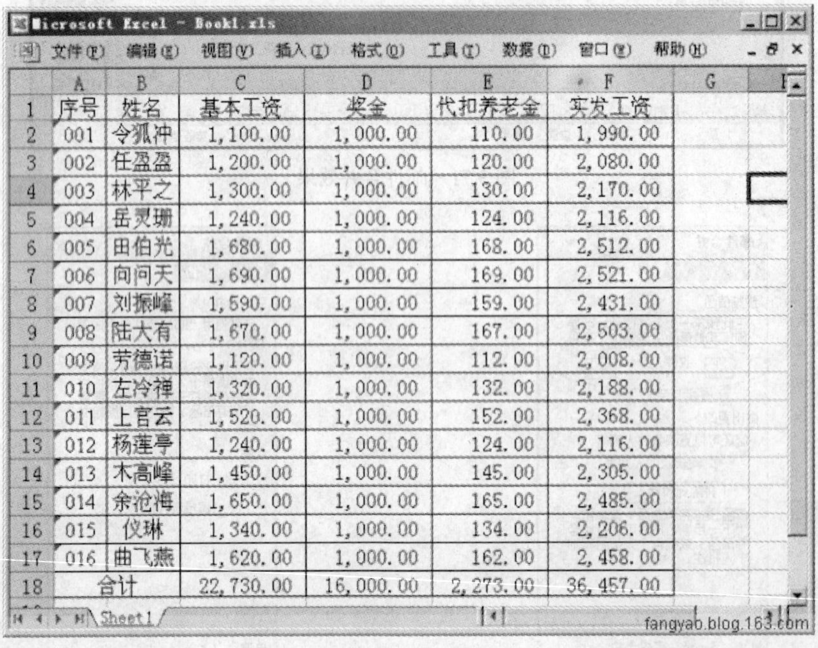

Microsoft Excel - Book1.xls

文件(F) 编辑(E) 视图(V) 插入(I) 格式(O) 工具(T) 数据(D) 窗口(W) 帮助(H)

	A	B	C	D	E	F
1	序号	姓名	基本工资	奖金	代扣养老金	实发工资
2	001	令狐冲	1,100.00	1,000.00	110.00	1,990.00
3	002	任盈盈	1,200.00	1,000.00	120.00	2,080.00
4	003	林平之	1,300.00	1,000.00	130.00	2,170.00
5	004	岳灵珊	1,240.00	1,000.00	124.00	2,116.00
6	005	田伯光	1,680.00	1,000.00	168.00	2,512.00
7	006	向问天	1,690.00	1,000.00	169.00	2,521.00
8	007	刘振峰	1,590.00	1,000.00	159.00	2,431.00
9	008	陆大有	1,670.00	1,000.00	167.00	2,503.00
10	009	劳德诺	1,120.00	1,000.00	112.00	2,008.00
11	010	左冷禅	1,320.00	1,000.00	132.00	2,188.00
12	011	上官云	1,520.00	1,000.00	152.00	2,368.00
13	012	杨莲亭	1,240.00	1,000.00	124.00	2,116.00
14	013	木高峰	1,450.00	1,000.00	145.00	2,305.00
15	014	余沧海	1,650.00	1,000.00	165.00	2,485.00
16	015	仪琳	1,340.00	1,000.00	134.00	2,206.00
17	016	曲飞燕	1,620.00	1,000.00	162.00	2,458.00
18	合计		22,730.00	16,000.00	2,273.00	36,457.00

Sheet1

图 3.74　工资表

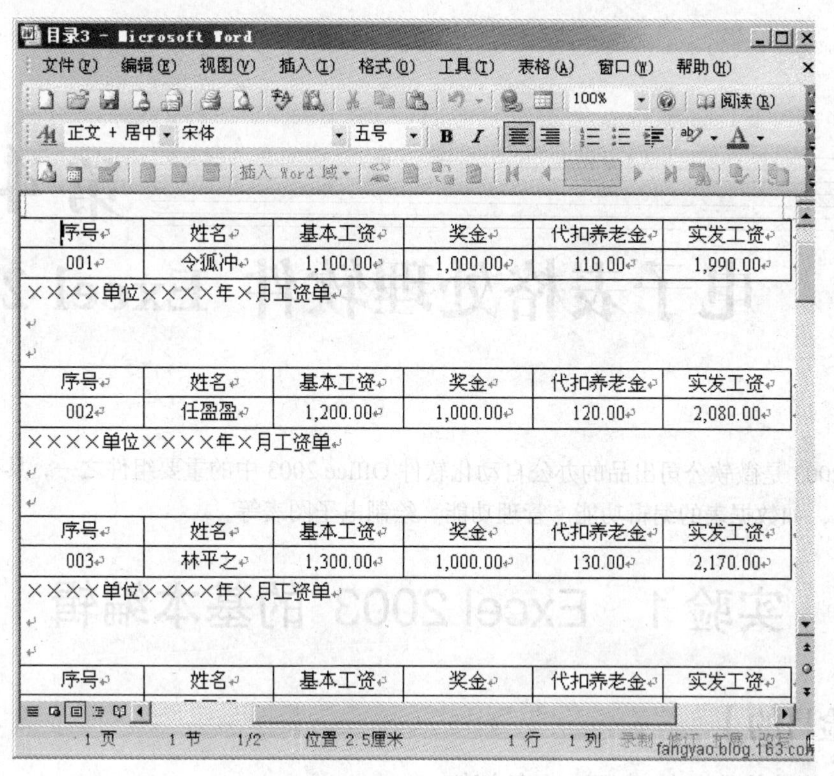
目录3 - Microsoft Word
文件(F)　编辑(E)　视图(V)　插入(I)　格式(O)　工具(T)　表格(A)　窗口(W)　帮助(H)
100%
阅读(R)
正文 + 居中　宋体　五号
插入 Word 域
序号　姓名　基本工资　奖金　代扣养老金　实发工资
001　令狐冲　1,100.00　1,000.00　110.00　1,990.00
××××单位××××年×月工资单
序号　姓名　基本工资　奖金　代扣养老金　实发工资
002　任盈盈　1,200.00　1,000.00　120.00　2,080.00
××××单位××××年×月工资单
序号　姓名　基本工资　奖金　代扣养老金　实发工资
003　林平之　1,300.00　1,000.00　130.00　2,170.00
××××单位××××年×月工资单
序号　姓名　基本工资　奖金　代扣养老金　实发工资
1 页　1 节　1/2　位置 2.5厘米　1 行　1 列　录制　修订　扩展　改写
fangyao.blog.163.com

图 3.75　工资条

第4章 电子表格处理软件 Excel 2003

Excel 2003 是微软公司出品的办公自动化软件 Office 2003 中的重要组件之一，具有强大的数据处理能力，如数据表的编辑功能、管理功能、绘制电子图表等。

实验1 Excel 2003 的基本编辑

【实验目的】

1. 掌握工作簿的新建、打开与保存方法。
2. 掌握工作表的复制、移动、删除、插入和重命名方法。
3. 掌握工作表中数据的输入。
4. 掌握工作表中数据的编辑。
5. 掌握单元格格式设置的方法。
6. 掌握自动套用格式操作。
7. 掌握工作表中条件格式设置的方法。

【实验内容】

1. 工作簿的新建、打开与保存

（1）新建工作簿

① 启动 Excel 2003 时，系统将自动产生一个新工作簿，名称为“BOOK1”。

② 在已启动 Excel 的情况下，单击常用工具栏中“新建”按钮或单击菜单“文件”→“新建”命令新建工作簿。

（2）打开已有的工作簿文件

单击常用工具栏中“打开”按钮或单击菜单“文件”→“打开”命令，系统会打开“打开”对话框，从中选择要打开的文件名后，单击“打开”按钮。

（3）保存工作簿

单击菜单“文件”→“保存”或“文件”→“另存为”命令，“另存为”即保存当前文档的副本。第一次保存工作簿时，“保存”和“另存为”的功能相同，都会打开“另存为”对话框。也可直接单击“常用”工具栏上“保存”按钮进行保存操作。关闭 Excel 应用程序窗口或关闭工作簿窗口，系统也会弹出对话框访问是否保存修改的内容，选择“是”即可进行保存操作。

2. 工作表的移动、复制、删除、插入和重命名

（1）工作表的移动和复制

选择要移动或复制的工作表，选择“编辑”菜单中的“移动或复制工作表”命令，出现“移动或复制工作表”对话框，如图 4.1 所示。选中“建立副本”表示复制工作表，否则表示移动工作表。

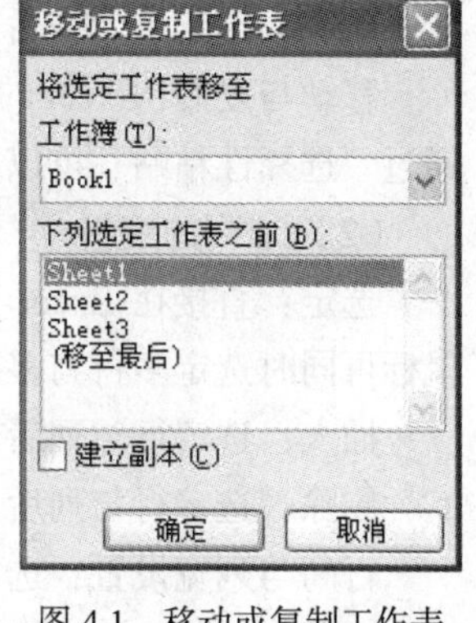

图 4.1　移动或复制工作表

（2）工作表的插入

在工作表标签上单击，选定工作表，再选择“插入”菜单中的“工作表”命令。

（3）工作表的删除

在工作表标签上单击，选定工作表，选择“编辑”菜单中的“删除工作表”命令。

（4）工作表的重命名

双击要更名的工作表标签，此时工作表名称变为黑色，输入新的工作表名称即可。

以上操作，也可直接在工作表标签上右击，通过弹出的快捷菜单实现。

3. 工作表中数据的输入

在 Excel 2003 中输入数据，应先单击选中要输入数据的单元格，然后直接输入数据，输入完成后，按“回车”键即可；也可以在公式编辑栏内输入。

输入数据时，需要注意以下几点。

（1）输入文本类型数据时，默认左对齐，输入数值类型数据时，默认右对齐。

（2）输入完全由数字构成的数据时，默认其最左侧的 0 自动省略，如输入“00123”，在单元格内只会显示 123，如果希望左侧的 0 能够显示出来，应在输入数据前先输入一个英文状态的单引号，如输入“0123”，这样左侧的 0 就可显示了，同时，数据所在单元格的左上角会出现一个绿色小三角，表示将此数据理解为文本型。

（3）日期的输入格式为“年–月–日”或“年/月/日”，时间的输入格式为“时：分：秒 AM/PM”，AM 代表上午，PM 代表下午，分钟数字与 AM/PM 之间要有空格。如要输入“2009 年 12 月 25 日”，可以输入“2009/12/25”或输入“2009-12-25”；要输入时间“下午 1:24”，可以输入“1:24 PM”。

（4）输入分数的方法。由于 Excel 默认将“/”认为是日期间的分隔符，所以当需要输入分数时，全部以带分数的形式输入，如输入“1/2”，单元格内会默认理解为“1 月 2 日”，正确的应该输入“0 1/2”（“0”与“1/2”间有一个空格），表示零又二分之一。

（5）当录入或计算机得到的数据超过单元格宽度时，单元格中会显示一串“#”号，此时，只要适当调整单元格的宽度即可得到正确的数据显示。

（6）当录入或计算得到的数据出错时，单元格中会显示“#DIV/0!”，表示出错，此时，应修改单元格内容。

（7）若要在一组单元格中输入相同的数据，可以先选择所有要输入相同数据的单元格，然后在活动单元格中输入数据后，按“Ctrl+Enter”组合键。

（8）Excel 中还提供了数据自动填充的功能，可以实现数据的复制填充，按等差、等比序列填充，按用户自定义序列填充等功能。

4. 工作表中数据的编辑

（1）单元格内容的编辑

选定：直接单击单元格可实现选定操作，拖放鼠标可实现多个连续单元格的同时选定。配合

"Ctrl"键进行单击操作可实现不连续单元格的选定。

修改：双击单元格可对单元格内容进行修改。

删除：选定单元格后，按"Delete"键可将单元格内容删除。

移动与复制：Excel 的移动与复制操作与 Windows 操作一致，不再赘述。需要注意的是，Excel 通过"选择性粘贴"可以只粘贴复制对象的内容、格式或公式，还可进行运算粘贴。

（2）行/列的编辑

选定：直接在 Excel 工作区上方的列标头或左侧的行标头上单击即可选定相应列与行。拖放鼠标可同时选定多行与多列。

插入：选定行与列后，通过菜单"插入"→"行"或"列"命令，可进行插入操作。

删除：选定行与列后，通过菜单"编辑"→"删除"，可进行删除操作。

行高与列宽设置：选定行与列后，通过"格式"→"行"或"列"，可设置行高与列宽。

5. 单元格格式设置

在 Excel 2003 中，若要设置单元格的格式，可先选中单元格，再通过菜单"格式"→"单元格"，弹出"单元格格式"对话框，从中可对单元格的格式进行设置。

通过"格式"工具栏中的常用的格式设置按钮也能实现简单的格式设置。

6. 自动套用格式

自动套用格式是指使用 Excel 内置的格式模板快速对单元格区域进行格式设置。

操作时，应先选中要进行格式设置的单元格区域，再通过"格式"→"自动套用格式"，在弹出的"自动套用格式"对话框中可选择要设置的格式。

7. 条件格式

Excel 2003 允许用户对数据清单中满足特定条件的单元格设置不同与其他单元格的格式，而且这种格式是与单元格的数据内容相关的，只要满足指定条件，Excel 会自动将单元格修改为指定格式。

操作时，应先选中整个数据区域，然后通过菜单"格式"→"条件格式"，弹出"条件格式"对话框，从中先设置指定条件，再单击"格式"按钮，通过弹出的"单元格格式"对话框设置当条件满足时应设置的格式。

同一单元格区域中可最多可同时添加 3 个条件格式，需要新增条件格式时，应在"条件格式"对话框中单击"添加"按钮，再进行设置。

【实验演示】

1. 工作表中数据的输入

启动 Excel 2003 后，新建一个工作簿，可以在工作表中输入数据，完成如图 4.2 所示的成绩登记表中数据的输入。

操作步骤：

① 普通的单元格内容按［实验内容］中介绍的方法直接输入。

② 在"学号"所在列（"A"列）中，首先按文本型数值的输入方法输入 A3 单元格的内容，然后选中 A3 单元格，并将鼠标指针放置在 A3 单元格右下角小黑点上向下拖动，即可拖出连续的学生的学号。

③ "专业班级"所在的列中有很多单元格存在数据的重复，可先选中 D3、D4、D7 和 D9 单元格，然后输入"计算机软件"，输入完成后按"Ctrl+Enter"组合键，即可使所有选中的单元

格内出现相同的内容。同样可以在该列其他的单元格输入“计算机应用”。

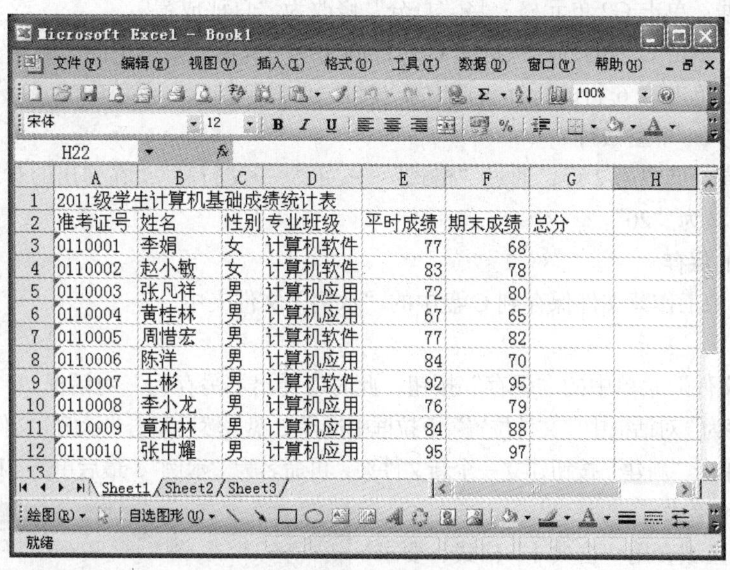

	A	B	C	D	E	F	G	H
1	2011级学生计算机基础成绩统计表							
2	准考证号	姓名	性别	专业班级	平时成绩	期末成绩	总分	
3	0110001	李娟	女	计算机软件	77	68		
4	0110002	赵小敏	女	计算机软件	83	78		
5	0110003	张凡祥	男	计算机应用	72	80		
6	0110004	黄桂林	男	计算机应用	67	65		
7	0110005	周惜宏	男	计算机软件	77	82		
8	0110006	陈洋	男	计算机应用	84	70		
9	0110007	王彬	男	计算机软件	92	95		
10	0110008	李小龙	男	计算机应用	76	79		
11	0110009	章柏林	男	计算机应用	84	88		
12	0110010	张中耀	男	计算机应用	95	97		

图 4.2　成绩登记表

2. 工作表的编辑操作

将工作表“Sheet1”重命名为“成绩登记表”，然后删除“Sheet2”工作表。

操作步骤：

① 在工作表标签栏中双击“Sheet1”，然后直接输入“成绩登记表”，再按“回车”键。

② 在工作表标签栏中单击选中“Sheet2”，然后选择“编辑”→“删除工作表”，即可删除“Sheet2”工作表。

3. 工作表数据的编辑

将刚才建立的工作表内容修改成如图 4.3 所示的内容。

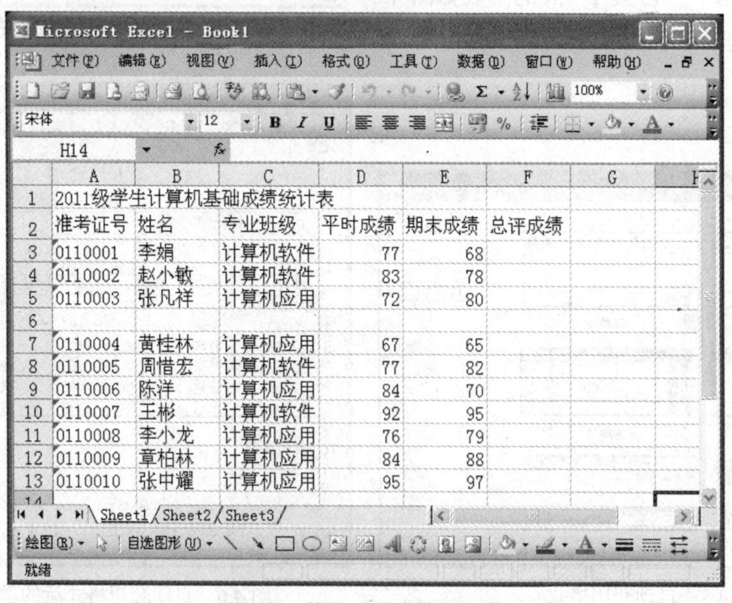

	A	B	C	D	E	F	G
1	2011级学生计算机基础成绩统计表						
2	准考证号	姓名	专业班级	平时成绩	期末成绩	总评成绩	
3	0110001	李娟	计算机软件	77	68		
4	0110002	赵小敏	计算机软件	83	78		
5	0110003	张凡祥	计算机应用	72	80		
6							
7	0110004	黄桂林	计算机应用	67	65		
8	0110005	周惜宏	计算机软件	77	82		
9	0110006	陈洋	计算机应用	84	70		
10	0110007	王彬	计算机软件	92	95		
11	0110008	李小龙	计算机应用	76	79		
12	0110009	章柏林	计算机应用	84	88		
13	0110010	张中耀	计算机应用	95	97		

图 4.3　修改后的成绩登记表

操作步骤：

① 修改数据：单击 G2 单元格，将“总分”修改为“总评成绩”。

② 删除列：单击 C 列的列标头选中 C 列，再选择“编辑”菜单中的“删除”命令。

③ 插入行：单击第 6 行的行标头选中第 6 行，选择“插入”菜单中的“行”命令，就会在第 6 行的位置插入一个空白行。

④ 设置行高：选中第 2 行，通过“格式”→“行”→“行高”，在弹出的对话框的“行高”文本框内输入行高为“20”。

4. 工作薄的保存

将刚才建立的工作薄文件保存到 C 盘中的“示例”文件夹中。

操作步骤：

① 单击“文件”菜单中的“保存”按钮，此时应弹出“另存为”对话框。

② 在“另存为”对话框中“文件位置”下拉框中选择 C 盘，然后双击“示例”文件夹，若没有“示例”文件夹，可单击“新建”按钮建立一个新文件夹，再命名为“示例”，最后单击“确定”按钮即可。

5. 自动套用格式

为整个数据区域套用“古典 1”格式，要求不修改字体。

操作步骤：

① 在如图 4.4 所示的学生成绩表中，拖放鼠标选中 A1:F8 区域。

② 通过“格式”→“自动套用格式”，在弹出的对话框中选中“古典 1”，如图 4.5 所示。

③ 单击“选项”按钮，去除对“字体”的选定。

④ 单击“确定”按钮。

自动套用格式 “古典 1”后的图表如图 4.6 所示。

图 4.4 学生成绩表

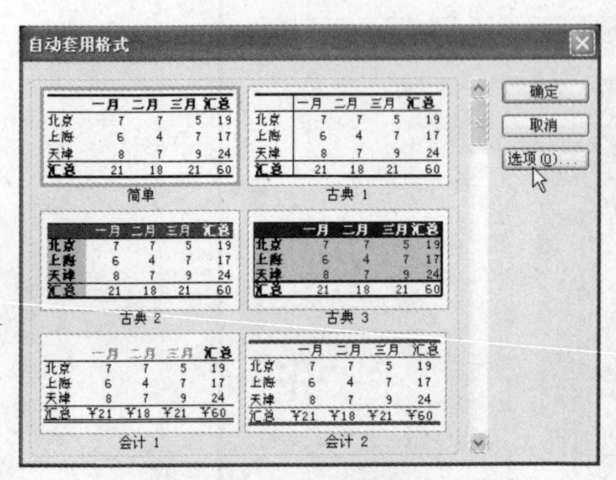

图 4.5 自动套用格式

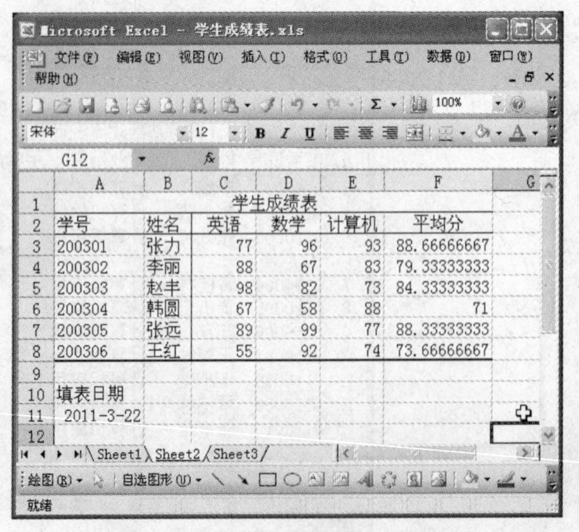

图 4.6 自动套用格式后的学生成绩表

6. 单元格格式设置

（1）将单元格标题所在行中的 A1:F1 区域合并，并设置水平居中与垂直居中效果，并设置其格式为黑体、14 磅、加粗，加橙色底纹。

操作步骤：

① 选中 A1:F1 区域，选择“格式”→“单元格”，弹出“单元格格式”对话框。

② 切换到“对齐”选项卡，从中选中“合并单元格”，再从“水平对齐”和“垂直对齐”下拉列表框中选中“居中”的对齐效果，如图 4.7 所示。

③ 切换到“字体”选项卡，从中设置宋体、14 磅、加粗效果；再切换到“图案”选项卡，选中“橙色”。

④ 单击“确定”按钮。

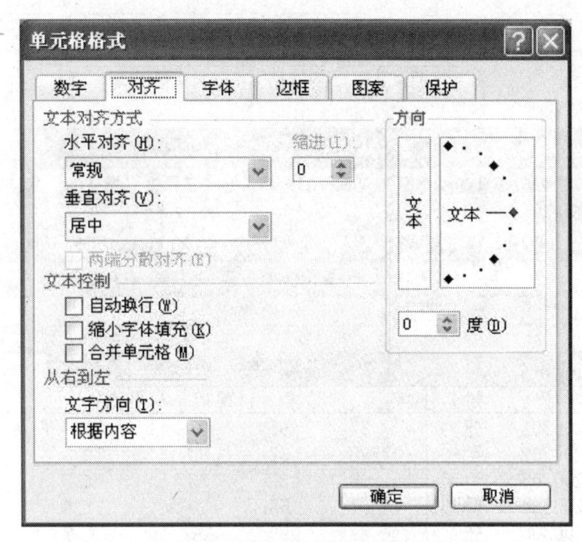

图 4.7　“单元格格式”对话框

（2）利用“格式”工具栏，设置学生“平均分”列格式为保留一位小数。

操作步骤：

① 先选中平均分所在单元格区域 F3:F8。

② 单击“格式”工具栏中“减少小数位数”按钮，使所有单元格不保留小数位；再单击“增加小数位数”按钮，即可设置为保留一位小数。

（3）设置日期所在列的格式为“****年*月*日”的格式。

操作步骤：

① 先选中日期所在单元格区域 A11。

② 选择“格式”→“单元格”，弹出“单元格格式”对话框，在“数字”选项卡左侧“分类”栏中选择“日期”，在右侧“类型”列表框中选择“2011 年 3 月 14 日”。

③ 单击“确定”的按钮。

7. 条件格式设置

设置平均分所在列条件格式为 85 分以上，单元格字体颜色为蓝色、加粗并倾斜。

操作步骤：

① 先选中平均分所在单元格区域 F3:F8。

② 选择“格式”→“条件格式”，弹出“条件格式”对话框，如图 4.8 所示。从中依次选择“单元格数值”、“大于等于”，然后输入“85”。

③ 单击“格式”按钮，从弹出的对话框中设置字体颜色为蓝色、加粗并倾斜，单击“确定”按钮，返回“条件格式”对话框。

④ 单击“确定”按钮。

设置好的学生成绩表如图 4.9 所示。

图 4.8 “条件格式”对话框

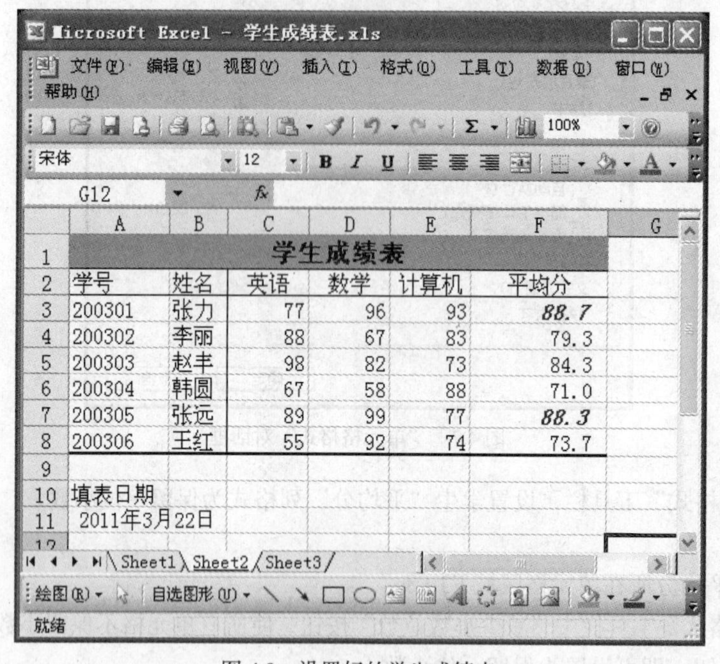

图 4.9 设置好的学生成绩表

【强化训练】

对图 4.10 所示的工作表进行如下格式设置。

（1）将标题行设置为合并、水平居中，16 磅字体，加粗，黑体，浅蓝色底纹。

（2）在第 7 列后加入一列，并在 G2 单元格内输入“月收入”，在 G3:G10 区域计算职工的月收入，职工正常上班 40 元/天，加班 80 元/天，请假不算收入，设置“月收入”列（G3:G10）的数据格式为货币型，保留两位小数。

（3）设置“月收入”区域 G3:G10 中，月收入大于等于 1200 的以红色、加粗、倾斜字体显示。

（4）设置单元格区域 A2 G10 为水平居中对齐，垂直居中对齐，并添加“田”字形边框。

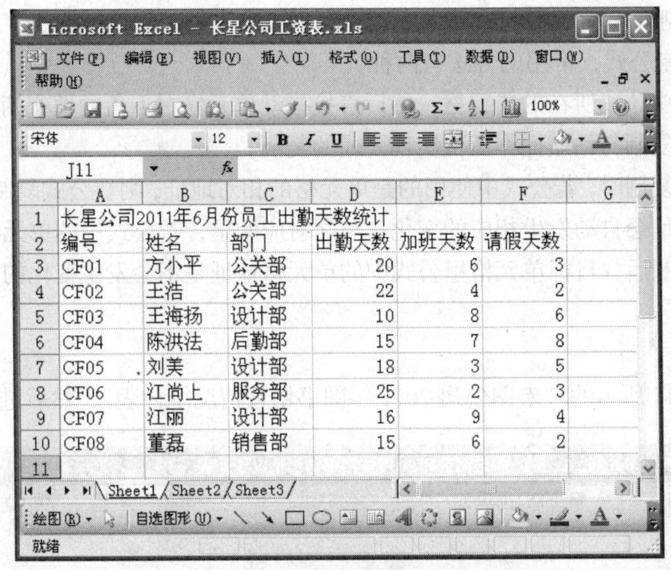

	A	B	C	D	E	F	G
1	长星公司2011年6月份员工出勤天数统计						
2	编号	姓名	部门	出勤天数	加班天数	请假天数	
3	CF01	方小平	公关部	20	6	3	
4	CF02	王浩	公关部	22	4	2	
5	CF03	王海扬	设计部	10	8	6	
6	CF04	陈洪法	后勤部	15	7	8	
7	CF05	刘美	设计部	18	3	5	
8	CF06	江尚上	服务部	25	2	3	
9	CF07	江丽	设计部	16	9	4	
10	CF08	董磊	销售部	15	6	2	
11							

图 4.10　格式设置前的工作表

实验 2　公式和函数

【实验目的】

1. 熟练掌握 Excel 中公式的输入和应用方法。
2. 掌握 Excel 中函数向导及常用函数的使用方法。
3. 掌握相对地址、绝对地址在应用中的区别。

【实验内容】

1. 公式的录入

在 Excel 中输入公式时，应以“=”开始，再在编辑栏或单元格内直接输入相应的运算表达式，输入完成后按“回车”键或单击编辑栏上的“√”按钮。

2. 函数的录入

函数实质上是公式的一种，只是在运算表达式中使用了系统集成的运算功能。录入函数有 3 种方法。

方法一：和公式的录入一样，先输入“=”，然后输入函数表达式。

方法二：利用函数向导，先选中单元格，再选择“插入”→“函数”，然后根据相应的向导操作完成函数的录入或直接单击编辑栏中的“*fx*”按钮。

方法三：利用自动函数功能，先选中单元格，再利用“格式”工具栏中的自动函数按钮，可进行自动求和、自动求平均值、自动计数等操作。利用此方法也可实现函数向导操作。

常用的函数有 SUM（参数表）、AVERAGE（参数表）、IF（逻辑表达式，返回值 1，返回值 2）、COUNT（参数表）、MAX（参数表）、MIN（参数表）。

3. 公式的复制

在 Excel 中复制公式，常用的方法有两种。

方法一：先选中公式所在的单元格，然后直接拖动单元格右下角的填充柄到目标单元格。

方法二：利用复制与粘贴操作即可实现公式的复制。

直接进行公式复制时，若公式中使用的是单元格的相对地址，则在公式复制到目标单元格后，公式中的单元格地址会自动发生相应的变化；与之对应的是，若公式中的单元格使用的是绝对地址，在进行公式复制后，目标单元格里公式中的单元格地址是不会发生变化的。

【实例演示】

先录入如图 4.11 所示的“宏图公司 2011 年图书销售情况统计表”，然后进行如下操作。

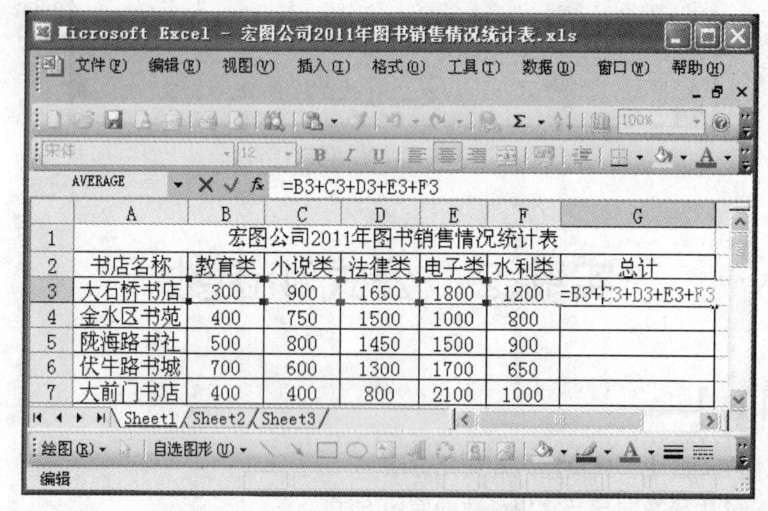

图 4.11　宏图公司 2011 年图书销售情况统计表

1. 利用公式计算总分

操作步骤：

① 选中“G3”单元格。

② 先输入“=”，再输入运算表达式“B3+C3+D3+E3+F3”，按“回车”键，则第一个书店的总计就计算出来了，如图 4.11 所示。

③ 将鼠标指针移到“G4”单元格右下角的填充柄上，鼠标指针变为小黑“十”字形，按住鼠标左键并拖动到“G7”单元格，释放鼠标，则其他书店的总计也计算出来了。

2. 利用自动求和功能计算总分

操作步骤：

① 选中“B3：G7”区域。

② 单击“格式”工具栏上的“Σ”按钮，计算出所有书店的总计。

3. 使用平均值函数计算如图 4.12 所示学生成绩的平均值

操作步骤：

① 选中“BF3”单元格。

② 选择“插入”→“函数”，弹出“插入函数”对话框，如图 4.13 所示。

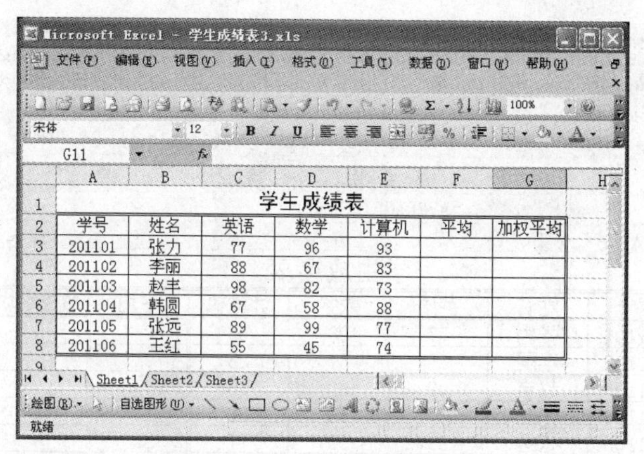

	A	B	C	D	E	F	G
1	学生成绩表						
2	学号	姓名	英语	数学	计算机	平均	加权平均
3	201101	张力	77	96	93		
4	201102	李丽	88	67	83		
5	201103	赵丰	98	82	73		
6	201104	韩圆	67	58	88		
7	201105	张远	89	99	77		
8	201106	王红	55	45	74		

图 4.12　学生成绩表计算平均分

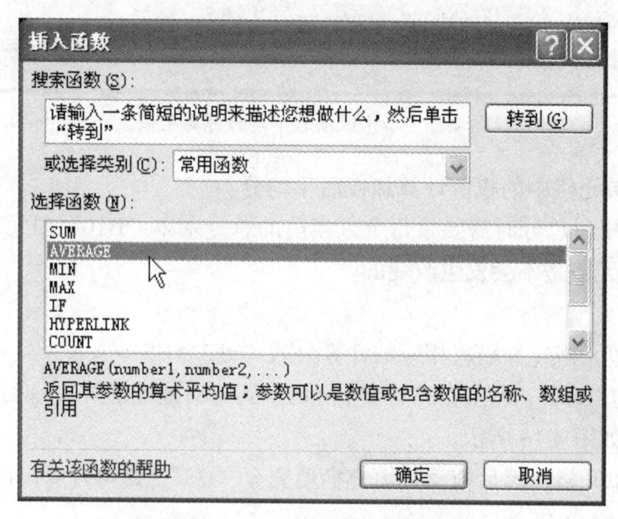

图 4.13　“插入函数”对话框

③ 在“插入函数”对话框中选择“选择函数”列表框中的“AVERAGE”函数，单击“确定”按钮，弹出“函数参数”对话框，如图 4.14 所示。

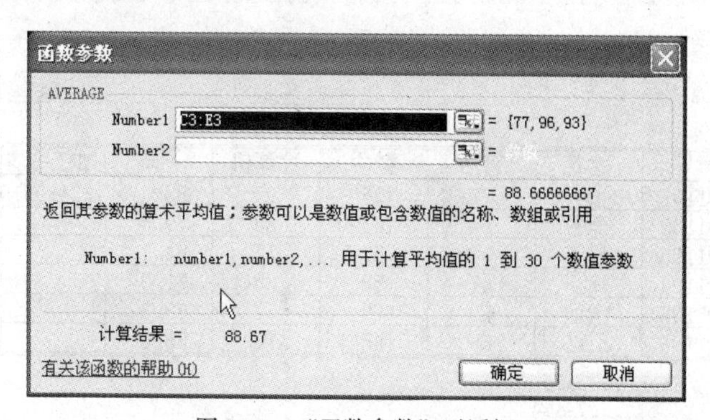

图 4.14　“函数参数”对话框

④ 折叠“函数参数”对话框，然后选中计算区域“C3:E3”或直接输入区域名称，单击“确定”按钮，计算出平均成绩，其余学生的平均分可以拖动填充柄或者复制得到。操作结果如图 4.15 所示，其中单元格区域“F3:F8”已设置保留一位小数。

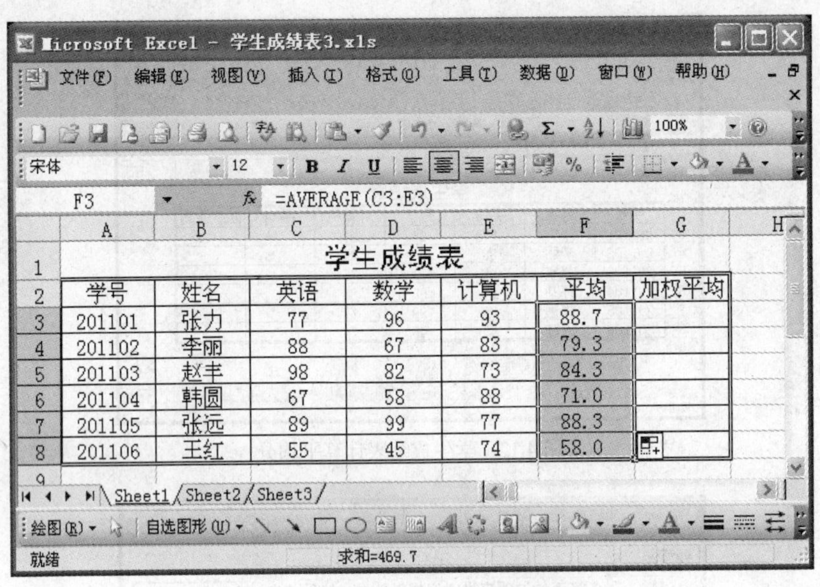

图 4.15　学生成绩表平均分计算结果

4. 根据“E2”单元格中的权值计算加权后平均分

很明显，计算加权后总分时需要拿每个人当前的总分乘以“B10”单元格的内容，因为在复制公式时，“B10”单元格是不会发生改变的。

操作步骤：

① 选中“G3”单元格，并输入相应的计算公式“=F3*$B$10”。

② 选中公式中的“B10”，然后按“F4”键，可切换到绝对地址形式，此时公式中显示“$B$10”，按“回车”键确认，如图 4.16 所示。

③ 选中“G3”单元格，然后拖动其填充柄填充至“G8”，即可计算出所有人的加权平均分。

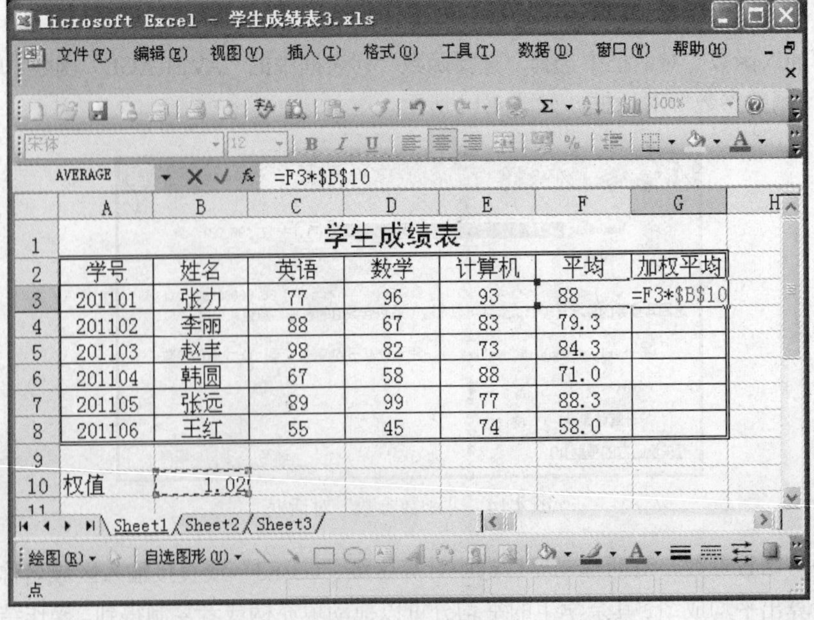

图 4.16　绝对地址

【强化训练】

制作如图 4.17 所示的工作表，完成以下操作。

（1）在表格的第一行前插入一行，并在“A1”单元格内输入标题“正江电器厂职工工资表”。

（2）将应发工资所在列（H 列）移动到职务工资所在列（D 列）之后，并利用用求和函数计算应发工资（应发工资=基本工资+职务工资）。

（3）利用函数计算税收。判断依据是应发工资大于或等于 2000 的征收超出部分 20%的税，低于 2000 的不征税。（提示：公式中请使用 20%，不要使用 0.2 等其他形式，条件使用“应发工资>=2000”）。

（4）利用公式计算实发工资（实发工资=应发工资-房租/水电-税收）。

（5）将“A3:A10”区域数字格式设置为文本。然后在“A3”单元格内输入刘明亮的职工号“2011001”，再用鼠标拖动的方法依次在“A4:A10”区域内填充 2011002~2011008。

（6）对标题所在行中“A1:H1”区域设置合并及居中，同时将字体设置为黑体、16 磅。

完成后结果如图 4.18 所示。

Microsoft Excel - 正达电器厂职工工资表.xls

	A	B	C	D	E	F	G	H
1	职工号	姓名	基本工资	职务工资	房租/水电	税收	实发工资	应发工资
2		刘明亮	2789	390	20			
3		郑强	2600	300	78			
4		李红	2400	520	90			
5		刘奇	2380	300	42			
6		王小会	1590	400	55			
7		陈朋	2800	500	100			
8		佘东琴	2250	459	96			
9		吴大志	3000	320	45			
10								

图 4.17　公式与函数练习题

Microsoft Excel - 正江电器厂职工工资表.xls

	A	B	C	D	E	F	G	H
1	正江电器厂职工工资表							
2	职工号	姓名	基本工资	职务工资	应发工资	房租/水电	税收	实发工资
3	2011001	刘明亮	2789	890	3679	200	335.8	3143.2
4	2011002	郑强	2600	700	3300	178	260	2862
5	2011003	李红	2400	520	2920	190	184	2546
6	2011004	刘奇	2380	600	2980	142	196	2642
7	2011005	王小会	1590	400	1990	155	0	1835
8	2011006	陈朋	2800	500	3300	140	260	2900
9	2011007	佘东琴	2250	565	2815	196	163	2456
10	2011008	吴大志	3000	620	3620	245	324	3051

图 4.18　公式与函数练习题结果

实验 3　数据图表

【实验目的】

1. 掌握在 Excel 中建立图表的方法。
2. 掌握在 Excel 中编辑图表的基本方法。

【实验内容】

1. 创建图表

（1）根据默认的图表类型创建

操作步骤：

① 选择用于建立图表的数据区域。

② 选择"插入"→"图表"（或按"F11"键）。

用该方法建立的图表，其默认图表类型是柱形图，默认位置是新建图表的工作表内。

（2）利用图表向导创建

操作步骤：

① 选择"插入"→"图表"或单击"常用"工具栏中的"图表向导"按钮，打开"图表向导"对话框，如图 4.19 ~ 图 4.22 所示，分 4 步依次设置"图表类型"、"图表数据源"、"图表选项"和"图表位置"。

② 最后单击"完成"按钮，完成图表的建立。

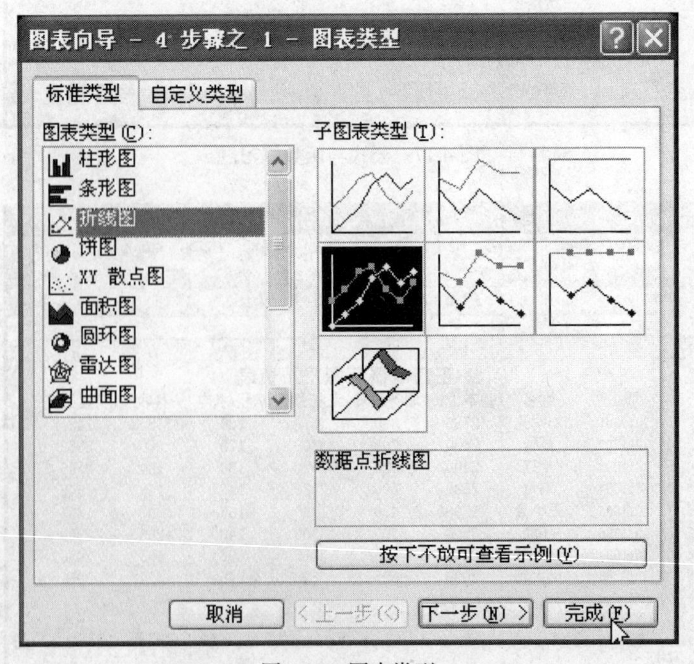

图 4.19　图表类型

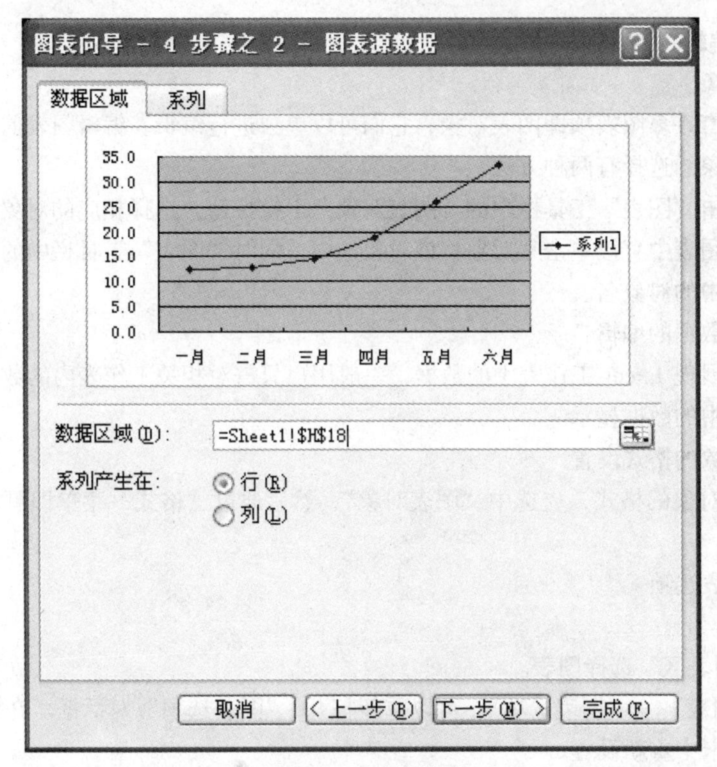

图 4.20　图表数据源

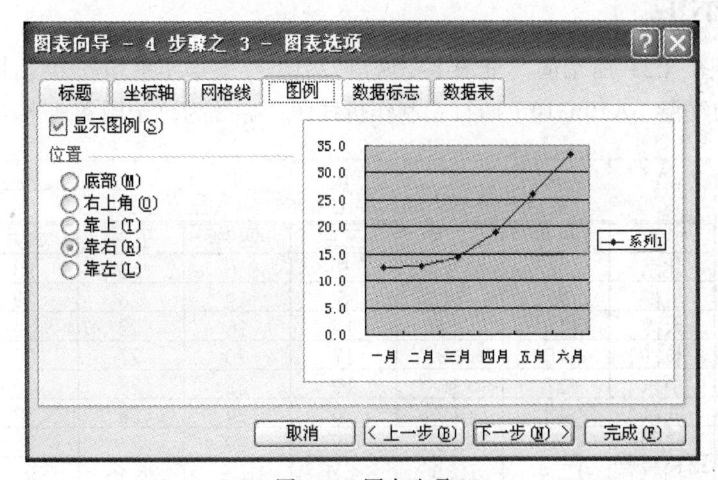

图 4.21　图表选项

图表向导 － 4 步骤之 4 － 图表位置
将图表:
作为新工作表插入(S):　Chart1
作为其中的对象插入(O):　Sheet1
取消　< 上一步(B)　下一步(N) >　完成(F)

图 4.22　图表位置

2. 图表的编辑

（1）图表对象

一个图表中有许多图表项即图表对象，它们可以单独进行编辑。编辑图表前应先选择要编辑的对象，图表对象的选择有两种方法。

方法一：单击“图表”工具栏中的“图表对象”下拉按钮，选择相应的对象名。

方法二：在图表中直接单击某对象将该对象选中，同时“图表”工具栏中的“图表对象”文本框中将显示选中的对象名。

（2）图表中数据的编辑

图表是用于展现 Excel 工作表中的数据，一般用户只需对相关工作表内的数据进行修改，就会自动改变图表中的数据显示。

（3）图表对象的格式设置

要设置图表对象的格式，先选中“图表对象”，然后通过“格式”菜单即可对选定对象进行格式设置。

（4）修改图表选项

操作步骤：

① 单击“图表区”选择图表。

② 选择“图表”→“图表选项”，可以重新打开 “图表选项”对话框。在该对话框中，用户可以在各选项卡中重新设置。

【实例演示】

（1）根据如图 4.23 所示的“全国主要城市 2010 年上半年平均气温统计表”，选择月份（A2:G2）及平均气温（A10:G10）两行，制作折线图，标题为“全国各地平均气温图表”。

	A	B	C	D	E	F	G
1	全国主要城市2010年上半年平均气温统计表						
2	城市	一月	二月	三月	四月	五月	六月
3	北京	2	1	5	10	26	28
4	上海	5	4	6	14	23	29
5	天津	10	14	12	16	22	30
6	长沙	15	18	17	20	27	35
7	南京	17	16	19	22	28	36
8	武汉	18	19	20	24	29	38
9	昆明	20	18	22	26	27	37
10	平均气温	12.4	12.9	14.4	18.9	26.0	33.3

图 4.23　全国主要城市 2010 年上半年平均气温统计表

操作步骤：

① 选择“插入”菜单中的“图表”命令（或单击“常用”工具栏上的“图表向导”按钮），弹出“图表向导”对话框，在此对话框中选择图表类型为“折线图”，如图 4.19 所示。

② 单击“下一步”按钮，弹出“图表数据源”对话框，单击 “数据区域”后面的按钮，选择月份（A2:G2）及平均气温（A10:G10）两行，若此前已选择好数据区域，此步可直接跳过。

③ 单击“下一步”按钮，弹出“图表选项”对话框，从中可设置图表标题为“全国各地平均气温图表”，如图 4.24 所示。

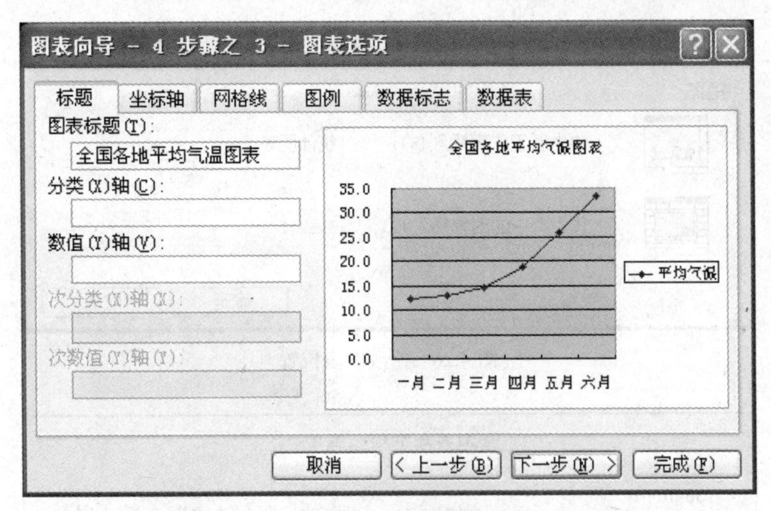

图 4.24　图表选项

④ 单击“下一步”按钮，弹出“图表位置”对话框，选中“作为其中的对象插入”，单击“完成”按钮，完成图表的建立，得到如图 4.25 所示全国各地平均气温图表。

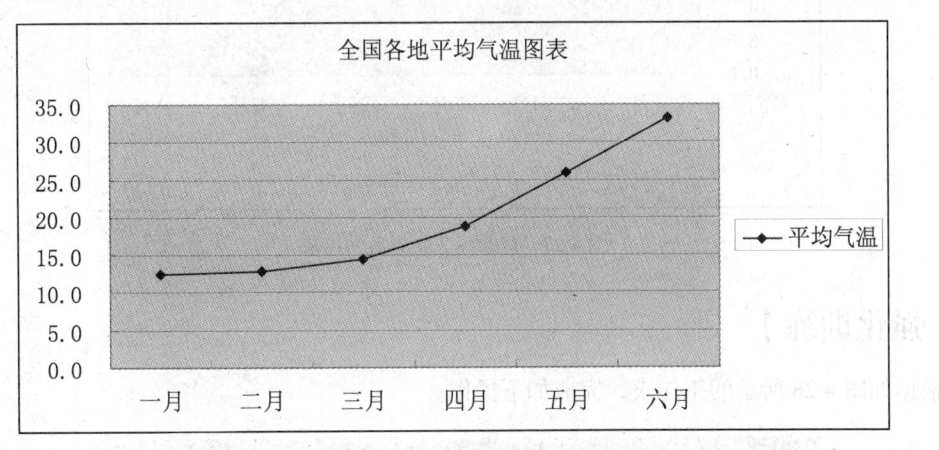

图 4.25　全国各地平均气温图表

（2）修改刚才建立的图表，设置其 X 轴标题为“月份”，Y 轴标题为“温度”。将图例设置为“底部”，并将修改后的图表存储到一个名为“统计图表”的图表工作表内。

操作步骤：

① 在刚才建立的图表空白处右击，在弹出的快捷菜单中选择“图表选项”，弹出如图 4.24 所示的“图表选项”对话框，在“标题”选项卡内输入 X 轴与 Y 轴的标题即可。

② 选中图表，选择“图表”→“位置”，弹出“图表位置”对话框，从中设置图表位置为“作为新工作表插入”，并输入新工作表名称为“统计图表”，如图 4.26 所示，结果如图 4.27 所示。

（3）修改图表标题的格式为蓝色、隶书。

操作步骤：

① 选中图表标题。

② 选择“格式”→“图表标题”，弹出“图表标题格式”对话框，切换到“字体”选项卡，设置图表标题格式为蓝色、隶书。

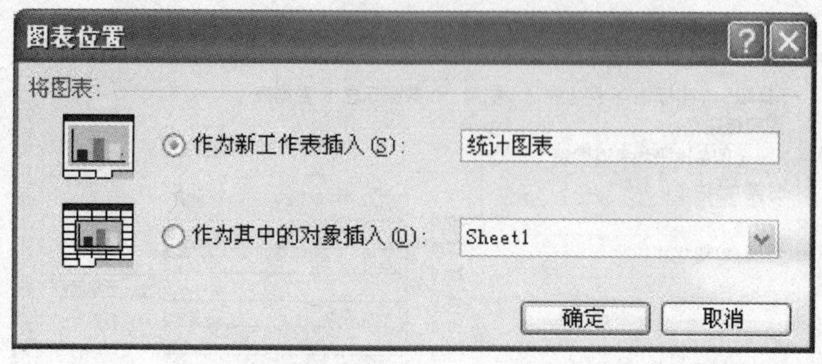

图 4.26 修改图表位置

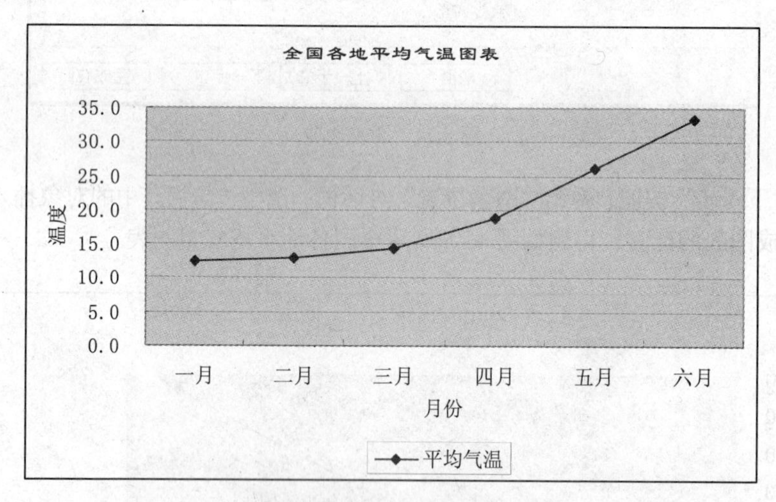

图 4.27 修改图表位置后的结果

【强化训练】

根据如图 4.28 所示的工作表，完成如下操作。

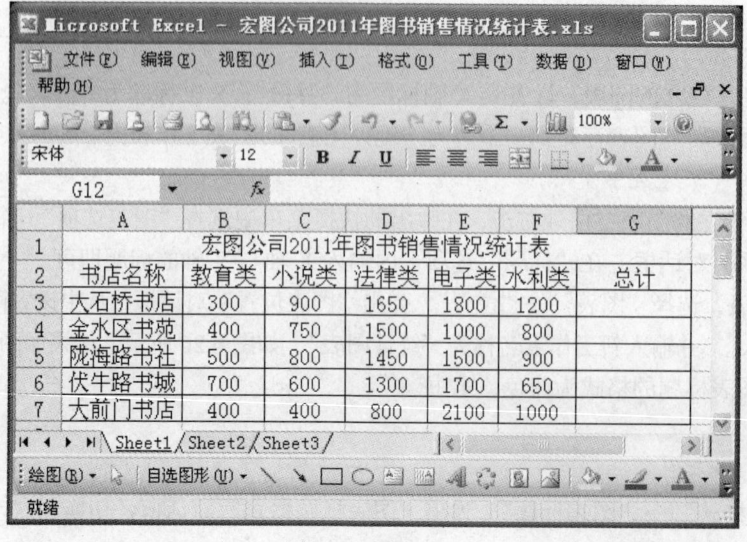

	A	B	C	D	E	F	G
1	宏图公司2011年图书销售情况统计表						
2	书店名称	教育类	小说类	法律类	电子类	水利类	总计
3	大石桥书店	300	900	1650	1800	1200	
4	金水区书苑	400	750	1500	1000	800	
5	陇海路书社	500	800	1450	1500	900	
6	伏牛路书城	700	600	1300	1700	650	
7	大前门书店	400	400	800	2100	1000	

图 4.28 图表练习

（1）计算每个书店销售各类图书的总计（使用求和函数）。

（2）将数据区域“A2:G7”按总计降序排列。

（3）将标题行“A1:G1”合并，居中，为标题行设置红色（颜色：第三行第一列）底纹。

（4）选择数据区域“A2:G7”中的“书店名称”和“总计”两列制作簇状柱形图。

最后结果如图 4.29 所示。

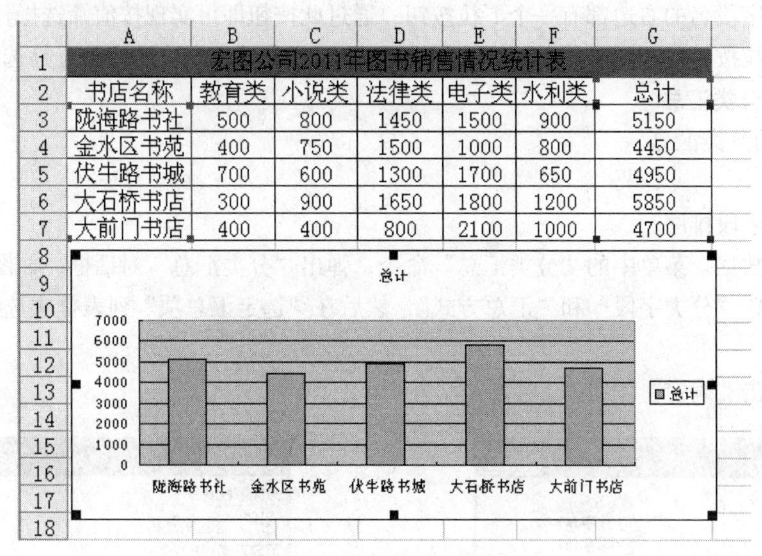

	A	B	C	D	E	F	G
1	宏图公司2011年图书销售情况统计表						
2	书店名称	教育类	小说类	法律类	电子类	水利类	总计
3	陇海路书社	500	800	1450	1500	900	5150
4	金水区书苑	400	750	1500	1000	800	4450
5	伏牛路书城	700	600	1300	1700	650	4950
6	大石桥书店	300	900	1650	1800	1200	5850
7	大前门书店	400	400	800	2100	1000	4700

图 4.29　完成后的图表效果

实验 4　数据管理

【实验目的】

1. 掌握 Excel 工作表中数据的排序方法。
2. 掌握 Excel 工作表中数据的筛选方法。
3. 掌握 Excel 工作表中数据的分类汇总方法。

【实验内容】

1. 数据的排序

（1）单关键字排序

操作步骤：

① 单击需要排序列中的任意单元格。

② 单击“格式”工具栏中的升序按钮或降序按钮来进行升序或降序排列。

（2）多关键字排序

操作步骤：

① 单击数据区域的任意单元格。

② 选择“数据”菜单中的“排序”命令，弹出“排序”对话框，如图 4.30 所示。

③ 分别设置“主要关键字”和“次要关键字”对应的字段和相应的排序方式。

2. 数据的筛选

操作步骤：

① 选中筛选的数据区域。

② 选择“数据”→“筛选”→“自动筛选”。

③ 在每个字段名的右边都有一个下拉按钮，通过此按钮即可实现按值筛选操作。

④ 单击下拉按钮，在弹出的下拉列表框中选择“自定义”，允许用户设置筛选条件。

3. 数据的分类汇总

（1）简单的分类汇总

操作步骤：

① 按分类字段排序。

② 选择“数据”菜单中的“分类汇总”命令，弹出“分类汇总”对话框，如图 4.31 所示。

③ 依次设置“分类字段”和“汇总方式”，然后在“选定汇总项”列表框中选择进行汇总的字段。

④ 最后单击“确定”按钮。

图 4.30 “排序”对话框

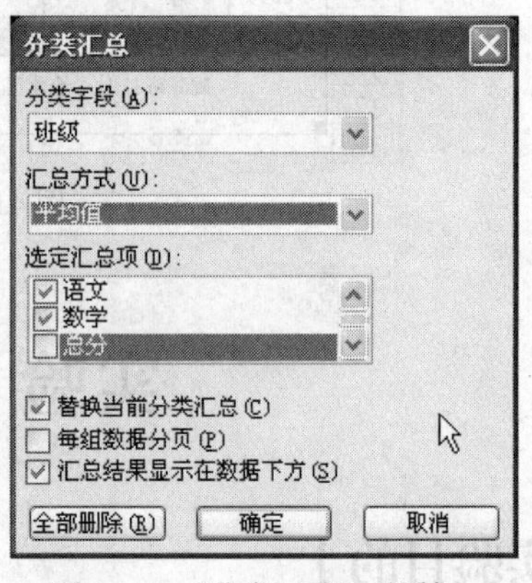

图 4.31 “分类汇总”对话框

（2）创建多级分类汇总

在一级分类汇总的基础上进行嵌套的分类汇总。进行多级分类汇总时需要注意两点：

① 要先按多级分类汇总的字段进行多关键字排序。

② 除第一次汇总外，其他汇总操作时要取消对“分类汇总”对话框中 “替换当前分类汇总”的选中。

【实例演示】

建立如图 4.32 所示的工作表。

（1）对工作表中的数据按总分进行降序排序。

操作步骤：

① 选中总分列“F2:F15”中任意单元格（不可选中整个区域）。

② 单击“常用”工具栏中的“降序”按钮，得到如图 4.33 所示的结果。

单关键字排序也可选择“数据”→“排序”来实现。

	A	B	C	D	E	F
1	学生成绩表					
2	学号	姓名	班级	语文	数学	总分
3	2011001	郑明	一班	56	78	134
4	2011002	刘斌	二班	89	96	185
5	2011003	张小强	二班	58	64	122
6	2011004	李娜	一班	79	79	158
7	2011005	钱新强	一班	96	64	160
8	2011006	沈一丹	二班	87	79	166
9	2011007	刘力国	二班	92	94	186
10	2011008	王红梅	一班	96	90	186
11	2011009	张灵芳	一班	84	87	171
12	2011010	杨帆	二班	76	55	131
13	2011011	贾铭	二班	60	73	133
14	2011012	高浩飞	一班	57	86	143
15	2011013	吴朔源	一班	88	89	177

图 4.32　示例工作表

	A	B	C	D	E	F
1	学生成绩表					
2	学号	姓名	班级	语文	数学	总分
3	2011007	刘力国	二班	92	94	186
4	2011008	王红梅	一班	96	90	186
5	2011002	刘斌	二班	89	96	185
6	2011013	吴朔源	一班	88	89	177
7	2011009	张灵芳	一班	84	87	171
8	2011006	沈一丹	二班	87	79	166
9	2011005	钱新强	一班	96	64	160
10	2011004	李娜	一班	79	79	158
11	2011012	高浩飞	一班	57	86	143
12	2011001	郑明	一班	56	78	134
13	2011011	贾铭	二班	60	73	133
14	2011010	杨帆	二班	76	55	131
15	2011003	张小强	二班	58	64	122

图 4.33　按总分降序排序结果

（2）对如图 4.32 所示的工作表筛选出 1 班的数学成绩在 85 分以上的同学。

操作步骤：

① 选择数据区域“A2:F15”。

② 选择“数据”→“筛选”→“自动筛选”。

③ 单击“班级”列右侧的下拉按钮，在弹出的下拉列表框中选择“一班”，如图 4.34 所示。

④ 单击“数学”列右侧的下拉按钮，在弹出的下拉列表框中选择“自定义”，弹出“自定义自动筛选方式”对话框。

⑤ 在弹出的“自定义自动筛选方式”对话框中，选择“大于或等于”，在右侧的下拉列表框中直接输入“85”，如图 4.35 所示。

⑥ 单击“确定”按钮即可实现筛选操作。

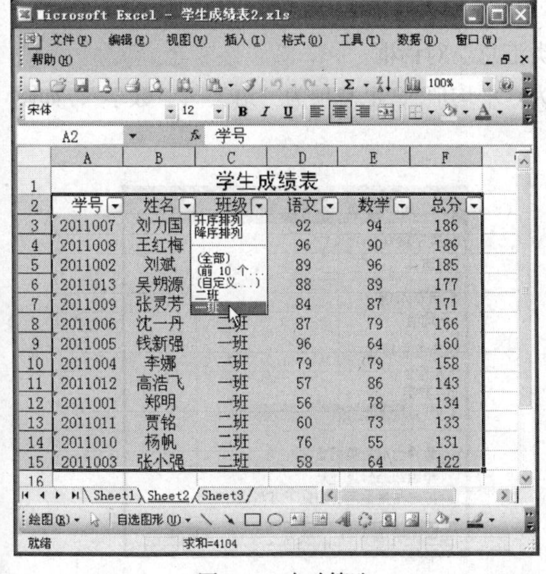

	A	B	C	D	E	F
1	学生成绩表					
2	学号	姓名	班级	语文	数学	总分
3	2011007	刘力国		92	94	186
4	2011008	王红梅		96	90	186
5	2011002	刘斌		89	96	185
6	2011013	吴朔源		88	89	177
7	2011009	张灵芳		84	87	171
8	2011006	沈一丹	二班	87	79	166
9	2011005	钱新强	一班	96	64	160
10	2011004	李娜	一班	79	79	158
11	2011012	高浩飞	一班	57	86	143
12	2011001	郑明	一班	56	78	134
13	2011011	贾铭	二班	60	73	133
14	2011010	杨帆	二班	76	55	131
15	2011003	张小强	二班	58	64	122

图 4.34　自动筛选

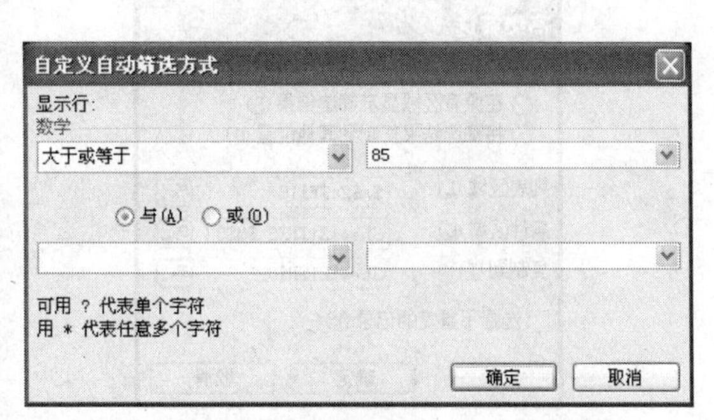

图 4.35　“自定义自动筛选方式”对话框

（3）对如图 4.32 所示的工作表进行高级筛选，筛选出两个班级中语文、数学均在 85 分以上的学生，并将筛选结果放在规定的表格上。

操作步骤：

① 在原表格旁边（至少间隔一行或一列）构造如图 4.36 所示条件区域，满足语文、数学均大于或等于 85 分。

	A	B	C	D	E	F	G	H	I	J	K	L	M
1		学生成绩表											
2	学号	姓名	班级	语文	数学	总分		学号	姓名	班级	语文	数学	总分
3	2011007	刘力国	二班	92	94	186					>=85	>=85	
4	2011008	王红梅	一班	96	90	186							
5	2011002	刘斌	二班	89	96	185					条件区域		
6	2011013	吴朔源	一班	88	89	177							
7	2011009	张灵芳	一班	84	87	171							
8	2011006	沈一丹	二班	87	79	166		学号	姓名	班级	语文	数学	总分
9	2011005	钱新强	一班	96	64	160		2011007	刘力国	二班	92	94	186
10	2011004	李娜	一班	79	79	158		2011008	王红梅	一班	96	90	186
11	2011012	高浩飞	一班	57	86	143		2011002	刘斌	二班	89	96	185
12	2011001	郑明	一班	56	78	134		2011013	吴朔源	一班	88	89	177
13	2011011	贾铭	二班	60	73	133							
14	2011010	杨帆	二班	76	55	131					筛选结果		
15	2011003	张小强	二班	58	64	122							
16													
17				数据区域									

图 4.36　高级筛选结果

② 选择数据区域“A2:F15”。

③ 选择“数据”→“筛选”→“高级筛选”，弹出如图 4.37 所示的“高级筛选”对话框，单击“条件区域”后面的按钮并选定事先设定的条件区域“Sheet2!$H$2:$M$3”。

④ 在“方式”栏中选中“将筛选结果复制到其他位置”，并在“复制到”文本框填入到需要的位置“Sheet2!$H$8”如图 4.37 所示。

⑤ 单击“确定”完成高级筛选设置，结果如图 4.36 所示。

（4）对如图 4.32 所示的工作表计算各班级语文、数学平均分。

操作步骤：

① 选择数据区域“A2:F15”，“主关键字”按“班级”排序，“次关键字”按“学号”排序，其中“选项”中的“方法”选“笔画排序”。

② 选择“数据”→“分类汇总”，打开“分类汇总”对话框。

③ 依次设置分类字段为“班级”，汇总方式为“平均值”，汇总项为“语文”、“数学”，如图 4.38 所示。

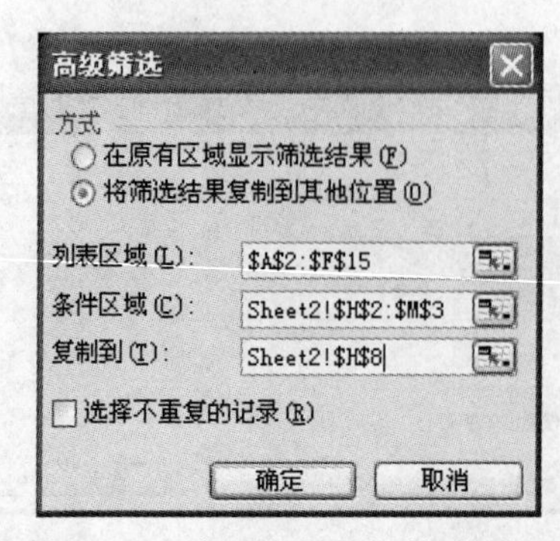

图 4.37　“高级筛选”对话框的设置

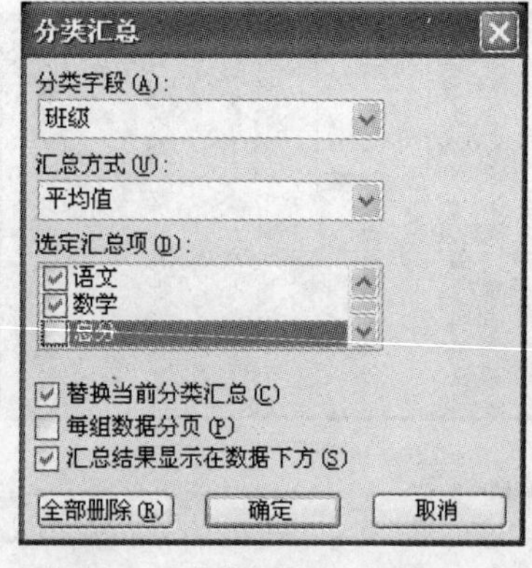

图 4.38　“分类汇总”对话框的设置

④ 单击“确定”按钮即可实现分类汇总操作，结果如图 4.39 所示。

	A	B	C	D	E	F
1	学生成绩表					
2	学号	姓名	班级	语文	数学	总分
3	2011001	郑明	一班	56	78	134
4	2011004	李娜	一班	79	79	158
5	2011005	钱新强	一班	96	64	160
6	2011008	王红梅	一班	96	90	186
7	2011009	张灵芳	一班	84	87	171
8	2011012	高浩飞	一班	57	86	143
9	2011013	吴朔源	一班	88	89	177
10			**一班 平均值**	79.42857	81.85714	
11	2011002	刘斌	二班	89	96	185
12	2011003	张小强	二班	58	64	122
13	2011006	沈一丹	二班	87	79	166
14	2011007	刘力国	二班	92	94	186
15	2011010	杨帆	二班	76	55	131
16	2011011	贾铭	二班	60	73	133
17			**二班 平均值**	77	76.83333	
18			**总计平均值**	78.30769	79.53846	

图 4.39　按平均值分类汇总的结果

【强化训练】

对如图 4.32 所示的学生成绩表进行下列操作。

（1）按“总分”的降序进行排序。

（2）筛选出“二班”且“总分”在 80 分以上的学生。

（3）先将数据区域按班级升序排序（按拼音的字母排序），再用分类汇总方式计算各班每门课的平均成绩（汇总结果插在各班数据的下一行）。

第 5 章

演示文稿处理软件 PowerPoint 2003

PowerPoint 2003 是微软公司推出的制作、放映演示幻灯片的软件包，是 Office2003 集成软件中的成员之一，主要用于演示文稿的制作和演示。

实验 1　PowerPoint 演示文稿的创建

【实验目的】

1. 了解电子演示文稿的建立过程，掌握电子演示文稿的制作方法。
2. 掌握演示文稿中模板、版式、背景的应用。
3. 了解幻灯片的放映方法。

【实验内容】

1. 创建演示文稿

PowerPoint 2003 提供了 4 种创建演示文稿的方法，如图 5.1 所示。

（1）空演示文稿。在空白的幻灯片上开始创建演示文稿。

（2）根据设计模板。模板决定演示文稿的设计格式，创建模板格式的演示文稿，但它不包含任何内容。

（3）根据内容提示向导。包括不同主题的演示文稿示例，可以选择合适的文稿示例。

（4）根据现有演示文稿。选择已有的演示文稿，在其基础上进行修改和设计。

2. 幻灯片的模板和版式

（1）可以在创建演示文稿时选择幻灯片的模板和版式，也可在幻灯片制作过程中更改其模板和版式。

（2）应用设计模板选择“格式”菜单中的“幻灯片设计”命令，此时在窗口右侧弹出如图 5.2 所示的“幻灯片设计”任务窗格，此窗格中列举了 PowerPoint 2003 自带的设计模板，可以选择合适的设计模板，当鼠标指针指向选中的模板时，在模板右侧显示下拉按钮，单击下拉按钮，在弹出的下拉列表框中根据需要选择“应用于母版”、“应用于所有的幻灯片”或“应用于选定的幻灯片”中的一个，即可将选择的设计模板应用到演示文稿中去。也可以在幻灯片制作过程中，右键单击空白工作区，在弹出的快捷菜单中选择“幻灯片设计”来弹出“幻灯片设计”任务窗格。

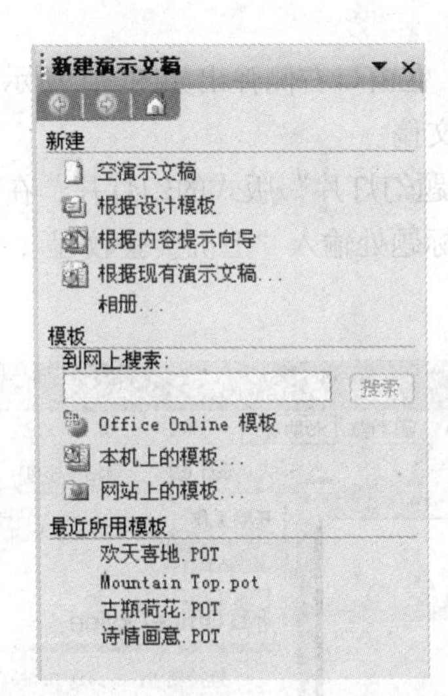

图 5.1　“新建演示文稿”任务窗格

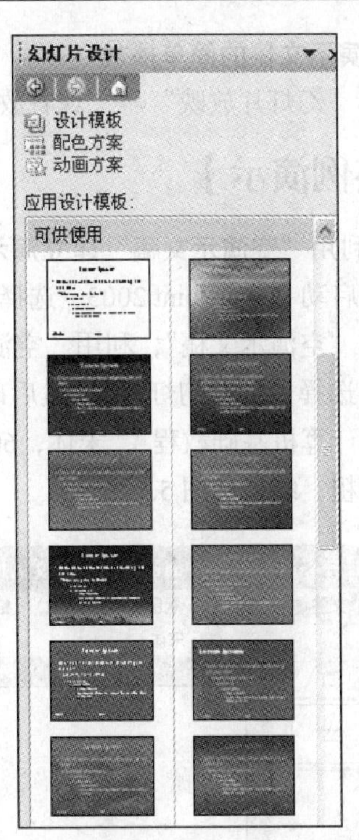

图 5.2　“幻灯片设计”任务窗格

（3）幻灯片版式。选择“格式”菜单中的“幻灯片版式”命令，此时在窗口右侧弹出如图 5.3 所示的“幻灯片版式”任务窗格，在“应用幻灯片版式下”中列出了 PowerPoint 2003 的所有版式，可以选择适当的版式。当鼠标指针指向选中的版式时，在版式右侧显示下拉按钮，单击下拉按钮，在弹出的下拉列表框中根据需要选择“应用于选定的幻灯片”，即可将选择的版式应用到创建的幻灯片去。有时也需要选择“重新应用样式”，将选择的幻灯片版式应用到演示文稿中去。另外，可以在幻灯片制作过程中，右键点击空白工作区，在弹出的快捷菜单中选择“幻灯片版式”来弹出“幻灯片版式”任务窗格。

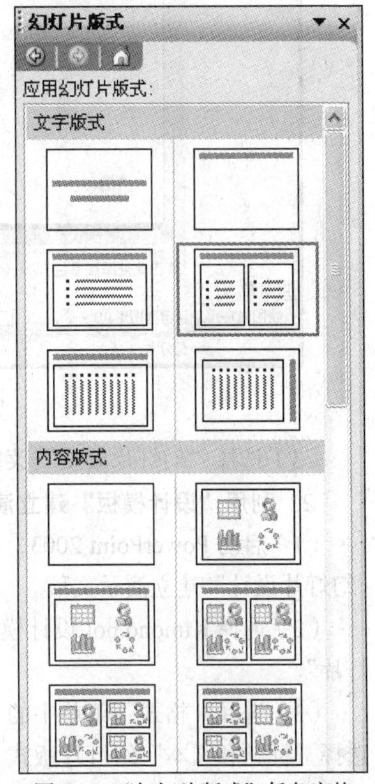

图 5.3　“幻灯片版式”任务窗格

说明：应用设计模板与幻灯片版式存在着不同之处。当应用了设计模板后，设计模板可应用到整个演示文稿中，即每张幻灯片都应用了该设计模板；但在应用了幻灯片版式后，幻灯片版式只是应用在当前幻灯片中，对其他幻灯片不起作用。因此，如果模板应用到所有的幻灯片，每新建一张幻灯片之前都要选择其版式，而模板往往就不要进行设置了。

3. 图片作为幻灯片背景的方法

方法一：在幻灯片中插入图片→改变图片大小，使之与幻灯片大小一致→右键单击图片→选择“叠放次序”→选择“置于底层”。

方法二：选择“格式”→“背景”，在弹出对话框的下拉列表框中选择“填充效果”，在弹出的对话框中选择“图片”选项卡从中选择相应的图片。

4. 演示文稿的简单播放

选择“幻灯片放映”→“观看放映”进行幻灯片放映。

【实例演示】

1. 利用“空演示文稿”建立演示文稿

（1）启动 PowerPoint 2003，选择“文件”→“新建”，在窗口右侧弹出如图 5.1 所示的任务窗格，选择“空演示文稿”，利用“空演示文稿”建立演示文稿。

（2）选择“标题幻灯片”，然后确定，建立采用“标题幻灯片”版式的幻灯片，在标题处输入“大学计算机基础教程”，宋体，60 磅字，加粗；在副标题处输入“上机实验教程”，宋体，48 磅字，加粗；结果如图 5.4 所示。

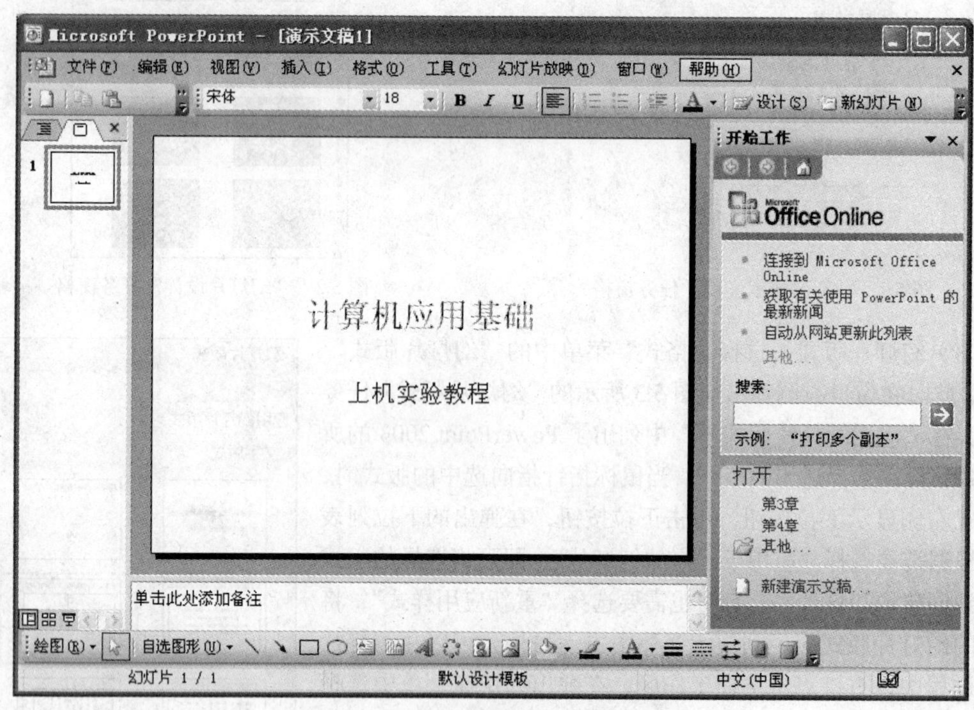

图 5.4　建立“标题幻灯片”演示文稿

（3）选择“幻灯片放映”菜单中的“观看放映”命令，播放演示文稿。

2. 利用“设计模板”建立演示文稿

（1）启动 PowerPoint 2003，在弹出的如图 5.1 所示的对话框中，选择“根据设计模板”，利用“幻灯片设计”建立演示文稿。

（2）选择 Kimono.pot 设计模板，单击下拉按钮，在弹出的下拉列表框中选择“应用于所有幻灯片”。

（3）选择“格式”菜单中的“幻灯片版式”命令，然后在弹出的如图 5.3 所示的任务窗格中选择“标题和文本”幻灯片版式。

（4）在标题处输入“自我简介”，宋体，60 磅字，加粗；在副标题处输入如图 5.5 所示的内容，宋体，48 磅字，加粗。

（5）选择“幻灯片放映”菜单中的“观看放映”命令，播放演示文稿。

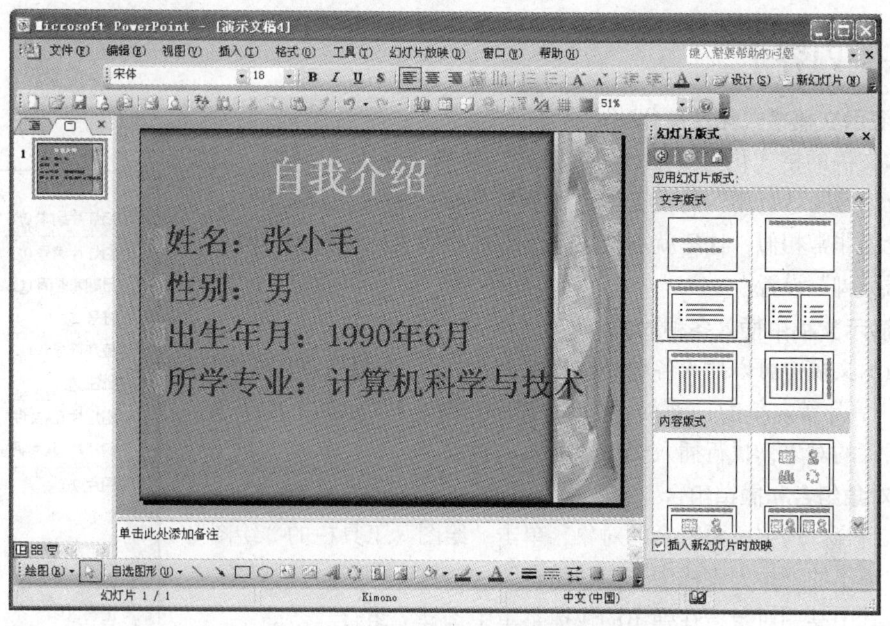

图 5.5　利用“设计模板”建立演示文稿

【强化训练】

（1）利用 PowerPoint 2003 制作如图 5.6 所示的幻灯片，并保存为“Text.ppt”。

（2）根据自己的具体情况，制作一个简单介绍自己的演示文稿。

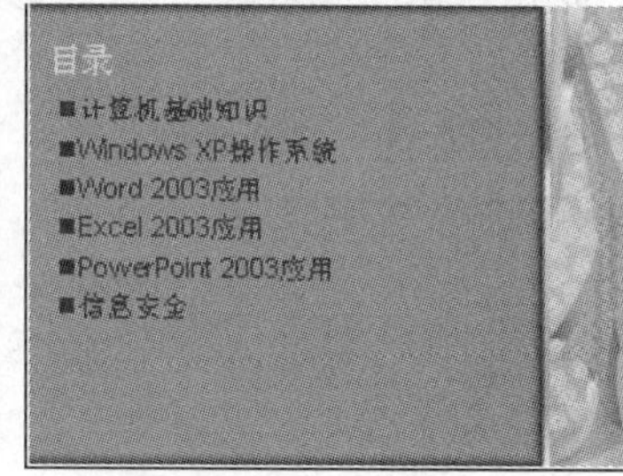

图 5.6　幻灯片

实验 2　演示文稿的美化

【实验目的】

1. 掌握格式化及美化演示文稿的方法。
2. 掌握在演示文稿中插入各种对象的方法。
3. 熟悉修改和保存电子演示文稿的方法。

【实验内容】

1. 演示文稿格式化及美化

演示文稿的格式化主要是利用“格式”菜单，包括“字体”、“项目符号及编号”、“行距”的设置等，由于与 Word 2003、Excel 2003 中的格式设置非常相似，这里就不赘述了。幻灯片的美化包括很多内容，如“页眉页脚”设置。

2. 演示文稿中插入各种对象

在演示文稿中可以插入各种对象，如“图片”、“表格”、“文本框”、“影视和声音”等。单击“插入”菜单，弹出如图 5.7 所示的下拉菜单，选择要插入的对象，执行插入操作即可插入对象。

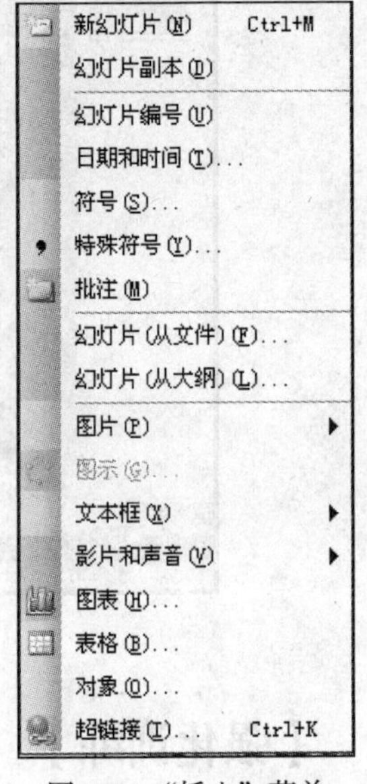

图 5.7 “插入”菜单

3. 对象组合和撤销组合

（1）组合。选中所要组合的对象，单击“绘图”工具栏的“绘图”按钮，在弹出的下拉列表框中选择“组合”，或者选中要组合的对象，右键单击其中某一对象，在弹出的快捷菜单中选择“组合”。

（2）撤销组合。选中已组合的对象，单击“绘图”工具栏的“绘图”按钮，在弹出的下拉列表框中选择“取消组合”，或者选中所要撤销组合的对象，右键单击其中某一对象，在弹出的快捷菜单中选择“取消组合”。

4. 演示文稿的修改与保存

在制作的过程中可以不断修改演示文稿，直到满意为止，修改后的演示文稿要及时保存。保存的方法如下。

（1）选择“文件”→“保存”或“另存为”进行保存。

（2）单击“常用”工具栏上的“保存”按钮。

（3）按“Ctrl+S”组合键。

【实例演示】

1. 幻灯片格式化

（1）启动 PowerPoint 2003，选择“文件”菜单中的“新建”命令，在窗口右侧的任务窗格中选择“根据空演示文稿”，利用“空演示文稿”建立演示文稿。

（2）选择“标题幻灯片”，然后确定，建立采用“标题幻灯片”版式的幻灯片，在标题处输入“我爱我家”，黑体，60 磅字，加粗，蓝色；在副标题处输入“—美丽的田野”，宋体，48 磅字，加粗，红色；设置幻灯片背景为黄色，在幻灯片的下方插入风景图片，结果如图 5.8 所示。

2. 美化幻灯片

（1）在演示文稿中加入日期、页脚和幻灯片编号

操作步骤：

① 在上例制作的演示文稿中，选择“视图”菜单中的“页眉和页脚”命令，弹出“页眉和页脚”对话框。

② 在“幻灯片”选项卡中，选中“日期和时间”复选按钮、“页脚”复选按钮、“固定”单选按钮，并在“固定”单选按钮下的文本框中输入“2011 年 1 月 1 日”，页脚旁的文本框中输入“美化后的演示文稿”。

③ 选择“幻灯片放映”菜单下的“观看放映”命令，播放演示文稿。

图 5.8 简单格式化后的幻灯片

（2）修改应用设计模板

操作步骤：

① 在上例制作的演示文稿中，选择“格式”菜单中的“幻灯片设计”命令。

② 在弹出的任务窗格中选择 mountain top.pot 模板，在其下拉列表框中选择“应用于所有幻灯片”。

③ 选择“幻灯片放映”菜单中的“观看放映”命令，播放演示文稿。

（3）修改幻灯片版式

操作步骤：

① 在上例制作的演示文稿中，选择“格式”菜单中的“幻灯片版式”命令。

② 在弹出的任务窗格中选择“标题、文本与剪贴画”版式，在其下拉列表框中选择“应用选定的幻灯片”，结果如图 5.9 所示。

③ 点击“幻灯片放映”菜单下的“观看放映”命令，播放演示文稿。

④ 选择“文件”菜单下的“保存”或“另存为”命令，保存演示文稿，名为“家乡.ppt”。

图 5.9 美化后的幻灯片

【强化训练】

制作本人所在城市简介，可包括历史回顾、地理位置、人口统计、语言文化等内容，不要求使用动画、超链接、多媒体，但要有一定的美化效果，文字也要进行相应的格式化设置，不少于4张幻灯片。

实验 3 幻灯片的动画、超链接、多媒体和播放

【实验目的】

1. 掌握幻灯片的动画技术。
2. 掌握幻灯片的超链接技术。
3. 了解多媒体技术在幻灯片中的应用。
4. 掌握演示文稿的播放方法。

【实验内容】

1. 幻灯片的动画及切换技术

动画效果是指幻灯片中的文本、图片或其他对象按指定的顺序和方式来演示。PowerPoint 2003

提供了多种动画方案，在制作幻灯片时，可根据不同需要应用不同的动画方案。一种动画方案可以应用于演示文稿中所有的幻灯片，也可以应用于某些特定的幻灯片。另外，幻灯片还可以设置切换效果、添加声音等。

（1）应用动画方案

① 选定要设置动画效果的幻灯片。

② 选择“幻灯片放映”→“动画方案”。

③ 在“幻灯片设计”任务窗格的“应用于所选幻灯片”列表框中选定一种动画方案。

④ 如果要删除设置的动画效果，可在“应用于所选幻灯片”列表框中选择“无动画”。

（2）自定义动画

① 选择“幻灯片放映”菜单中的“自定义动画”命令，打开“自定义动画”任务窗格，如图 5.10 所示。

② 在幻灯片中选定要设置动画的对象，则“自定义动画”任务窗格中的“添加效果”按钮被激活，单击该按钮，打开添加效果下拉菜单，其中有“进入”、“强调”、“退出”和“动作路径”4 个子菜单。每个子菜单中都有相应的多种动画方案可供选择。

③ 选定某一种动画方案后，所设置的动画效果就会被添加到“自定义动画”任务窗格的动画列表中。

④ 动画列表的内容依次为动画设置顺序、动画开始方式、动画方案名称、对象等。

⑤ 动画设置顺序即动画的播放顺序（按数字从小到大的顺序播放），幻灯片窗格中也会标记相应的数字。

⑥ 动画开始方式从“自定义动画”任务窗格中的“开始”下拉列表框中选定，鼠标图标表示此动画从单击鼠标开始。

（3）声音效果设计

① 选定要加入声音效果的对象。

② 选择“幻灯片放映”菜单中的“自定义动画”命令，打开“自定义动画”任务窗格。

③ 单击动画列表框中所选对象右侧的下拉按钮，在打开的下拉列表框中选择“效果选项”，弹出动画对话框，并显示“效果”选项卡，在“增强”栏中单击“声音”下拉列表框，从中选择合适的声音效果。

（4）幻灯片切换

① 选定要设置切换效果的幻灯片。

② 选择“幻灯片放映”菜单中的“幻灯片切换”命令，打开“幻灯片切换”任务窗格，如图 5.11 所示。

③ 根据需要在“应用于所选幻灯片”列表框中选定一种切换效果，并进行设置。

2. 超链接技术

（1）插入超链接

对演示文稿中的任何文本、图形、图片、艺术字等对象均可设置超链接，演示文稿放映时通过单击这些超链接对象可直接跳转到与之链接的目标位置。设置了超链接的文本有下划线，并采用配色方案中的颜色。演示文稿放映时超链接被激活。可通过“超链接”命令或动作按钮设置超链接。

（2）修改超链接

选定要修改超链接的对象或动作按钮，在快捷菜单中选择“编辑超链接”，出现“编辑超链接”对话框或“动作设置”对话框，在其中修改对超链接或动作按钮的设置。

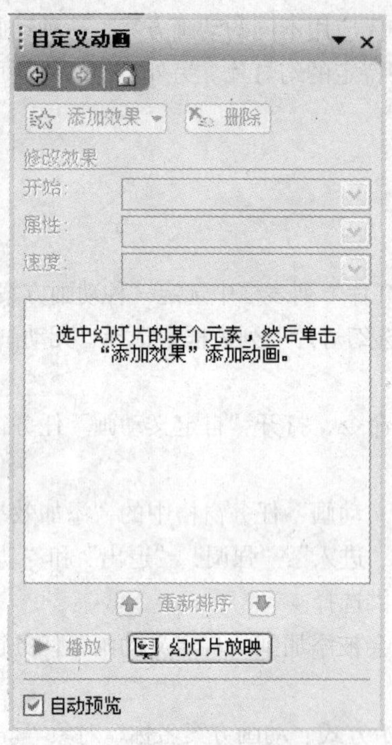

图 5.10 “自定义动画”任务窗格

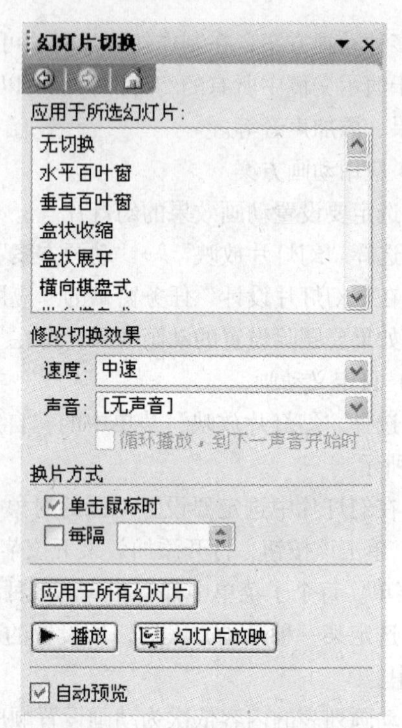

图 5.11 “幻灯片切换”任务窗格

（3）删除超链接

选定要删除超链接的对象或动作按钮。如果要把超链接连同该对象或动作按钮一起删除，则按“Del”键；如果只是取消超链接功能，不想删除该对象或动作按钮，则在快捷菜单中选择“删除超链接”。

3. 多媒体技术应用

（1）插入来自文件的影片

可将硬盘、光盘中的动画、影片等多媒体元素插入到幻灯片中。首先选定要插入影片的幻灯片，然后选择“插入”→“影片和声音”→“文件中的影片”，在打开的“插入影片”对话框中找到所需的影片文件，单击“确定”按钮或双击所选的影片文件即可。

（2）插入来自“剪辑管理器”的声音

选定要插入声音的幻灯片。选择“插入”→“影片和声音”→“剪辑管理器中的声音”，打开“剪贴画”任务窗格。在声音剪辑列表中选择一种声音，单击其声音图标即可在幻灯片中插入该声音及其图标，同时出现询问对话框。若想在幻灯片放映时自动播放声音，单击询问对话框中的“自动”按钮；若想在幻灯片放映时单击声音图标后播放声音，则单击询问对话框中的“在单击时”按钮。

（3）插入来自文件的声音

可将硬盘、光盘中的CD乐曲、MIDI音乐等多媒体元素插入到幻灯片中。选定要插入声音的幻灯片。选择“插入”→“影片和声音”→“文件中的声音”，在打开的“插入声音”对话框中找到所需的声音文件，单击“确定”按钮或双击所选的声音文件即可在幻灯片中插入声音及其图标，同时出现询问对话框。可通过单击“自动”按钮或“在单击时”按钮来设定在幻灯片放映时是自动播放声音，还是单击声音图标后播放声音。

（4）编辑声音对象

右键单击插入的声音图标，在弹出的快捷菜单中选择“编辑声音对象”，在弹出的“声音选项”对话框中设置声音是否循环播放、声音音量、幻灯片放映时是否隐藏声音图标等。

（5）录制旁白

① 对单张幻灯片录制旁白，放映时有声音图标。

② 对整套或连续多张幻灯片录制旁白，放映时没有任何标记。

③ 选定要添加旁白的幻灯片，选择“插入”→“影片和声音”→“录制声音”，在弹出的“录音”对话框中按下圆形按钮开始录音，方形按钮结束录音，三角形按钮可将录制的声音播放一遍。录制完成后单击“确定”按钮。

4. 演示文稿的播放方式

PowerPoint 2003 提供了多种演示文稿播放方法。可以选择“幻灯片放映”→“设置放映方式”，打开“设置放映方式”对话框，进行放映方式设置如图 5.12 所示。

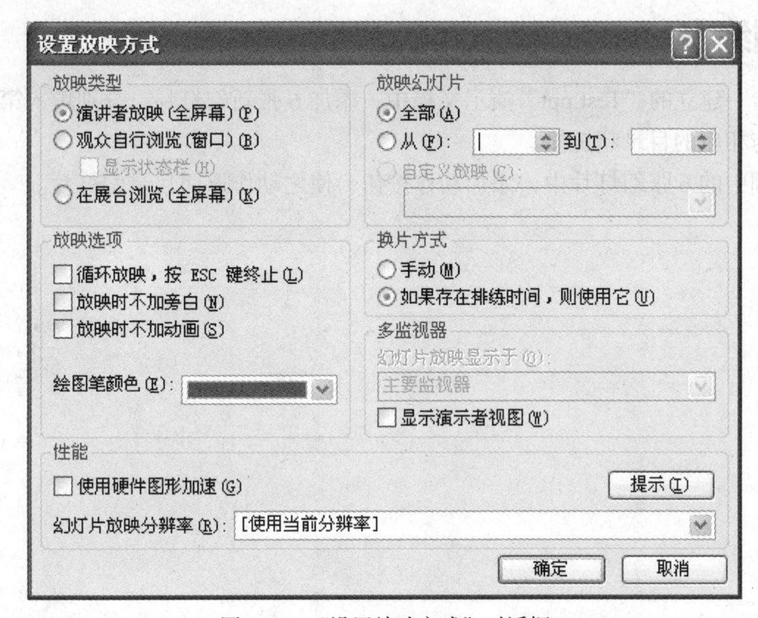

图 5.12　“设置放映方式”对话框

【实例演示】

1. 设置幻灯片动画

（1）幻灯片内的动画设置，操作步骤如下。

① 打开实验一练习中建立的“Test.ppt”演示文稿。

② 选中第一张幻灯片，选择“幻灯片放映”菜单中的“自定义动画”命令，弹出的“自定义动画”任务窗格，选中标题 1。

③ 单击“添加效果”按钮，选择“强调”→“陀螺旋”，设置速度为中速，这样就将标题 1 的动画效果设为中速陀螺旋。

④ 以同样的方法，将文本 2 的动画效果设为回旋。

（2）设置幻灯片间切换效果，操作步骤如下。

① 同样打开实验一练习中建立的“Test.ppt”演示文稿。

② 选中第二张幻灯片，选择“幻灯片放映”菜单中的“幻灯片切换”命令，在弹出的“幻灯片切换”任务窗格中，选中“向下插入”切换方式，然后选中“中速”，最后单击“应用于所有的幻灯片”按钮，这样将整个演示文稿的幻灯片切换方式设为中速向下插入。这里“应用于所有的幻灯片”是将修改的结果应用为整个演示文稿，若不单击此按钮则只是应用为本张幻灯片。

2. 设置超级链接

操作步骤如下。

① 同样打开实验一练习中建立的“Test.ppt”演示文稿。

② 选中第一张幻灯片中的文本 2，选择“插入”菜单中的“超链接”命令。

③ 设置目标幻灯片为第二张幻灯片，这样就完成了第一张幻灯片中文本 2 的超链接。

④ 选中第三张幻灯片，选择“幻灯片放映”菜单的“动作”命令，选中“结束”动作按钮。设置它的超链接为“结束放映”。

【强化训练】

（1）在实验一建立的“Test.ppt”演示文稿中，添加 6 张新幻灯片，分别填入第二张幻灯片目录的内容，且与相应的目录超链接。

（2）在上例中的 6 张幻灯片中，添加动作按钮，使之动作返回目录幻灯片。

第 6 章
网页制作工具 FrontPage 2003

本章实验与主教材第 6 章“简单的网页制作与网站发布”配套。

软件 FrontPage 2003 是一套简单易用、功能强大的“所见即所得”的专业网页制作软件，本章通过具体的网页制作实例，详细介绍用 FrontPage 2003 软件进行网页制作、创建和发布网站的操作方法。通过学习，读者应学会在 Internet 上建立 Web 服务器，并掌握用 FrontPage 2003 软件进行基本的网页制作、网站管理等技术。

实验 1　利用 FrontPage 建立新的网站

【实验目的】

1. 掌握通过模板建立网站的方法。
2. 掌握网站的目录结构、组织形式，以及使用 FrontPage 2003 软件管理网站。
3. 掌握 FrontPage 2003 软件提供“通过公司展示向导”建立网站的方法，以及网站主题的应用。
4. 了解网站在计算机中具体的存放、组织形式，以及 FrontPage 2003 软件是如何管理网站的。
5. 认识设置网站的主题的作用。

【实验内容】

1. 通过模板建立网站

通过 FrontPage 2003 提供的模板创建只有一个网页（首页）的“书店”网站，将网站命名为“book-web”。在网站的根目录（book-web）下创建 4 个子目录，分别命名为“computer-book”（计算机书籍）、“life”（书与生活）、“study”（中、小学生学习书籍）和“images”（图片），在首页（index.htm）中输入如图 6.1 所示文字，其中将“网事书店欢迎您”一行文字的字体设为华文行楷，字号改为 7 号，颜色设为褐紫红色，居中。

2. 通过向导建立一个网站

使用 FrontPage 2003 软件提供的“通过公司展示向导”模板，在计算机中为“网事图书公司”建立一个网站，网站名称为“netbook-web”。

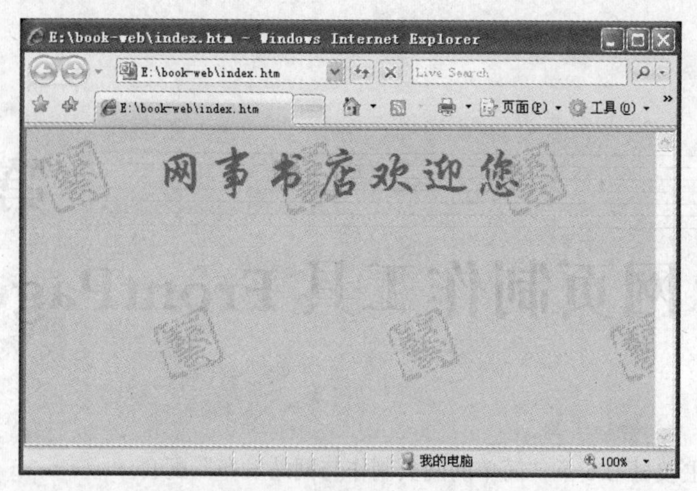

图 6.1 “index.htm”页面

【实例演示】

1. 通过模板建立网站

具体步骤：

（1）启动 FrontPage 2003，选择“文件”→“新建”，然后在右边的任务窗格中选择“新建网站”栏中的“由一个网页组成的网站”，弹出“网站模板”对话框，如图 6.2 所示。

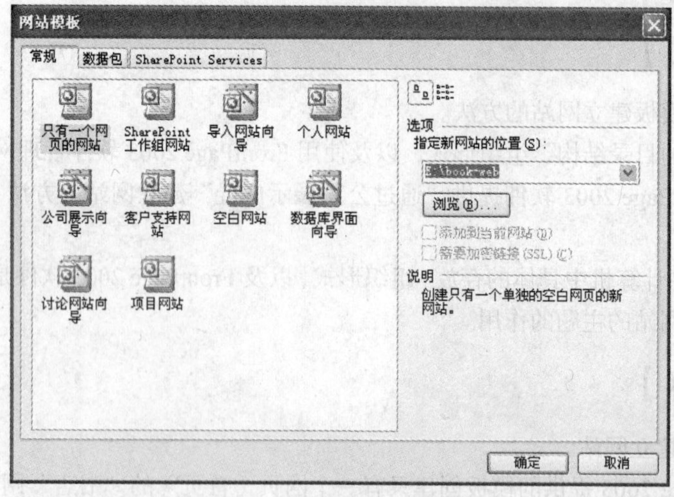

图 6.2 “网站模板”对话框

（2）在“网站模板”对话框中选择“常规”选项卡中的“只有一个页面的网站”。再在“网站模板”对话框右边的“选项”栏指定新建网站的根目录存储路径为“E:\book-web”，单击“确定”按钮。新网站已建立好，并处于打开状态，如图 6.3 所示。在“文件夹列表”栏中可以看到除了网站根文件夹，还有“_private”、“images”两个文件夹，分别用于存放系统文件和用户图像文件。另外还有一个页面（index.htm），它是网站的默认首页。

（3）选择左侧“文件夹列表”栏中的“E:\book-web”，单击“新建文件夹”按钮，如图 6.4 所示，在列表中新出现一个文件夹“New-Folder”，将其重命名为“computer-book”。然后用同样的方法建立“life”和“study”两个文件夹。

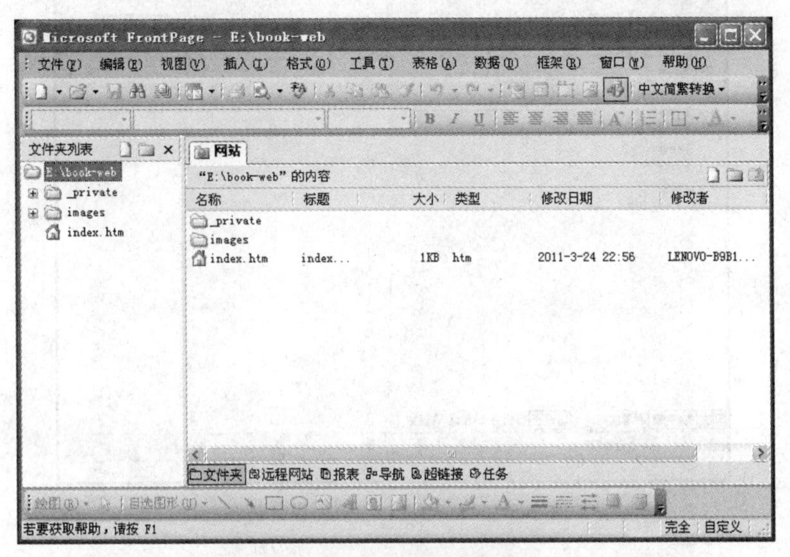

图 6.3　新建 book-web 站点

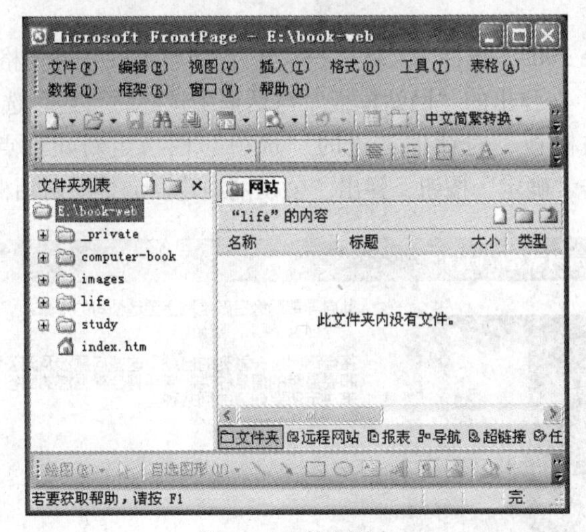

图 6.4　文件夹列表

（4）双击“文件夹列表”栏中的“index.htm”文件，此时右边出现“index.htm”页面设计视图，如图 6.5 所示。

（5）选择“格式”→“主题”，然后在右边的“主题”任务窗格中选择一个“中国书画”主题。

（6）单击“index.htm”页面左上角，在格式栏的样式中选择“标题 1”，然后在格式栏中将字体设为华文行楷，7 号字，褐紫红色，并设置居中，输入文字“网事书店欢迎您”。

（7）选择“文件”→“全部保存”，保存新建立的网站。

（8）单击工具栏中的在“浏览器中预览”按钮，浏览首页，如图 6.1 所示。浏览完关闭浏览器。

（9）选择“文件”→“关闭网站”即可将网站关闭。最后关闭 FrontPage 2003 应用程序。

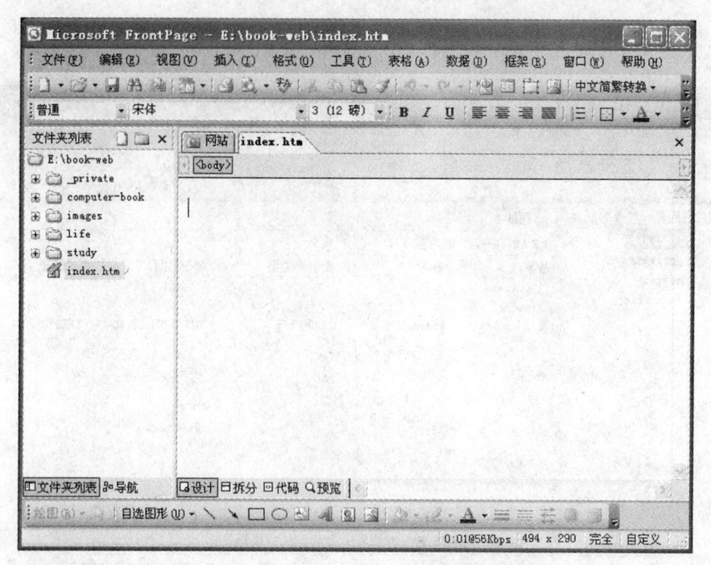

图 6.5 “index.htm”页面设计视图

2. 通过向导建立网站

具体步骤：

（1）启动 FrontPage 2003，选择“文件”→“新建”，然后在任务窗格中选择“新建网站”栏中的“其他网站模板”。在弹出的“网站模板”对话框中选择“常规”选项卡中的“通过公司展示向导”。再在“网站模板”对话框右边的“选项”栏指定新建站点的根目录存储路径为“E:\netbook-web”。单击“确定”按钮，弹出“公司网站建立向导”对话框，如图 6.6 所示。

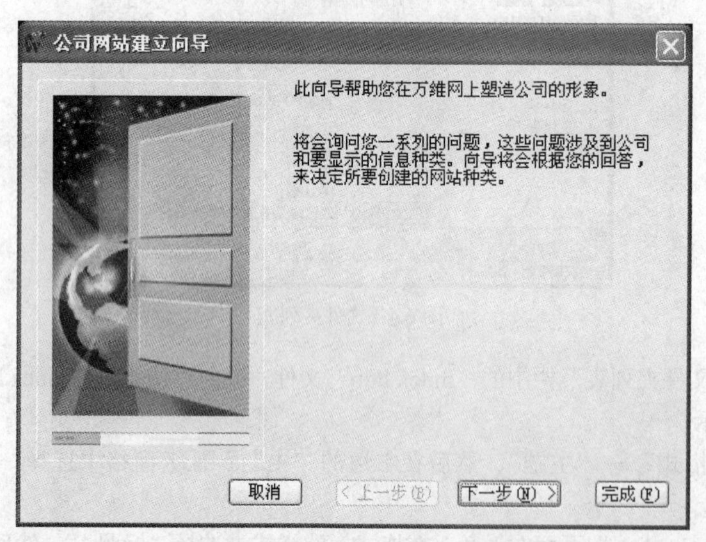

图 6.6 “公司网站建立向导”对话框

（2）在“公司网站建立向导”对话框中，直接单击“下一步”按钮，弹出“选择要包含在网站中的主要页面”对话框，如图 6.7 所示，将所有选项都选择，然后单击“下一步”按钮，弹出“选择要显示在主页的主题”对话框，如图 6.8 所示。

（3）在“选择要显示在主页的主题”对话框中，将所有选项都选中，然后单击“下一步”按钮，弹出“选择要显示在‘新增内容’网页中的主题”对话框，如图 6.9 所示。

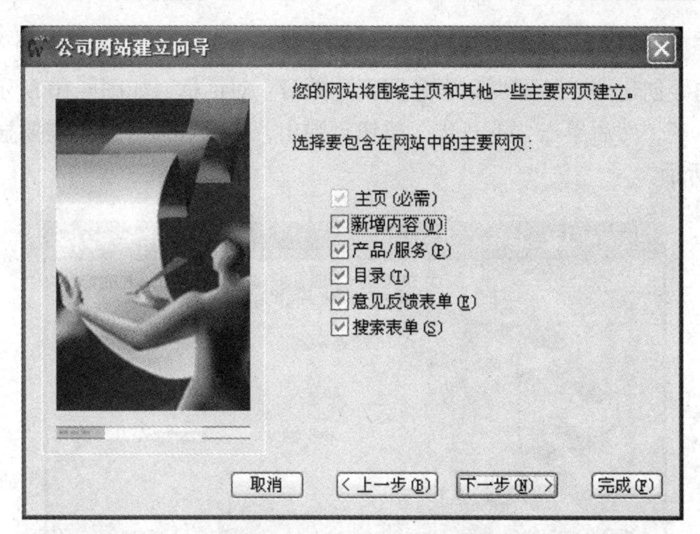

图 6.7　主要页面选择对话框

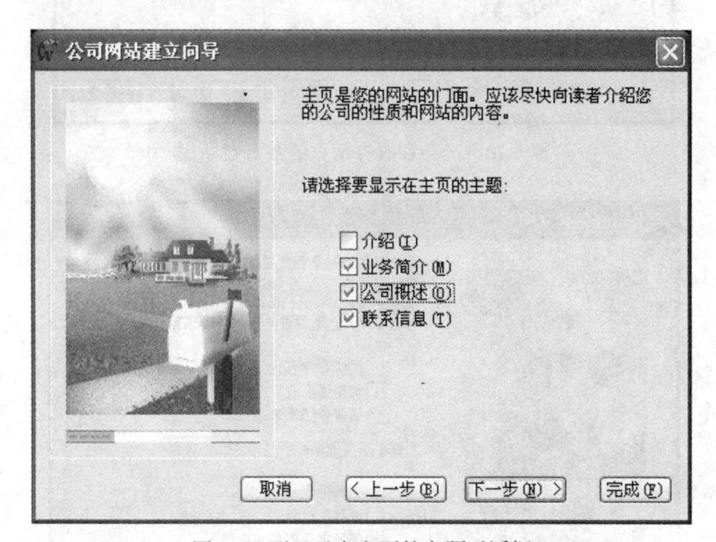

图 6.8　要显示在主页的主题对话框

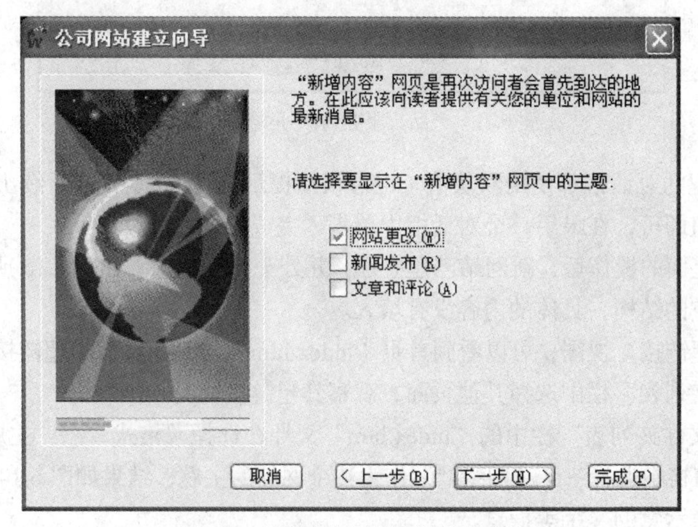

图 6.9　新增内容网页的主题对话框

（4）在“选择要显示在‘新增内容’网页中的主题”对话框中，直接单击“下一步”按钮，弹出“输入需要向导创建的产品网页和服务网页的数目”对话框，如图 6.10 所示，在此使用默认值“产品 3、服务 3”，然后单击“下一步”按钮，弹出，产品和服务网页需要显示的额外项目对话框，如图 6.11 所示。

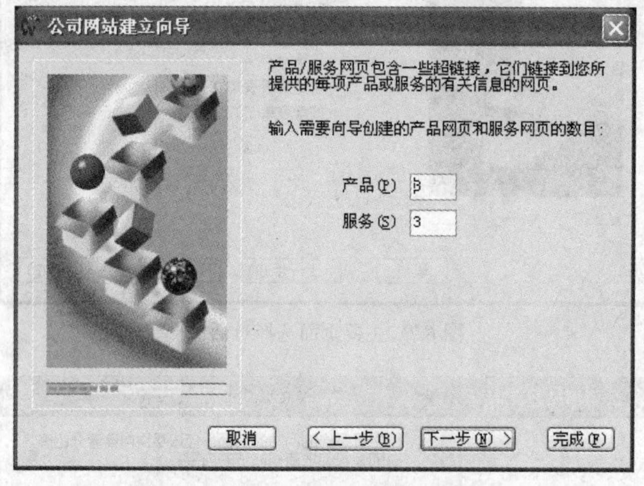

图 6.10　产品和服务网页的数目对话框

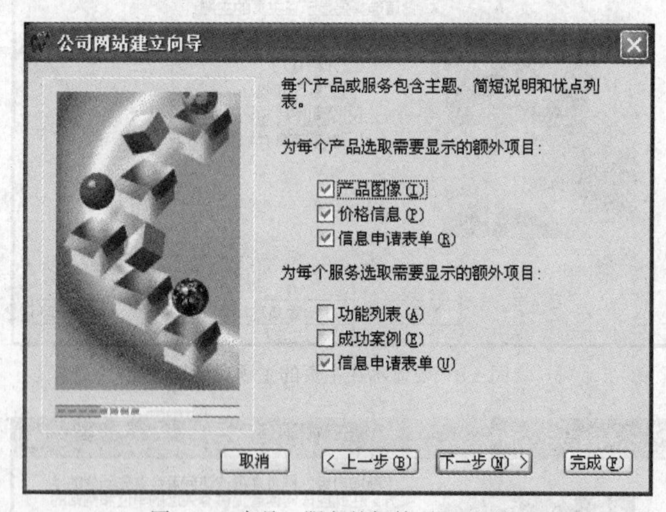

图 6.11　产品、服务的额外项目对话框

（5）后面出现的对话框都使用默认值（也可根据提示进行选择），在后续出现的对话框中单击“下一步”按钮即可，在最后一个对话框中单击“完成”按钮。

（6）当完成上面的操作后，新网站已建立好，并处于打开状态，如图 6.12 所示。当然，目前该网站只是一个空的结构，具体的内容没有填入。

（7）选择“超链接”视图，可以看到首页（index.htm）与其他页面的超链接情况，如图 6.13 所示。在“文件夹列表”栏中选择其他页面，观察其超链接情况。

（8）双击“文件夹列表”栏中的“index.htm”文件，选择“格式”→“主题”，然后在右边的“主题”任务窗格中选择一个“网络蓝”作为整个网站的主题，结果如图 6.14 所示，可以在此用具体的内容替换示意的文字等信息。

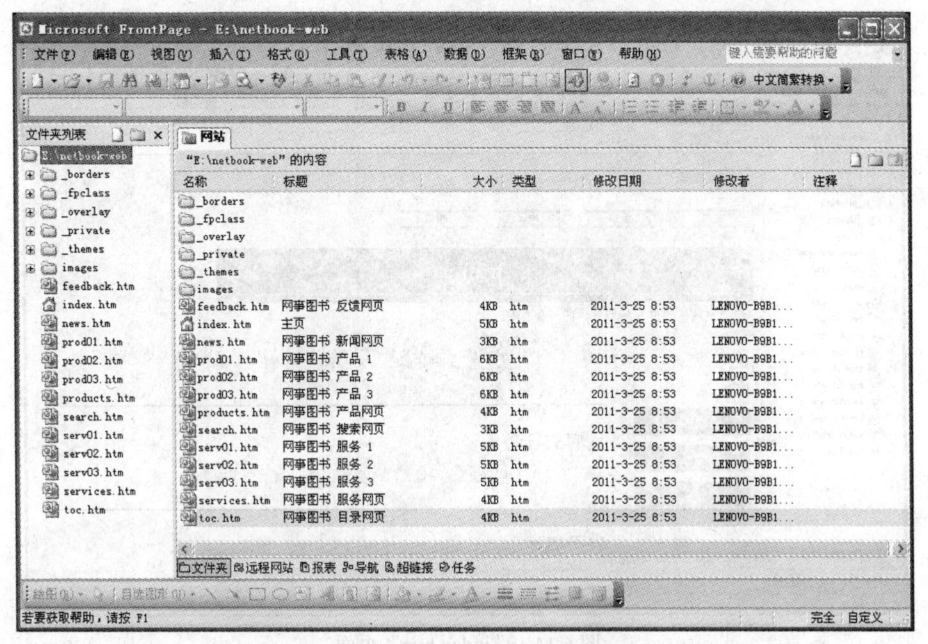

图 6.12　“netbook-web”网站窗口

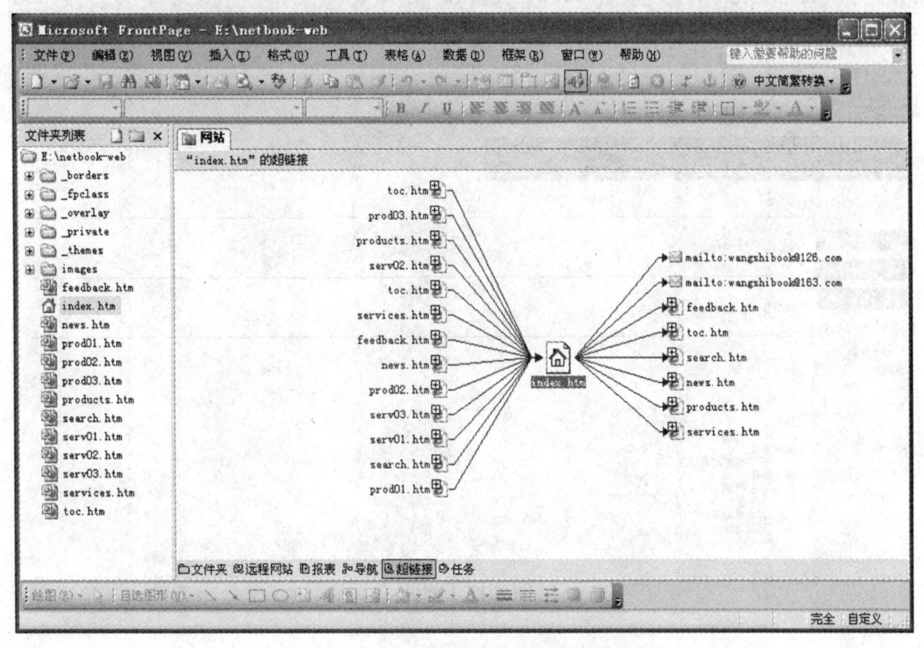

图 6.13　首页与其他页面的超链接情况图

（9）单击工具栏中的“在浏览器中预览”按钮，浏览首页，看到如图 6.15 所示的首页，分别单击“新闻”、“产品”、“服务”超链接，打开对应的网页，说明建立网站成功。最后将“网事书店公司”具体内容输入到相应网页的对应位置，完成网站的建立。

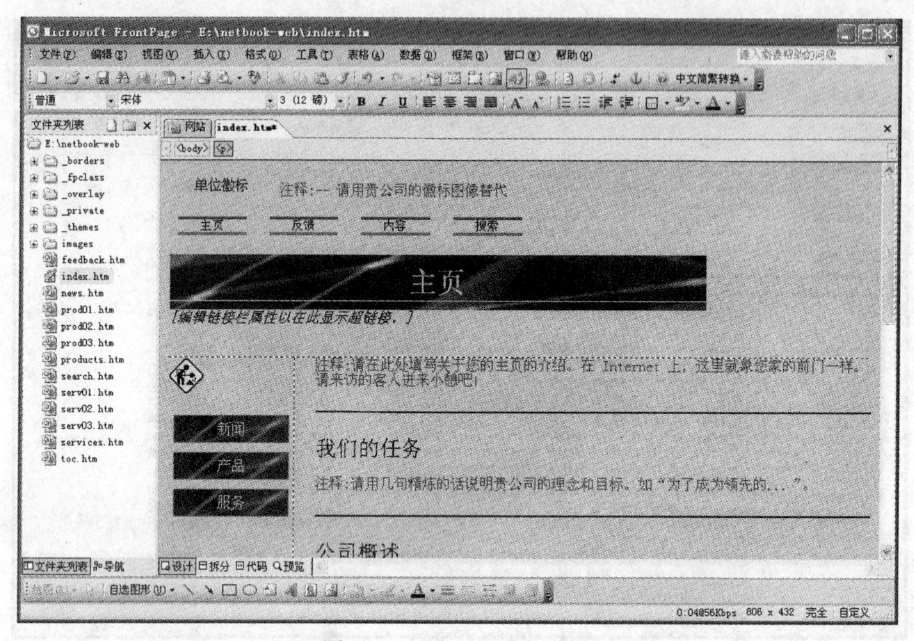

图 6.14 “index.htm” 页面

图 6.15 首页

注意:

FronPage 2003 软件提供了多种创建网站的模板，使用模板可以快速地建立一个网站的框架，但每一个网站都应有自己独特的风格，要从内容和访问者出发来创造一个和谐的统一的风格，要有自己的灵魂，不能杂乱无章，要使浏览者看到任何一个页面就知道是你的页面。网站的“主题”设置就是实现网站风格统一的一种有效方法。

【强化训练】

（1）通过 FrontPage 2003 提供的模板建立一个本地的“个人网站”，建好后做下面的练习。

要求：设置网站的主题为“诗歌”。

查看该网站预制的有关文件夹和文件。

选择“文件”→“关闭网站”关闭新建的网站。

（2）通过 FrontPage 2003 提供的“通过公司展示向导”模板，建立一个计算机销售公司的本地网站。建好后发布新建的网站。

实验 2　在网页中添加元素

当一个网站创建好后，就要进行网页制作了。网页是承载文字、图形图像、声音、动画、视频等媒体元素内容的载体。FrontPage 2003 软件提供了将这些多媒体元素有机地协调一致地放在一个网页中的可视化 “设计”视图。本实验给出使用 FrontPage 2003 软件制作网页的基本方法。

【实验目的】

1. 掌握在一个页面中添加静态文本和动态文本的方法。
2. 掌握水平线属性和页面属性（包括背景音乐）的设置。
3. 掌握用“格式”菜单和“格式栏”进行文本编辑、格式化和页面排版。

【实验内容】

为“book-web” 网站（实验 1 利用 FrontPage 建立的新网站）的“书与生活（file）”栏目制作一个“书与生活”网页。要求按照如图 6.16 所示页面的内容和样式进行制作。页面的名称为“book_life.htm”。

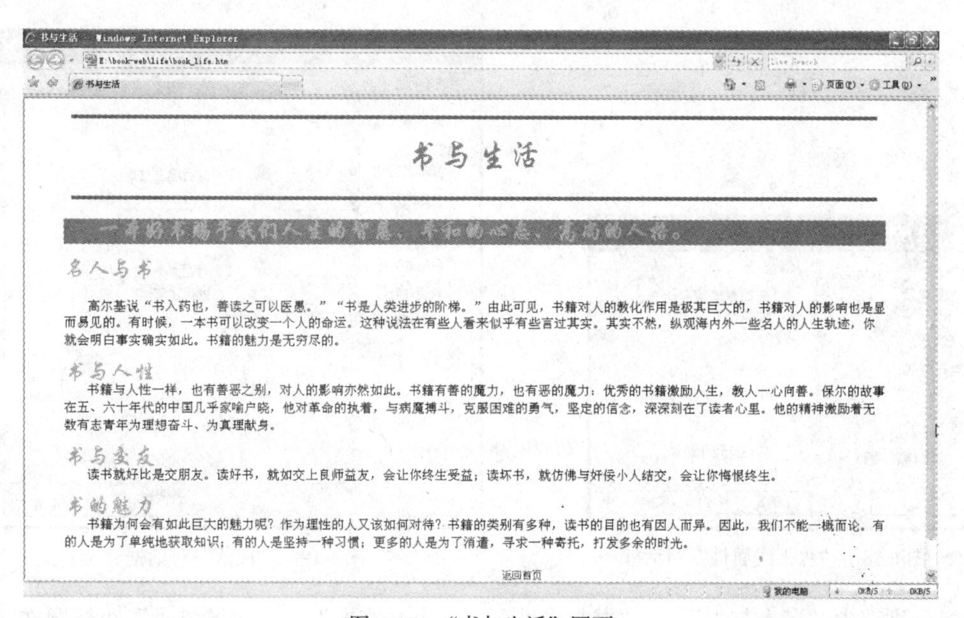

图 6.16　“书与生活”网页

【实例演示】

具体步骤：

（1）启动 FrontPage 2003，打开实验 1 建立在“E”盘根目录下的“book-web”网站（选择“文件”→“打开网站”）。

（2）在左侧“文件夹列表”栏中选择“fbook”文件夹，单击“新建文件”按钮，如图 6.17 所示，此时在“book”文件夹中新出现一个文件“new_page_1.htm”，将其重命名为 book_life.htm，然后双击该文件，在右侧出现“book_life.htm”页面设计视图。

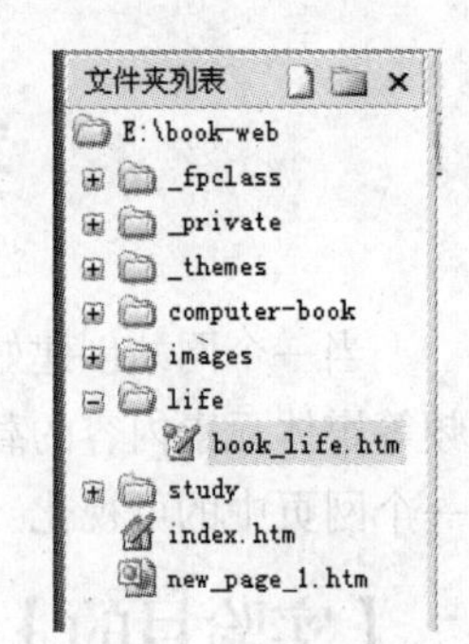

图 6.17 文件夹列表

（3）单击“index.htm”页面左上角，在格式栏的样式中选择“标题 2”，然后在格式栏中将字体设为宋体、7 号字（36 磅）、紫红色，并设置居中，然后输入文字“书与生活”。

（4）将插入点定位在“书与生活”文字上面一行，选择 “插入”→“水平线”插入一条水平线，然后用鼠标右击插入的水平线，在弹出的快捷菜单中选择“水平线属性”，弹出“水平线属性”对话框，如图 6.18 所示，在该对话框中设置水平线的宽度占窗口宽度的 98%、高度为 5px（5 个像素）、线颜色为红色。插入点定位在“书与生活”文字下面一行，选择“插入”→“水平线”插入与上面设置完全相同的一条水平线。

（5）在水平线的下面输入如图 6.16 所示的文字。

（6）按下面方法对输入文字进行格式化编辑。

① 选择第一自然段，设字体为宋体，4 号字（14 磅），选择“格式”→“段落”，弹出“段落”对话框，如图 6.19 所示，在“段落”对话框中设置首行缩进 1cm。

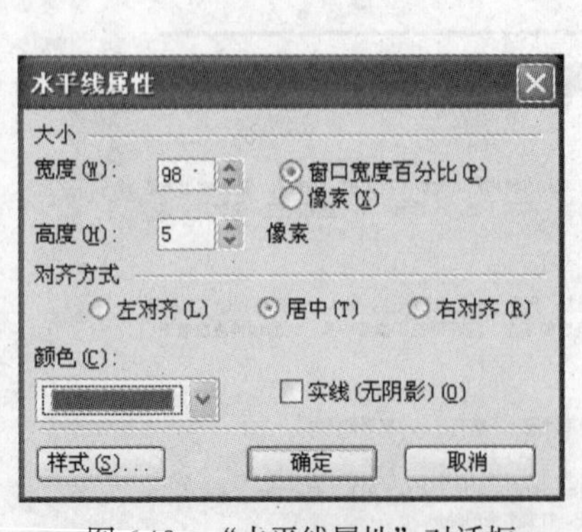

图 6.18 “水平线属性”对话框

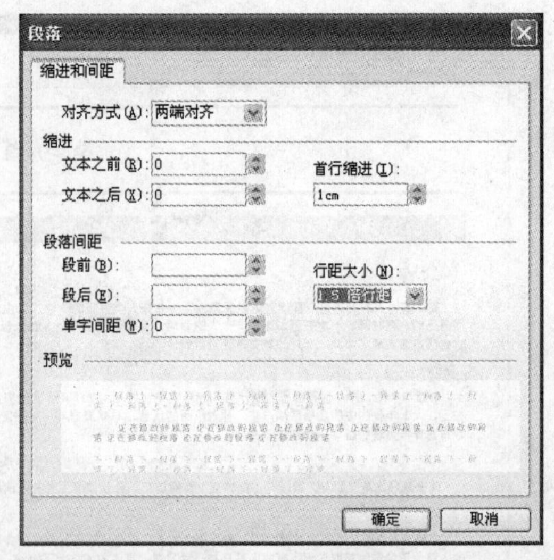

图 6.19 “段落”对话框

② 分别选中“名人与书”、“书与人性”、“书与交友”、“书的魅力”小标题文字，在格式栏的样式中选择“标题 3”，设置字体为华文行楷，5 号字（18 磅），紫红色，然后在格式栏中选择“居左”。

③ 将页面的其他正文字体设为宋体，4 号字（14 磅），首行缩进 1cm（厘米），操作方法同①。

（7）在水平线的下面插入一行来回移动的 “一本好书赐予我们人生的智慧、平和的心态、高尚的人格。” 的文字。

① 将插入点定位在水平线的下面一行，选择 “插入”→ “Web 组件”，弹出 “插入 Web 组件” 对话框，如图 6.20 所示，在对话框中的 “组件类型” 列表框中选择 “动态效果”，在右侧的 “选择一种效果” 列表框中选择 “字幕”，单击 “完成” 按钮，弹出 “字幕属性” 对话框，如图 6.21 所示。

② 在 “字幕属性” 对话框的文本框中输入 “一本好书赐予我们人生的智慧、平和的心态、高尚的人格。” 文字，在 “表现方式” 栏中选中 “交替”，“背景色” 设为 “紫红色”，最后单击 “确定” 按钮。

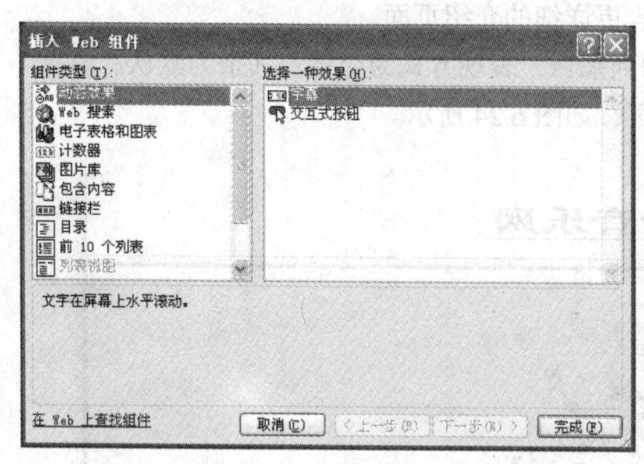

图 6.20　“插入 Web 组件” 对话框

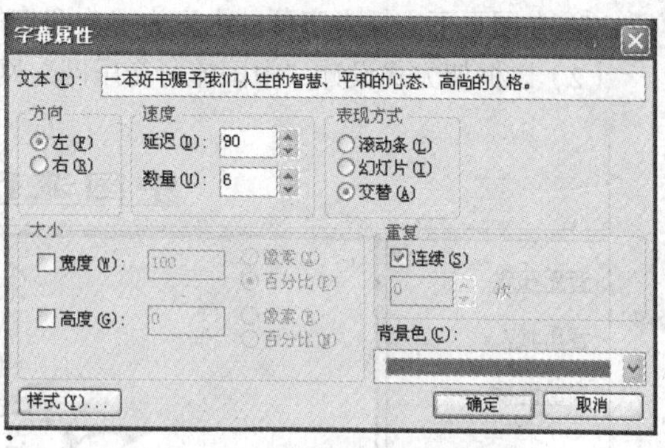

图 6.21　“字幕属性” 对话框

（8）在页面的右下方输入文字 “返回首页”，选中输入的 “返回首页” 4 个文字，单击工具栏中的 “插入超链接” 按钮（ ），设置超链接到网站跟目录中的 “index.htm” 页面（首页）。

（9）右键单击页面空白处，在弹出的快捷菜单中选择 “网页属性”，弹出 “网页属性” 对话框，如图 6.22 所示，在 “常规” 选项卡中的 “标题” 文本框内输入 “书与生活” 文字，在 “背景音乐” 栏中插入一个与书有关的背景音乐（可以从 Internet 中下载），然后选择 “高级” 选项卡，将 “左边距” 和 “右边距” 设置为 “55 像素”，如图 6.23 所示。

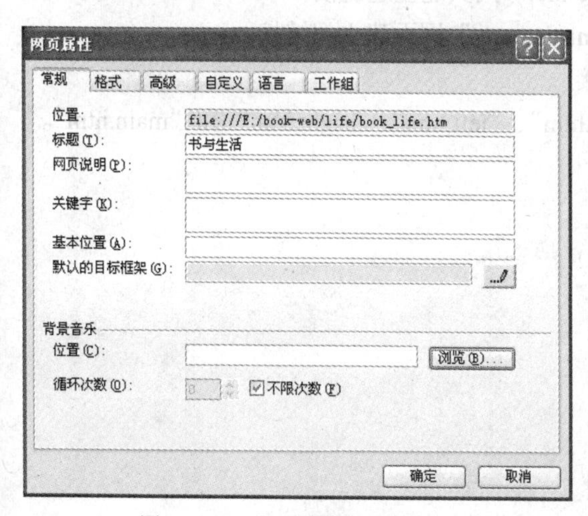

图 6.22　“网页属性” 对话框

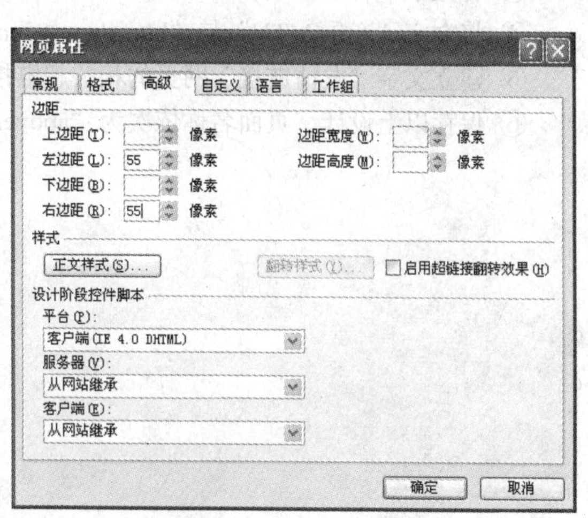

图 6.23　“网页属性” 高级设置

（10）单击工具栏中的"在浏览器中预览"按钮，浏览首页，然后关闭浏览器。

【强化训练】

（1）制作一个网页，保存为"university.htm"。具体要求如下。

① 网页的标题为"我的大学生活"。网页背景色为天蓝色，文本颜色为深蓝色。

② 在网页上方插入一个1行4列的表格，将表格的边框粗细设置为0，表格指定宽度为100%，指定高度为60像素。4个单元格的内容分别为"青青旋律"、"美丽时光"、"校园点滴"、"情感空间"，并且设置为居中。

③ 在表格下方插入学院图片，并居中。

④ 分别制作4个单元格中的内容（具体内容由自己收集）。在4个单元格的右下角分别设置一个"超链接"按钮，使其分别超链接到对应内容更详细的介绍页面。

⑤ 在网页下方插入字幕，内容为"欢迎您的到来!"，表现方式为交替，其余为默认。

（2）以框架方式设计"中国流行音乐网"网页，如图6.24所示。

图6.24　流行音乐网站的网页效果

① 上框架页中的标题设置为隶书、粗体，大小为6，带下划线，居中，框架的高度为60像素，其他为默认值。

② 在右边框架插入任意一张图片，图片上方空一行，图片大小为100像素×100像素并居中。

③ 将文字"音乐在线"与"http://music.cnool.net"网页建立超链接。

④ 将文字"音乐MTV"与"http://www.cnmusic.com/"网页建立超链接。

⑤ 建立文字"友情链接"网页的相关超链接。

⑥ 保存以上设计，页面名称依次为"above.htm"、"left.htm"、"right.htm"和"main.htm"。

第7章 多媒体技术

实验1 Photoshop 图像制作和处理

【实验目的】

1. 掌握 Photoshop 图像的选取。
2. 掌握 Photoshop 图像修饰的方法。
3. 掌握 Photoshop 文字格式的控制。

【实验内容】

当你的朋友生日的时候，你能够做一张精美的贺卡壁纸送给他/她，那一定是一件很温馨浪漫的事情。现在以一位过生日的朋友为对象制作一张充满美好祝福和诗意的贺卡，最终得到如图 7.1 所示效果。

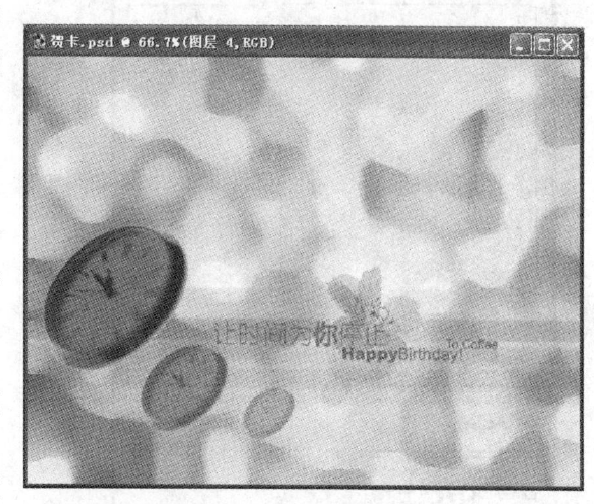

图 7.1　贺卡效果样张

【实例演示】

1. 启动 Photoshop 软件

选择“开始”→“程序”→“Adobe Photoshop”，进入 Photoshop CS 主界面。

2. 创建一个新图像文件

选择“文件”菜单中的“新建”命令，或者按“Ctrl+N”组合键打开“新建”对话框，输入图像名称为“贺卡”，然后把图像的宽度设置为 800 像素；高度设置为 600 像素；图像模式设置为 RGB 颜色。完成后单击“好”按钮，如图 7.2 所示。

3. 打开素材图片并将其载入剪贴板

选择“文件”→“打开”，在弹出的对话框中打开“紫色花瓣.jpg”文件，然后选择“选择”→“全选”，或者按“Ctrl+A”组合键全选图像，再选择“编辑”→“拷贝”，或者按“Ctrl+C”组合键对全选的图像进行复制，如图 7.3 所示。

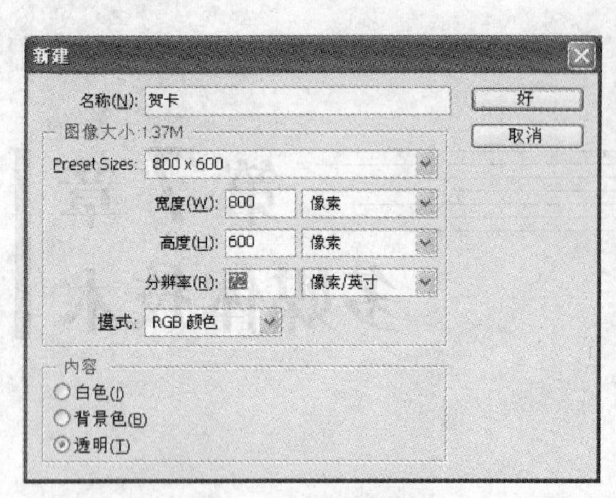

图 7.2 “新建”对话框

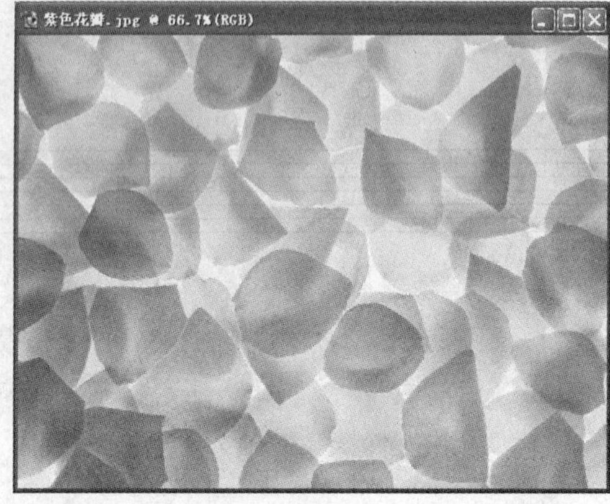

图 7.3 全选紫色花瓣

4. 调入并处理素材图像效果

单击刚才建立的“贺卡”窗口的标题栏，返回“贺卡”窗口，然后选择“编辑”→“粘贴”，或者按“Ctrl+V”组合键粘贴刚才复制的图像，可以看到“紫色花瓣”图像刚好充满整个窗口。

粘贴完后，将图层重新命名为“图层 1”。

选择“滤镜”→“艺术效果”→“绘画涂抹”，打开“绘画涂抹”对话框，设置“画笔大小”为“50”，“锐化程度”为“7”，单击“好”按钮，如图 7.4 所示。

选择“滤镜”→“模糊”→“动感模糊”，打开“动感模糊”对话框，设置“角度”为“0”度，“距离”为“10”像素，单击“好”按钮，如图 7.5 所示。

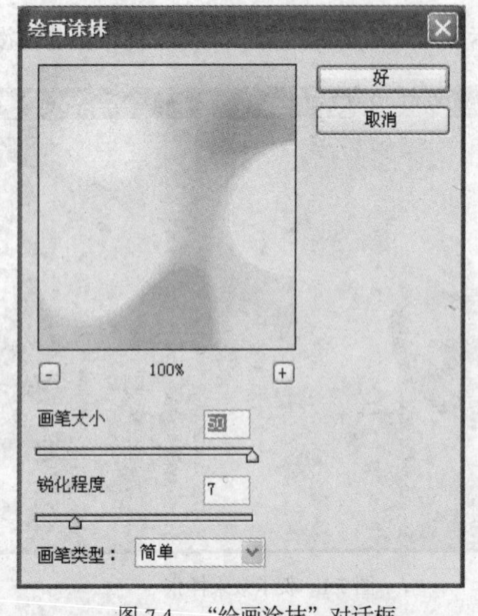

图 7.4 “绘画涂抹”对话框

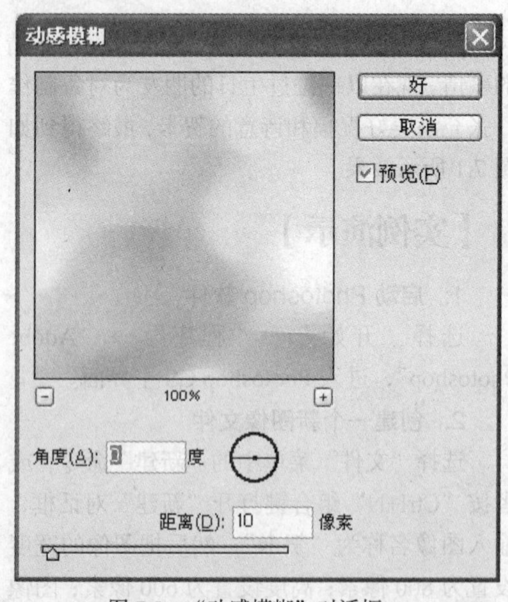

图 7.5 “动感模糊”对话框

“绘画涂抹”滤镜使画面变得富有流动感，而使用“动感模糊”滤镜的目的是让画面更加柔和，完成后效果如图 7.6 所示。

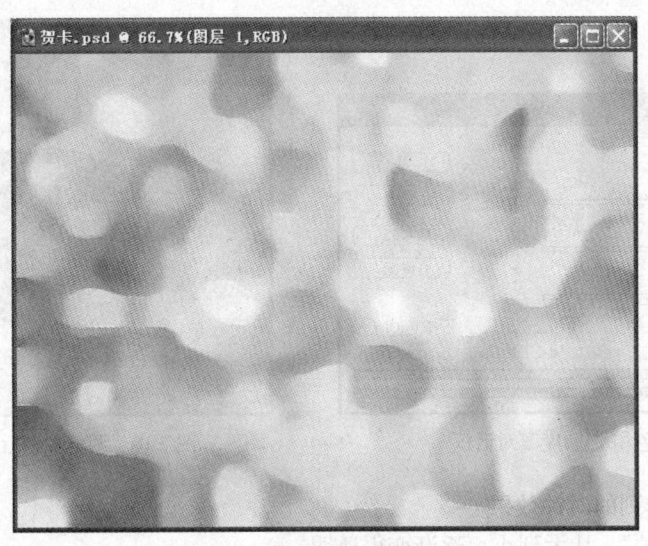

图 7.6 背景最终效果图

5. 调用时钟素材图片

这个例子中我们想到了一个“让时间为你停止”的创意，意思是祝福那位寿星永远年轻，于是我们利用了一个“时钟”素材图像。

选择“文件”→“打开”，在弹出的对话框中打开“时钟.jpg”文件，然后单击工具箱中的“魔棒工具”按钮（快捷键为“W”），在工具栏中设置“容差”为“50”，按“Enter”键。在图像左上角的“时钟”背景上单击，选取“时钟”图像的背景，如图 7.7 和图 7.8 所示。

图 7.7 选取“魔棒工具”

图 7.8 设置“魔棒工具”的属性

选择“选择”→“反选”（快捷键为“Shift+Ctrl+I”）反转选区，再选择“编辑”→“拷贝”（快捷键为“Ctrl+C”）对图像进行复制。单击“贺卡”窗口的标题栏，返回 “贺卡”窗口，然后选择“编辑”→“粘贴”（快捷键为“Ctrl+V”）粘贴刚才复制的图像。

6. 调整素材图像的色调

调整“时钟”图像的颜色，使之符合紫色的基本色调。

选择“图像”→“调整”→“色相/饱和度”（快捷键为“Ctrl+U”），打开“色相/饱和度”对话框。在“编辑”下拉列表框中选择“全图”，在“色相”文本框中输入“-105”，在“饱和度”文本框中输入“-40”，在“明度”文本框中输入“10”，然后在“编辑”选择“红色”，在“色相”文本框中输入“-45”，单击“好”按钮，如图 7.9 所示，调整后效果如图 7.10 所示。

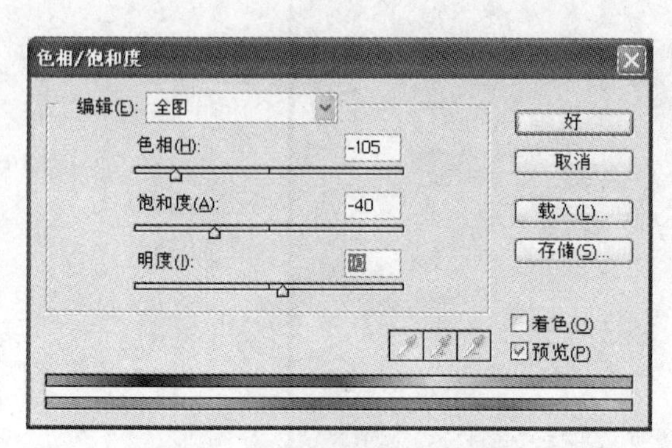

图 7.9 “色相/饱和度”对话框

图 7.10 调整颜色后的时钟图像

7. 制作动感排列的时钟效果

制作几个“时钟”，从大到小，逐渐变得透明。

选择“编辑”→“自由变换”（快捷键为“Ctrl+T”），在工具栏中的“W”和“H”文本框中均输入“54.0%”，设置旋转角度为“-40 度”，按“Ctrl+Enter”组合键，如图 7.11 所示。

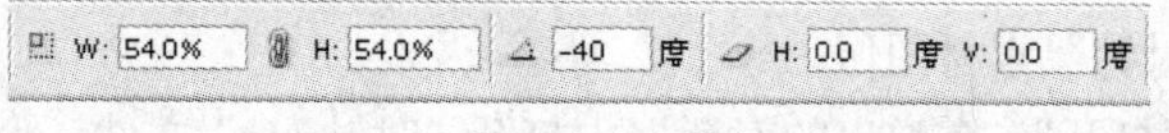

图 7.11 设置自由变换的属性

提示：“自由变换”命令（快捷键为“Ctrl+T”，请牢牢记住这个快捷键）是一个常用的命令，它除了可以进行简单的大小、长短、倾斜角度变换外，还可以进行透视。

选择“窗口”→“显示图层”（如果“图层”面板已显示，此步可免），在弹出“图层”面板中的“时钟”图像所在的“图层 2”上右击，在弹出的快捷菜单中选择“复制图层”打开【复制图层】对话框，单击“好”按钮，或者拖动“图层 2”到“图层”面板上的“创建新的图层”按钮上松开鼠标以复制“图层 2”，如图 7.12 所示。

拖动刚刚复制的“时钟”图像到原来“时钟”图像的右下方，选择“编辑”→“自由变换”（快捷键为“Ctrl+T”），在工具栏中的“W”和“H”文本框中输入“60%”，单击“进行变换”按钮（快捷键为“Ctrl+Enter”）。然后在“图层”面板上设置“不透明度”为“70%”，按“Enter”键，效果如图 7.13 所示。

图 7.12 快速复制图层

图 7.13 制作第二个时钟

按照上面的制作方法，复制“图层 2 副本”，拖动图像到第二个“时钟”的右下方。选择“编辑”→“自由变换”（快捷键为“Ctrl+T”），在工具栏中的“W”和“H”文本框中输入“60.0%”，按“Ctrl+Enter”组合键。然后在“图层”面板上设置“不透明度”为“40%”，按“Enter”键。

在此基础上继续复制“图层 2 副本 2”，拖动图像，选择“编辑”→“自由变换”（快捷键为“Ctrl+T”），在工具栏中的“W”和“H”文本框中输入“60.0%”，按“Ctrl+Enter”组合键。然后在“图层面板”上设置“不透明度”为“10%”，按“Enter”键，完成后效果如图 7.14 所示。

图 7.14　添加时钟后的效果图

8. 添加文字

“时钟”制作完成后，还必须添上“让时间为你停止”的字样。

单击“设置前景色”按钮，打开【拾色器】对话框，设置“R”为“117”，“G”为“95”，“B”为“161”，设置前景色为紫色，单击“好”按钮，如图 7.15 所示。

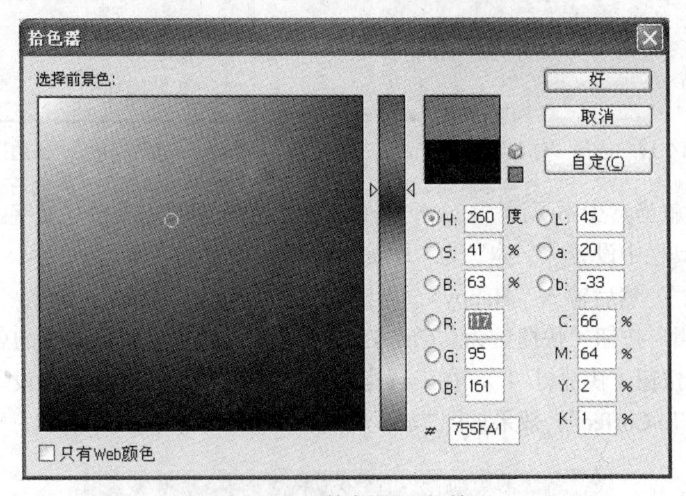

图 7.15　“拾色器”对话框

单击工具箱上的“文字工具”按钮（快捷键为“T”），在工具栏中设置“字体”为“幼圆”，设置“字体大小”为“36”，设置“消除锯齿方法”为“强”，然后输入“让时间为你停止”，单击“提交所有当前编辑”按钮（快捷键为“Ctrl+Enter”），接着拖动文字到如图 7.16 位置。

图 7.16　添加“让时间为你停止”文字

现在“让时间为你停止”文字还略显单调，下面对“你”字做一点改动，强调“你”字的主体地位。

首先在“图层”面板上右击“让时间为你停止”文字层，在弹出的快捷菜单中选择“栅格化图层”，使文字层转变为普通层。然后按住“Ctrl”键，单击“让时间为你停止”层载入选区。再按住“Alt+Shift”组合键，拖动鼠标选取“你”字，如图 7.17 所示。

选择“编辑”→“描边”，打开“描边”对话框，在“宽度”文本框中输入“2PX”，在“位置”栏选中选择“居中”，单击“好”按钮，如图 7.18 所示。

图 7.17　选择“你”字

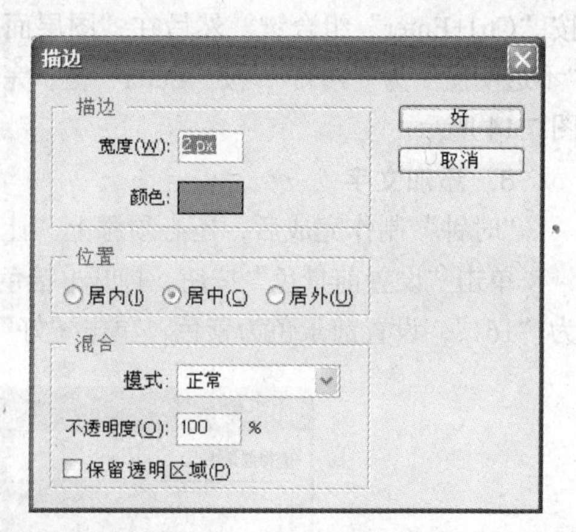

图 7.18　“描边”对话框

既然是生日，就当然少不了说“Happy Birthday!”。单击工具箱上的“文字工具”按钮（快捷键为“T”），在工具栏中设置“字体”为“Arial Black”，设置“字体大小”为“24”，设置“消除锯齿方法”为“强”，然后输入“Happy”，再设置“字体”为“Arial”，输入“Birthday!”，单击“提交所有当前编辑”按钮（快捷键为“Ctrl+Enter”）。输入要过生日的朋友的名字，单击工具箱上的“文字工具”按钮（快捷键 T），在工具栏中设置“字体”为“Arial”，设置“字体大小”为“18”，然后输入“To Coffee”，效果如图 7.19 所示。

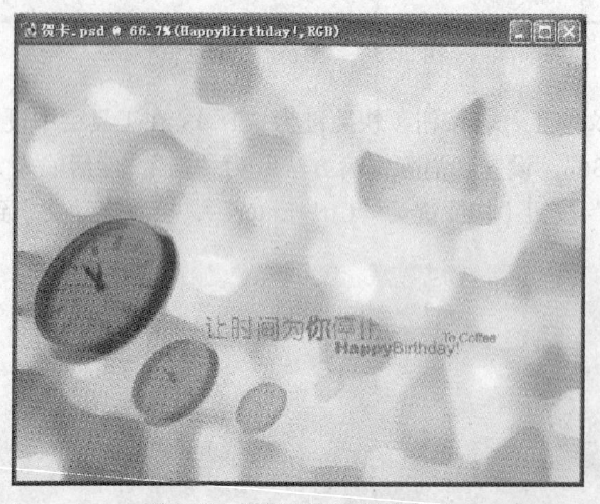

图 7.19　添加文字后的效果图

9. 调整文字

选择“文件”→“打开”，在弹出的对话框中打开“花.jpg”文件。然后单击工具箱上的“魔棒工具”按钮（快捷键为“W”），在工具栏中设置“容差”为“10”，按“Enter”键。在图像的白色部分单击，选取“花”图像的背景。

选择“选择”→“反选”（快捷键为“Shift+Ctrl+I”）反转选区，再选择“编辑”→“拷贝”（快捷键为“Ctrl+C”）对图像进行复制。单击“贺卡”窗口的标题栏，返回“贺卡”窗口，然后选择“编辑”→“粘贴”（快捷键为“Ctrl+V”）粘贴刚才复制的图像。

对花的颜色进行调整。选择“图像”→“调整”→“色彩平衡”（快捷键为“Ctrl+B”）打开“色彩平衡”对话框。在“色阶”的 3 个文本框中分别输入“55”、“-60”、“100”，单击“好”按钮，效果如图 7.20 所示。

图 7.20　调整花图像的色彩后的效果图

在“图层”面板上设置“花”所在“图层 3”的“不透明度”为“80%”，并移动图层顺序，使“图层 3”移到“Happy”“Birthday!”等文字图层下面，以免文字被“花”挡住。选择“编辑”→“自由变换”（快捷键为“Ctrl+T”），在工具栏中的“W”和“H”文本框中均输入“50.0%”，单击“进行变换（Return）”按钮（快捷键为“Ctrl+Enter”），缩小“花”的图像。

为“花”图像加上“外发光”效果。在“花”图像所在图层右击，在弹出的快捷菜单中选择“混合选项”，打开“图层样式”对话框，选中“外发光”，设置“不透明度”为“75%”、“杂色”为“0%”、“扩展”为“1%”、“大小”为“73 像素”，如图 7.21 所示。效果如图 7.22 所示。

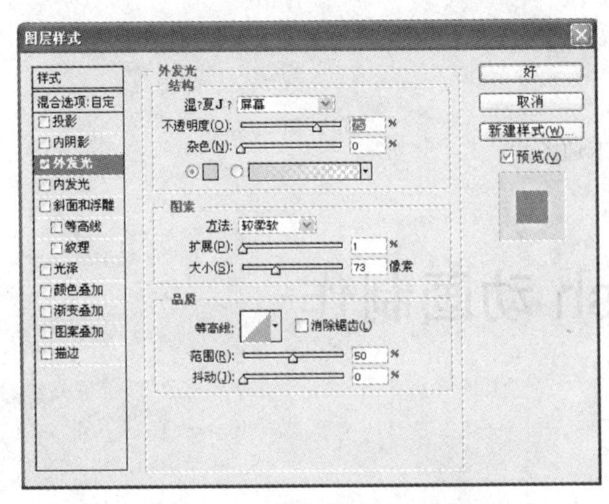

图 7.21　“图层样式”对话框

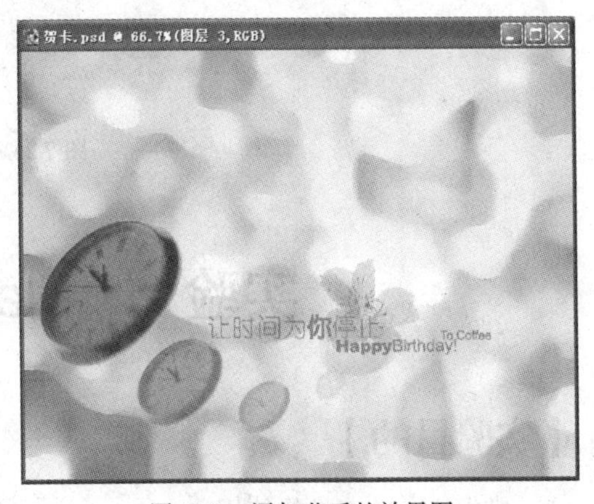

图 7.22　添加花后的效果图

为贺卡加上一些横向线条，以提高整个画面构图的稳定性。

选择“图层”→“新键”→“图层”（快捷键为“Shift+Ctrl+N”），新建一个图层。单击工具箱上的“画笔工具”按钮（快捷键为“B”），在工具栏上单击“绘画画笔”按钮，弹出一个对话框，设置直径为 30，单击右上角的“此画笔创建新的预设”按钮。（如果已经有了 30 像素的画笔，可跳过此步骤）。

在画面上画一些横向的线条，这里画的线条并不需要与本书一模一样，只要相似既可，如图 7.23 所示。

选择“滤镜”→“模糊”→“动感模糊”，打开“动感模糊”对话框，设置角度为 0，距离为 999，单击“好”按钮，效果如图 7.24 所示。

图 7.23　画一些横向线条

图 7.24　动感模糊线条

重复上面的操作，直到对做出的效果满意为止。最后还要在“图层”面板中把横向线条所在的图层端移动到最底端第二个图层的位置，以免挡住“时钟”等其他的图像。

【强化训练】

利用 Adobe Photoshop 软件制作“卡通图片”，其效果如图 7.25 所示。

图 7.25　卡通图片

实验 2　Flash 动画制作

【实验目的】

1. 掌握 Flash 工具的使用。
2. 掌握 Flash 库、元件和场景的使用。
3. 掌握 Flash 制作运动动画技术。

【实验内容】

图 7.26　弹跳的小球

在 Flash 中制作一个弹跳的小球，如图 7.26 所示。然后以“小球.swf”文件名保存在“D”盘或指定的文件夹下。

【实例演示】

1. 启动 Flash 软件

启动 Flash 软件，选择椭圆工具，不要边框，填充方式为径向填充，绘制圆，如图 7.27 所示。

2. 填充小球

用填充变形工具改变填充的中心点，如图 7.28 所示。

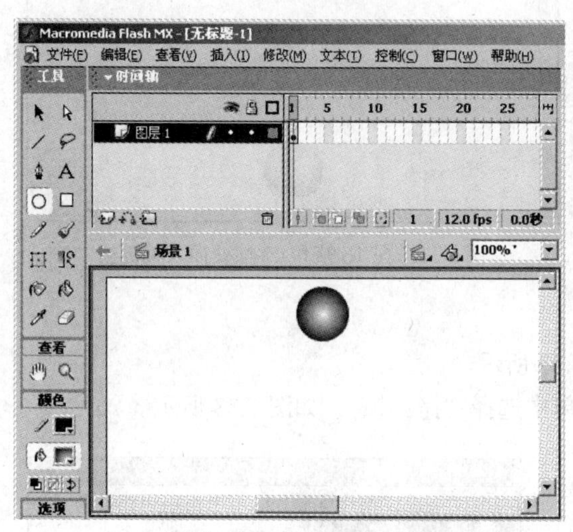

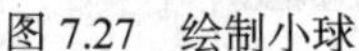

图 7.27　绘制小球

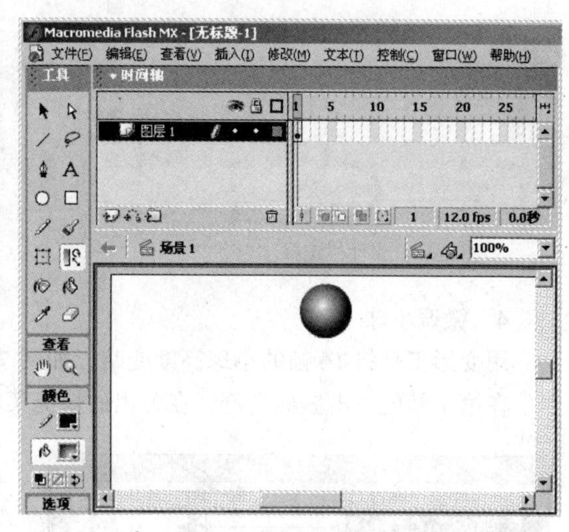

图 7.28　填充小球图

3. 插入关键帧

在 15 帧处插入关键帧，并改变小球的位置，如图 7.29 所示。

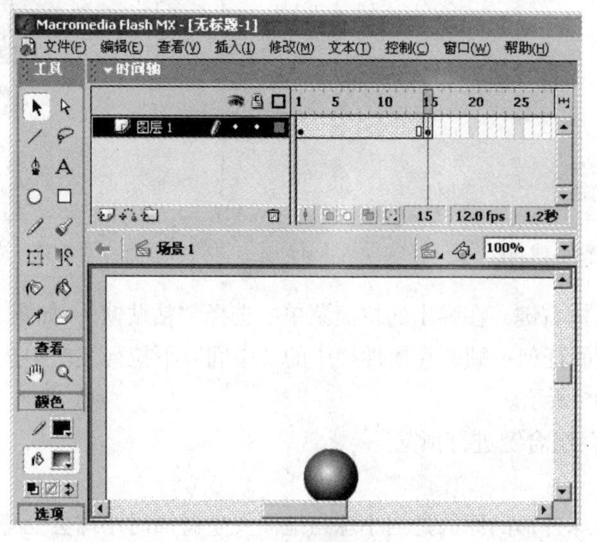

7.29　插入关键帧

单击 1 到 25 之间任何一帧,在属性栏中的“中间”下拉列表框中选择“形状”,将简调为“-100”,如图 7.30 所示。

分别在 16 帧和 17 帧处插入关键帧，如图 7.31 所示。

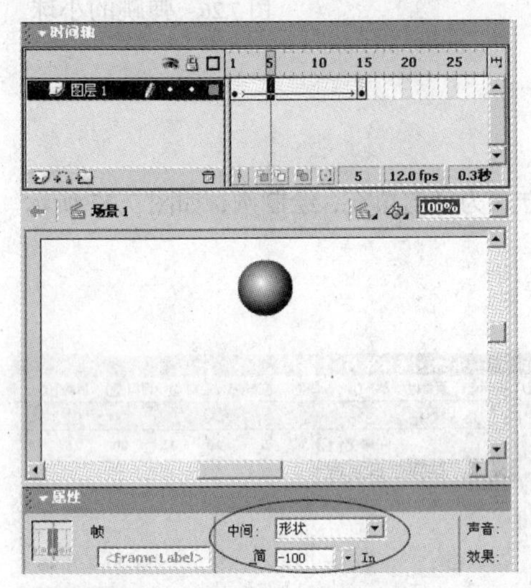

图 7.30 属性栏选择“形状”

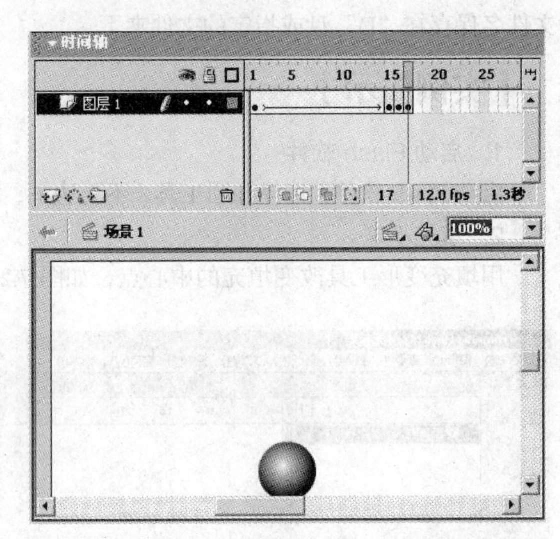

图 7.31 在 16 帧和 17 帧处插入关键帧

4. 微调小球

用变形工具将 16 帧的小球高度变暗，如图 7.32 所示。

在第 1 帧处单击鼠标右键，在弹出的快捷菜单中选择“拷贝帧”，如图 7.33 所示。

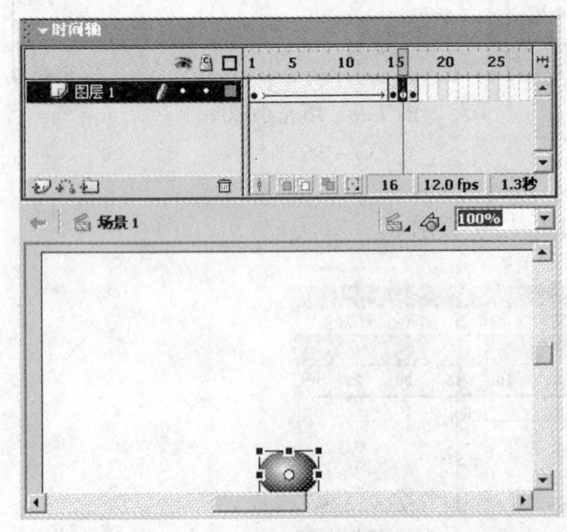

图 7.32 调整小球高度

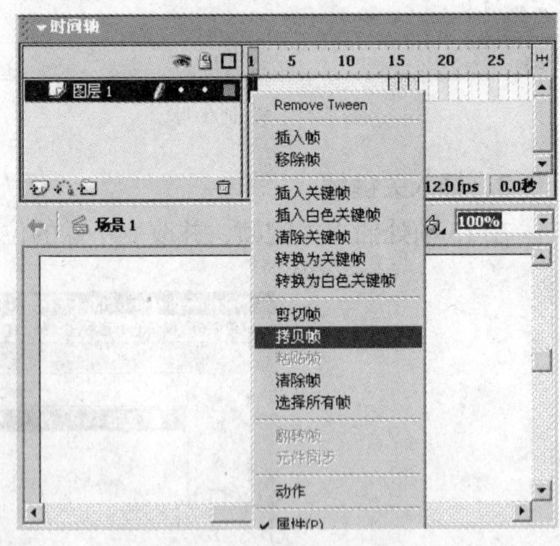

图 7.33 拷贝帧

在 31 帧处单击鼠标右键，在弹出的快捷菜单中选择“粘贴帧”，如图 7.34 所示。

单击 17 到 31 之间任何一帧，在属性栏中的“中间”下拉列表框中选择“形状”，将“简”调为“100”，如图 7.35 所示。

按“Ctrl+回车键”组合键进行预览。

说明：

（1）改变 17 帧小球外形的原因是当小球与地面发生碰撞时小球会变瘪。

（2）调整“简”的作用是选择小球加速还是减速。当“简”为负值时，小球运动速度越来越快；当“简”为正值时，小球运动速度越来越慢。最后一帧复制第一帧是因为小球弹起后的位置与第一帧小球的位置几乎相同。源文件的位置为“光盘\源文件\库演示.fla”。通过前几章的学习，读者应该知道了图形元件、形状、移动渐变以及形状渐变（就是改变其外形）之间的关系，并能做出简单的动画效果。

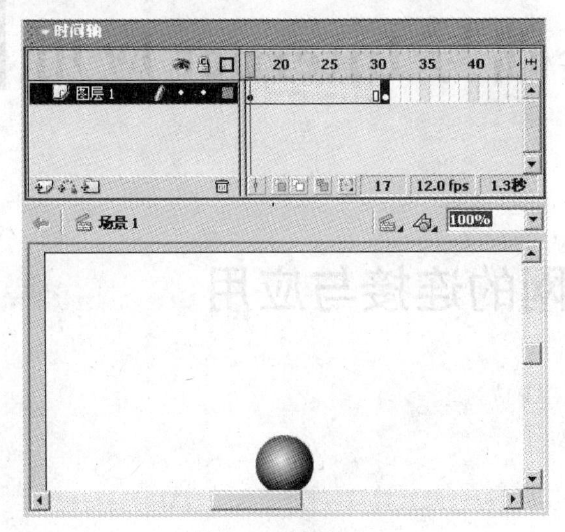

图 7.34　粘贴帧

图 7.35　“形状”属性

【强化训练】

在 Flash 中制作小车在任意路径上移动的效果，如图 7.36 所示

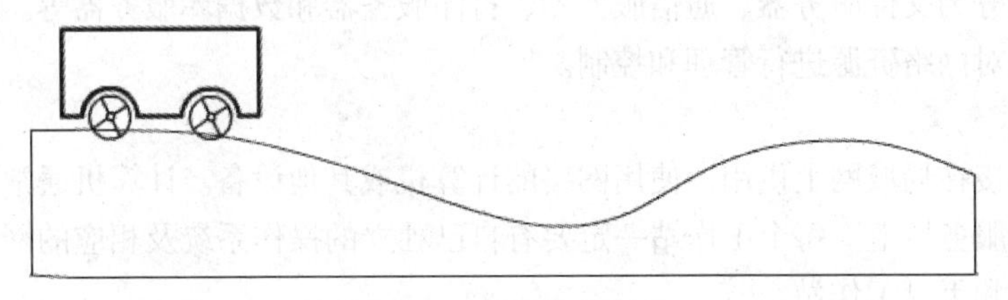
图 7.36　小车移动动画

第8章 计算机网络基础与Internet应用

实验1　局域网的连接与应用

【实验目的】

1. 掌握局域网的连接设置方法。
2. 掌握局域网的日常应用。

【实验内容】

1. 网络的基本概念

（1）网络服务器

网络服务器分为文件服务器、通信服务器、打印服务器和数据库服务器等。服务器的主要作用是提供资源和对网络资源进行管理和控制。

（2）工作站

工作站是连接在局域网上供用户使用网络的计算机或其他设备。计算机通常通过网卡和传输介质连接至文件服务器上。每个工作站一定要有自己独立的操作系统及相应的网络软件。工作站可分有盘工作站和无盘工作站。

（3）调制解调器（Modem）

调制解调器（Modem）是调制器（Modulation）和解调器（Demodulation）的全称，因其发音与“猫”相近，故被俗称为“猫”。

（4）网络协议

网络协议（Protocol）是为确保网络中数据有序通信而建立的一组规则、标准或约定。目前的网络协议主要有ISO/OSI、X-25、IEEE 802、TCP/IP和IPX/SPX等。

（5）网络的分类

计算机网络按照网络覆盖范围可分为局域网（LAN）、城域网（MAN）和广域网（WAN）。

2. 客户机/服务器系统结构

客户机/服务器（Client/Server简称C / S）系统计算模式是因特网最重要的应用技术之一，其系统结构是把一个大型的计算机应用系统变为多个能互为独立的子系统，而服务器是整个应用系统资源的存储和管理中心，系统中的多台客户机则向服务器提出数据请求和服务请求，共同实现完整的系统应用。

3. IP 地址设置

Internet 上的主机之间要进行通信，每台主机之间都必须有一个唯一的地址以区别于其他主机，这个地址就是 Internet 地址，也称为“IP 地址”。

目前互联网技术支持的主流 IP 的版本号是 4（简称为 IPv4），IPv4 规定，一个 IP 地址由 4 个字节（32 位）组成，最多可能有 4 294 967 296（即 2 的 32 次方）个地址。一般的书写法为 4 个用小数点分开的十进制数，每段的取值范围为 0 ~ 255，如 192.168.0.1。

IPv4 中将 IP 地址分为 A、B、C、D 4 类，把 32 位的地址分为两个部分：前面部分代表网络地址，后面部分代表局域网地址。子网掩码（Netmask）用于限制网络的范围，子网掩码中的二进制位 1 代表网络部分，0 代表设备地址部分，如在 C 类网络中，前 24 位为网络地址，后 8 位为局域网地址，可提供 254 个设备地址（因为有两个地址不能为网络设备使用：255 为广播地址，0 代表此网络本身），常使用 255.255.255.0 作为子网掩码。

近 10 年来，由于互联网的蓬勃发展，IP 位址的需求量越来越大，使得 IP 位址的发放越趋严格。各项资料显示，全球 IPv4 位址可能在 5 年内全部发完。为了扩大地址空间，拟通过 IPv6 重新定义地址空间。IPv6 采用 128 位地址长度，几乎可以不受限制地提供地址。按保守方法估算 IPv6 实际可分配的地址，整个地球的每平方米面积上仍可分配 1000 多个地址（有个形象的比喻就是，可以为地球上的每粒沙子分配一个 IP 地址）。在 IPv6 的设计过程中，除了一劳永逸地解决了地址短缺问题以外，还考虑了在 IPv4 中解决不好的其他问题，主要有端到端 IP 连接、服务质量、安全性、多播、移动性、即插即用等。

【实例演示】

1. Windows XP 局域网配置

Windows XP 提供了强大而且易用的网络配置功能，只需经过简单配置，用户便可以通过局域网实现资料共享和信息交流。

（1）配置网卡

Windows XP 支持常用的硬件设备，大多数网卡能被 Windows XP 识别。对于不能识别的网卡，用户需自行正确安装网卡驱动程序。通过“控制面板”选择“网络连接”窗口，可以查看当前已正确安装的网卡，如图 8.1 所示。

注：有红叉的网卡图标仅表示当前该网卡未连接。若网卡未正确安装，在“网络连接”窗口中是看不到相应图标的。

（2）配置 TCP/IP

在网卡安装正确后，Windows XP 默认安装有 TCP/IP。局域网配置需要为计算机设置 IP 地址。普通用户一般可采用 C 类网络地址。比如，可为局域网中的计算机分别设置 IP 地址为 10.17.0.X（X 取 1~255 皆可），设置子网掩码为 255.255.255.0。如果局域网中的计算机需要通过其他计算机访问 Internet，需要将“默认网关”设置为代理服务器的 IP 地址。

操作步骤：

① 通过控制面板打开“网络连接”窗口。

② 在“本地连接”图标上右击，在弹出的快捷菜单中选择“属性”，弹出“本地连接属性”对话框，如图 8.2 所示，选择“Internet 协议（TCP/IP）”，然后单击“属性”按钮。

③ 弹出的“Internet 协议（TCP/IP）属性”对话框如图 8.3 所示。从中可设置 IP 地址、子网

掩码。如果需要还可以设置网关，设置完成后，单击“确定”按钮。

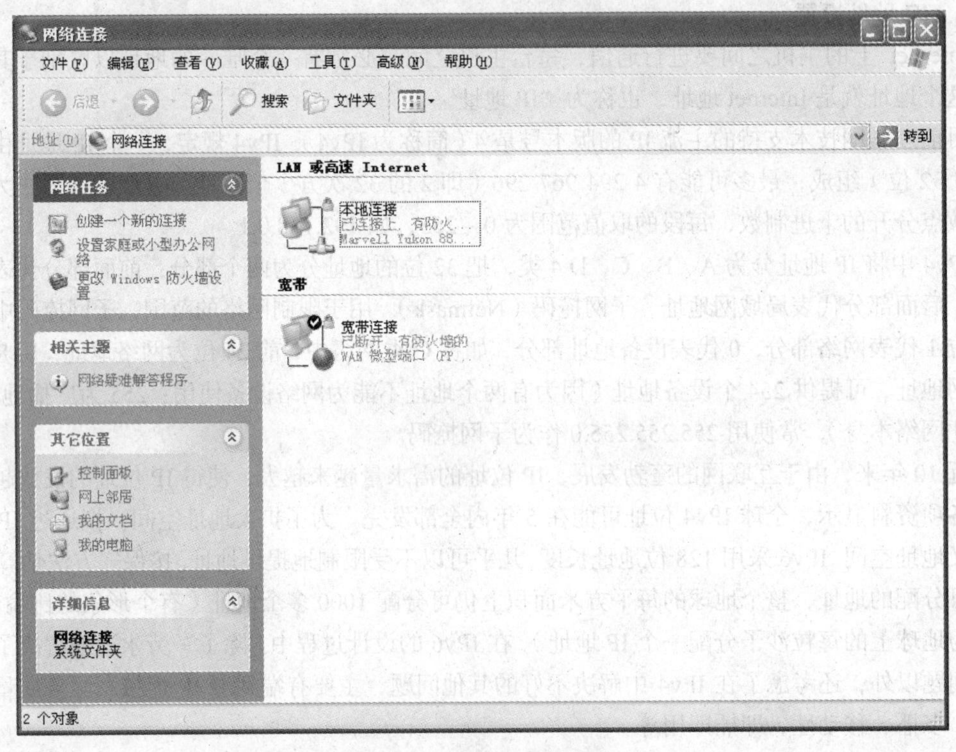

图 8.1 “网络连接”窗口

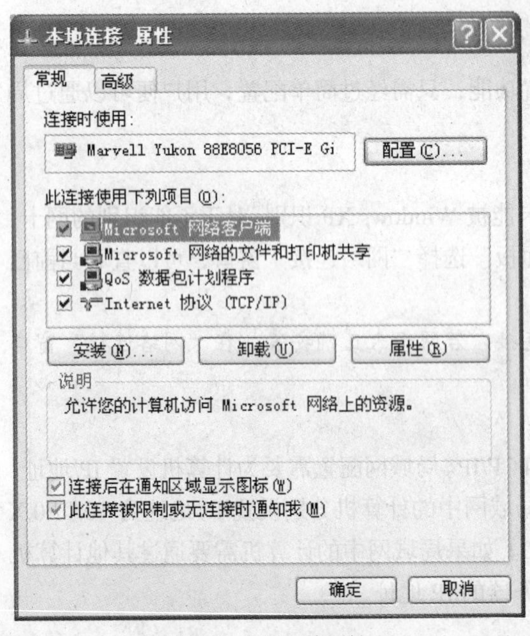

图 8.2 本地连接属性

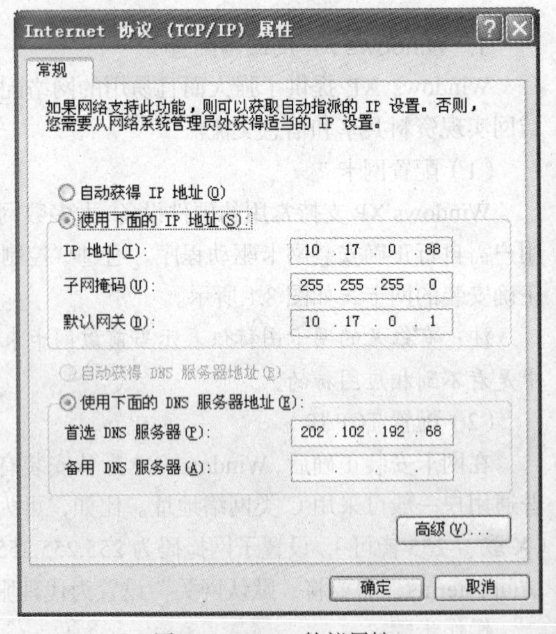

图 8.3 Internet 协议属性

（3）工作组设置

局域网中的计算机应同属于一个工作组，才能相互访问。

操作步骤：

① 在桌面上的“我的电脑”图标上右击，在弹出的快捷菜单中选择“属性”。

② 在弹出的“系统属性”对话框中，切换到“计算机名”选项卡，然后单击“更改”按钮，即可输入计算机名和所在工作组名，如图 8.4 和图 8.5 所示。

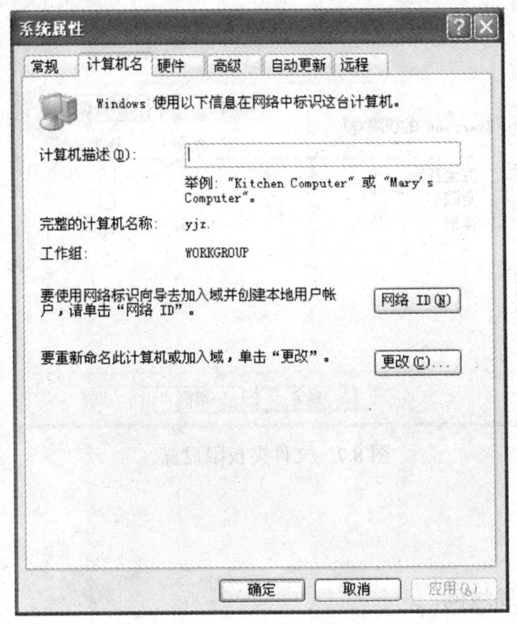

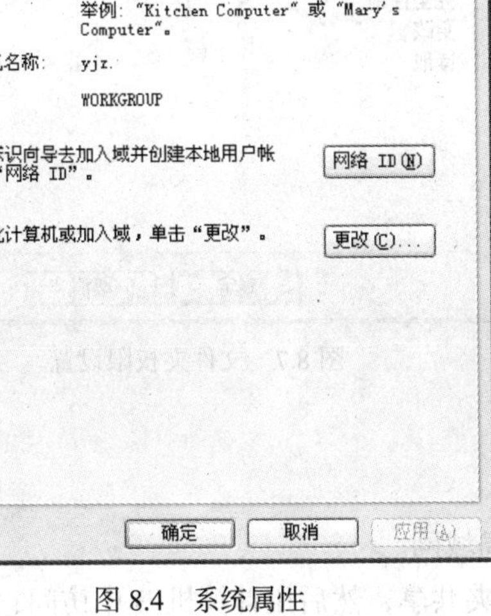

图 8.4　系统属性

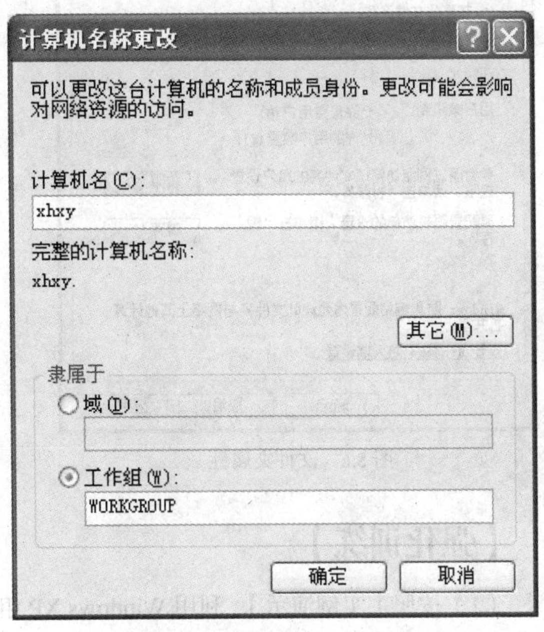

图 8.5　设置计算机名和工作组名

2. Windows XP 局域网的应用

搭建局域网后，用户可以和其他计算机共享资源。Windows XP 局域网中，计算机中每一个软、硬件资源都被称为网络资源，用户可以将软硬件资源共享，被共享的资源可以被网络中的其他计算机访问。

将计算机“C”盘中的“案例”文件夹共享。

操作步骤：

① 通过“我的电脑”打开“C”盘，在“案例”文件夹上右击，在弹出的快捷菜单中选择“共享和安全”。

② 在弹出的“案例属性”对话框中，默认为“共享”选项卡，如图 8.6 所示。选中“共享此文件夹”，可输入共享名和注释，并通过“用户数限制”来控制同时访问此共享文件夹的最多人数，选中“允许最多用户”表示不进行用户数限制。

③ 单击“权限”按钮，弹出“案例的权限”对话框，如图 8.7 所示，从中可设置网络用户的访问权限，更细致的用户权限设置可通过“安全”选项卡实现。

如果用户需要使用其他计算机上的资源，首先必须在局域网中找到该计算机。一般情况下，其他计算机的图标会显示在“网上邻居”中。如果没有显示出来，可以按照下面的方法进行查找。

① 右键单击“网上邻居”图标，在弹出的快捷菜单中选择“查找计算机”，打开“搜索结果-计算机”窗口。

② 在该窗口左侧的“计算机名”文本框中输入需要搜索的计算机名，单击“立即搜索”按钮即可，如果网络配置正确，在右侧窗口中将出现搜索的结果。

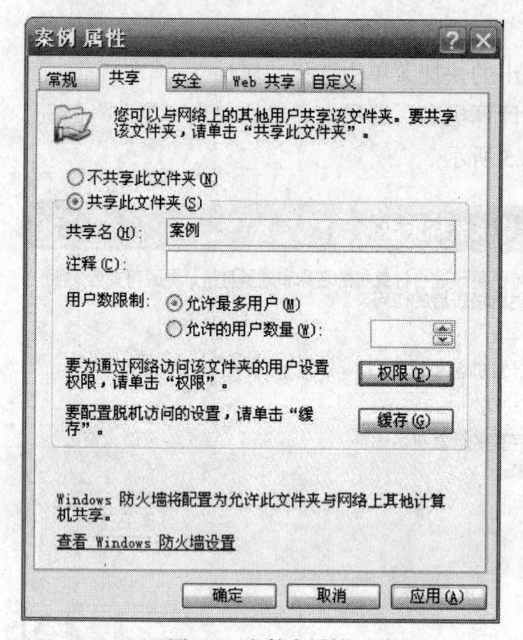

图 8.6　文件夹属性

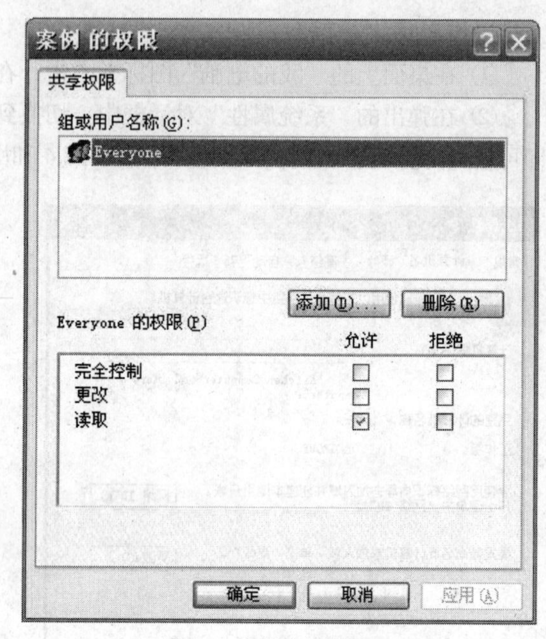

图 8.7　文件夹权限设置

【强化训练】

（1）按照【实例演示】，利用 Windows XP 组建局域网。

（2）按照【实例演示】，在计算机 A 中设置文件夹共享，然后用计算机 B 中访问它。

实验 2　Internet 的连接与应用

【实验目的】

1. 掌握 Internet 的连接设置方法。
2. 掌握 Internet Explorer 的使用方法。

【实验内容】

1. 掌握 Internet 的连接设置方法

① 以管理员或所有者的身份登录到主机。

② 选择"开始"→"控制面板"。

③ 单击"网络和 Internet 连接"。

④ 单击"网络连接"。

⑤ 右键单击要用于连接 Internet 的连接。例如，如果使用调制解调器连接到 Internet，则右键单击拨号下所需的连接。

⑥ 单击"属性"。

⑦ 单击"高级"选项卡。

⑧ 在 Internet 连接共享下，选中“允许其他网络用户通过此计算机的 Internet 连接来连接”复选框。

⑨ 共享拨号 Internet 连接时，如果允许您的计算机自动连接到 Internet，则选中“在我的网络上的计算机尝试访问 Internet 时建立一个拨号连接”复选框。

2. 掌握 Internet Explorer 的使用方法

① 设置 IE 浏览器的启动主页。要求将浏览器的启动主页设置为所在学校的校园网主页。

操作方法：启动 IE 浏览器，选择“工具”→“Internet 选项”，打开“Internet 选项”对话框，在“主页”文本框中输入学校校园网的网址。

② 用 URL 直接连接网站浏览主页。要求接入“新浪网”的首页，新浪网的网址为“http://www.sina.com.cn”。可直接在浏览器窗口的地址栏中输入“http://www.sina.com.cn”。

③ 搜索引擎的使用。

操作要求如下。

- 通过“新浪网”主页内的搜索引擎查找提供 flash 的网站。在新浪网主页的搜索框内输入“flash”，单击“搜索”按钮。
- 通过“百度（http://www.baidu.com）”查找网上提供免费音乐的网站。打开百度主页，在搜索框内输入条件“免费　音乐网站”，单击“百度一下”按钮即可。

④ 保存整个网页。要求保存百度搜索引擎查找到的免费音乐网站的信息。在 IE 浏览器中，选择“文件”→“另存为”，打开“保存网页”对话框，在“保存类型”下拉列表框中选择“网页，全部（*.htm；*.html）”。

⑤ 保存网页中的图片。要求保存“新浪”网主页上的标志性图片。在 IE 浏览器中，右键单击要保存的图片，在弹出的快捷菜单中选择“图片另存为”，打开“保存图片”对话框，指定保存位置和文件名即可。

⑥ 保存网页中的文字。如果要保存网页中的全部文字，保存方法与保存整个网页类似。在 IE 浏览器中选择保存类型为“文本文件（*.txt）”即可。

如果只保存网页中的部分文字，先选定要保存的文字，右键单击选定的文字，在弹出的快捷菜单中选择“复制”，将信息存入剪贴板。启动“记事本”程序，再将剪贴板中的信息粘贴到“记事本”中，最后用“记事本”中的“另存为”命令保存到文件。

【实例演示】

1. ADSL 方式实现 Internet 接入

目前国内提供 ADSL 接入方式的网络服务商（ISP）是中国电信，若要以这种方式接入 Internet，需要到电信营业厅开通此项业务。开通后，ISP 会提供 ADSL Modem，并提供使用此业务的用户名和密码。

连接并配置好硬件设备后，需要在 Windows XP 中建立 ADSL 连接。操作步骤如下。

通过控制面板打开“网络连接”窗口，单击窗口左侧任务窗格中的“创建一个新的连接”，弹出“新建连接向导”对话框，单击“下一步”按钮，在弹出的对话框中选中“连接到 Internet”，如图 8.8 所示。

单击“下一步”按钮，在弹出的对话框中选中“手动设置我的连接”，如图 8.9 所示。

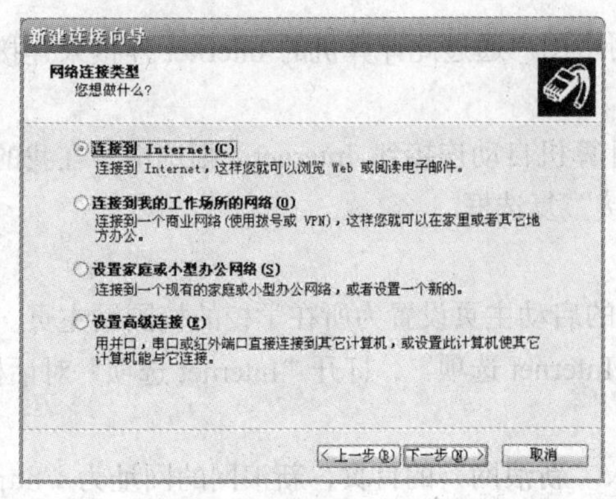

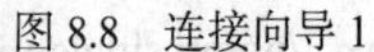
图 8.8 连接向导 1

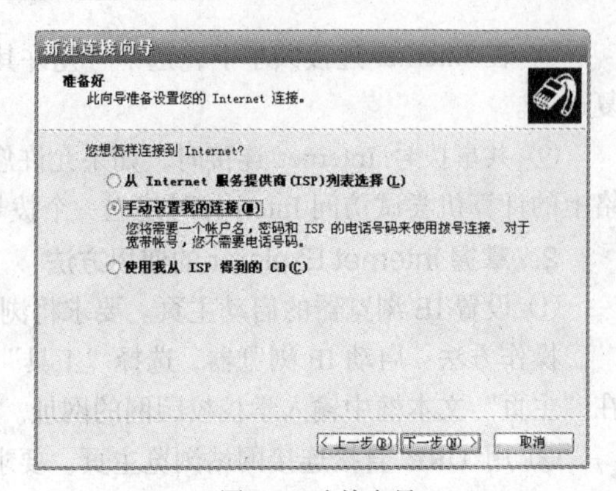

图 8.9 连接向导 2

单击“下一步”按钮，在弹出的对话框中选中“用要求用户名和密码的宽带连接来连接”，如图 8.10 所示。

单击“下一步”按钮，在弹出的对话框中输入 ISP 的名称。比如输入“我的宽带”。

单击“下一步”按钮，在弹出的对话框中输入从 ISP 处获得的用户名、密码等信息，如图 8.11 所示。

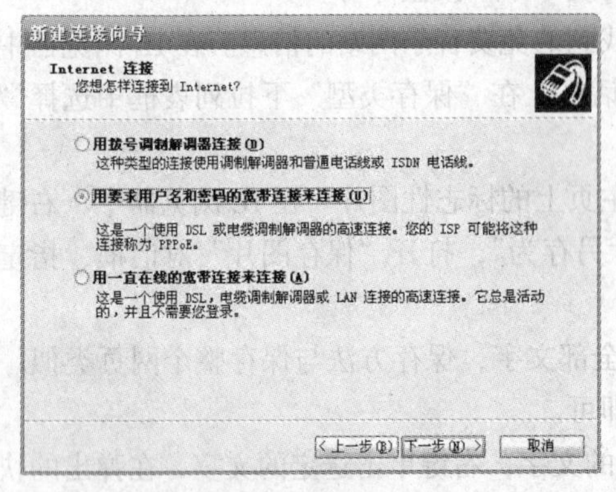

图 8.10 连接向导 3

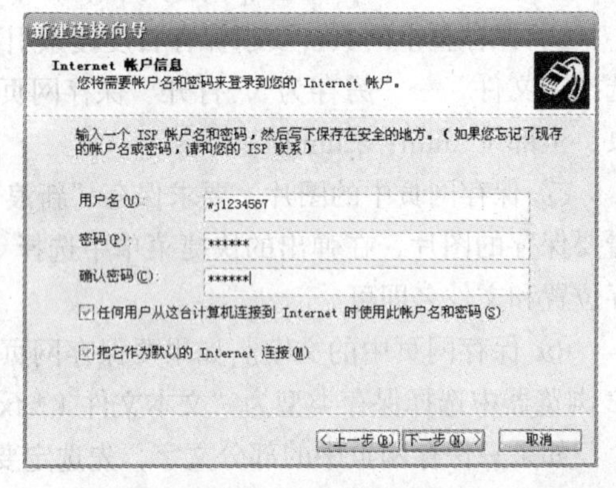

图 8.11 连接向导 4

最后，为以后使用方便，可选中“在我的桌面上添加一个到此连接的快捷方式”，如图 8.12 所示。这样 Windows XP 就会在网络连接里建立一个名为“我的宽带”的 ADSL 宽带连接，同时桌面上包含一个到此连接的快接方式，如图 8.13 所示。

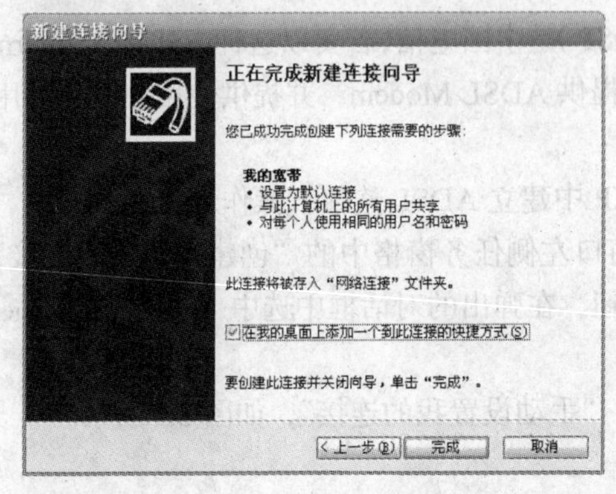

图 8.12 连接向导 5

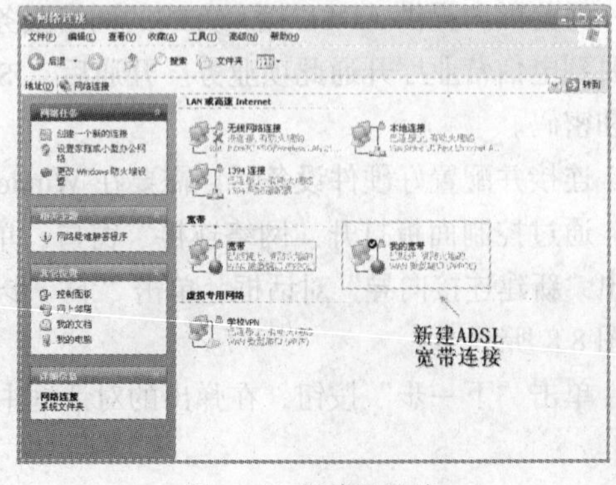

图 8.13 新建的连接

双击刚才建立的连接，弹出连接宽带的对话框，如图 8.14 所示，单击“连接”按钮即可以 ADSL 方式接入 Internet。

图 8.14　进行宽带连接

2. Internet Explorer 的使用

在互联网上浏览网页需要使用浏览器软件，目前主流的浏览器软件有 Internet Explorer、Firefox、Chrome 等。Windows XP 默认安装 Internet Explorer。

（1）访问新浪的主页（http：//www.sina.com.cn）

操作步骤：

① 启动 Internet Explorer 后，弹出如图 8.15 所示窗口。

② 在地址栏中直接输入要访问的网站的域名后，按“回车”键即可浏览指定网页。

图 8.15　浏览网页

（2）设置默认主页

若经常访问某个网站，可将其设置为默认主页，这样每次启动 IE 时，自动打开该页面。

操作步骤：

① 启动 Internet Explorer，选择“工具”→“Internet 选项”。

② 打开“Internet 选项”对话框，在“常规”选项卡中的主页选项的地址栏里直接输入要设置为主页的地址，然后单击“确定”按钮。图 8.16 所示表示当前的主页是“www.baidu.com”。

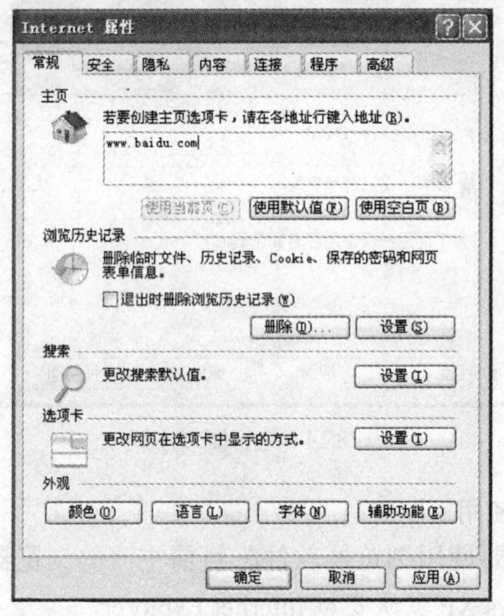

图 8.16　设置主页

③ 去除设置主页效果，可单击“使用空白页”按钮。

（3）收藏喜爱的网页

如收藏新浪的体育新闻页面，并通过收藏夹访问收藏的页面。

操作步骤：

① 启动 Internet Explorer，然后打开要收藏的页面（http：//sports-sina-com-cn）。

② 选择“收藏”→“添加到收藏夹”即可。

③ 需要访问收藏夹中的页面时，单击“收藏” 菜单，即可看到包含在收藏夹里的页面的链接，单击链接即可，如图 8.17 所示。

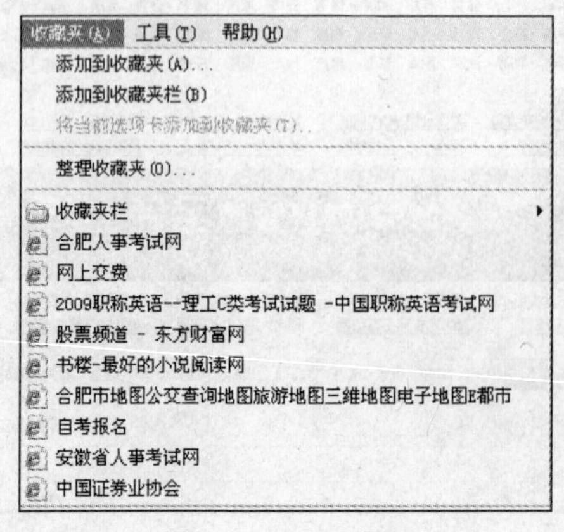

图 8.17　访问收藏夹

【强化训练】

（1）根据【实例演示】，配置自己的计算机连接 Internet。
（2）访问中华人民共和国教育部网站，并将其添加到收藏夹内。

实验 3　电子邮件

【实验目的】

1. 掌握申请免费邮箱的方法。
2. 掌握接收和发送电子邮件的方法。

【实验内容】

现实生活中写信或寄包裹要去邮局，而网上写电子邮件就要去网上的邮局，不过使用网上邮局之前要先拥有一个电子邮箱，各大网站都提供免费电子邮箱服务。不过推荐使用 126 邮箱（http://mail.126.com），这是专业的邮箱网站，用得人很多，界面好看又非常好用。用申请来的邮箱在对应的网站登录后（注意：在 126 申请的邮箱只能在 126 网站上登录使用，如果去新浪使用，那肯定是不行的），单击“写信”按钮，在收信人栏选择收信人。这个收信人指的是收信人的电子邮箱。然后写上主题、内容，单击“发送”按钮，推荐大家先给自己发送一封邮件，只要在收信人栏写申请来的电子邮箱地址 usr@126.com，将 usr 用你申请来的用户名替代。

【实例演示】

1. 申请免费邮箱

要求申请网易 126 免费邮箱。

操作步骤如下（下面的步骤随网站的更新可能不一样，但基本的操作步骤都差不多）。

① 进入 www.126.com 的免费邮箱登录申请页面，如图 8.18 所示。

② 单击“立即注册”按钮，进入下一页面，查看服务条款和规定，当确认“同意”这些条款和规定后，进入下一页面。

③ 输入申请的邮箱用户名（账号）和验证码，假定为 xinhuadaxue2011，单击“确定”按钮，进入下一页面。

④ 设置密码及填写必要的个人资料，假定密码为 xinhua2011。单击“确定”按钮，进入下一页面，如图 8.19 所示。

⑤ 若注册成功，当前网页告知“恭喜，您的 126 邮箱已成功申请!”，表示申请人已在 126 邮箱上拥有了一个免费邮箱，进入邮箱页面，如图 8.20 所示。

⑥ 进入邮箱页面后，在页面的左上角有“收信”和“写信”两个按钮，单击“写信”按钮，弹出如图 8.21 所示页面，有收件人、主题、内容等需要填写的地方，如果要给别人随信发一些文件或者照片，在写好信后，单击“添加附件”，找到要发送的文件，上传完毕后即可发送，如图 8.22 所示。

图 8.18　网易 126 免费邮箱登录申请页面

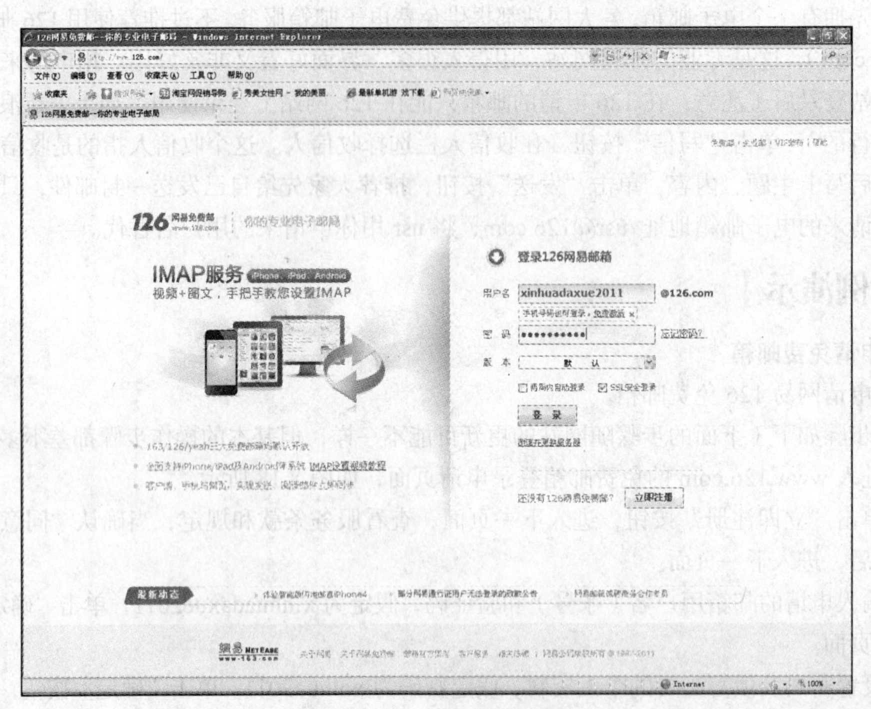

图 8.19　输入用户名和验证码

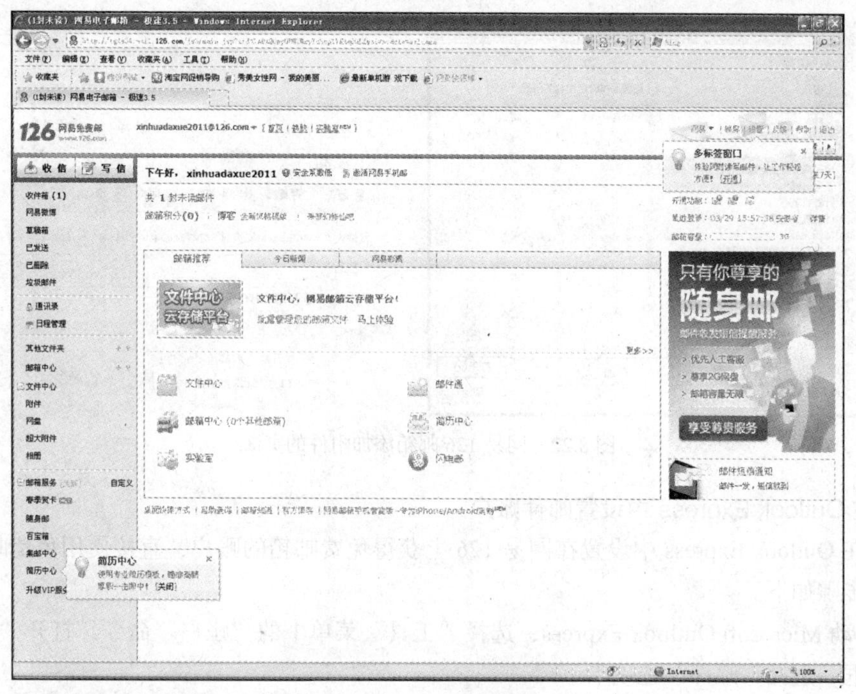

图 8.20 网易 126 邮箱页面

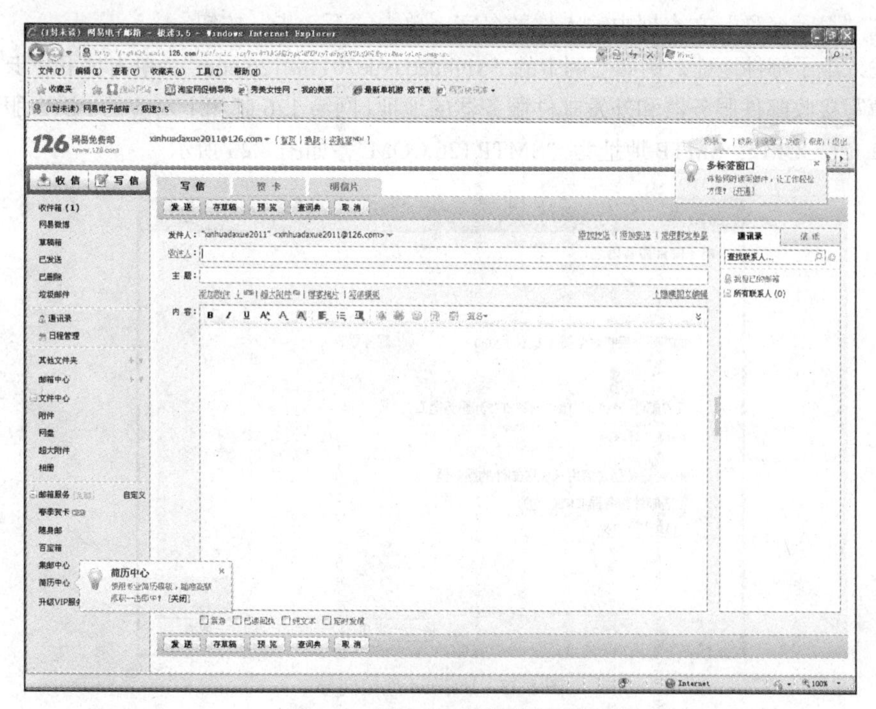

图 8.21 网易 126 邮箱写信页面

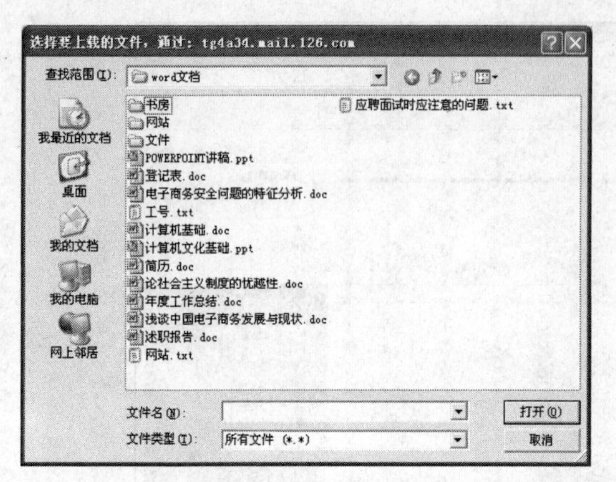

图 8.22 网易 126 邮箱添加附件的页面

2. 在 Outlook Express 中设置邮件账户

要求在 Outlook Express 中设置在网易 126 上获得免费邮箱的账户，直接使用免费邮箱。

操作步骤如下。

① 启动 Microsoft Outlook Express，选择“工具”菜单中的“账户”命令，打开“Internet 账号”对话框，选择“邮件”选项卡。

② 单击“添加”按钮，选中“邮件”，启动 Internet 连接向导。

③ 在“显示名称”文本框中输入你的名字，单击“下一步”按钮。

④ 输入电子邮件地址，例如上例中的“xinhuadaxue2011@126.com”，单击“下一步”按钮。

⑤ 填写接收邮件服务器和外发邮件服务器的地址，网易 126 邮箱上对应的 POP3 服务器地址为“POP3.126.COM”，SMTP 地址为“SMTP.126.COM”，如图 8.23 所示。

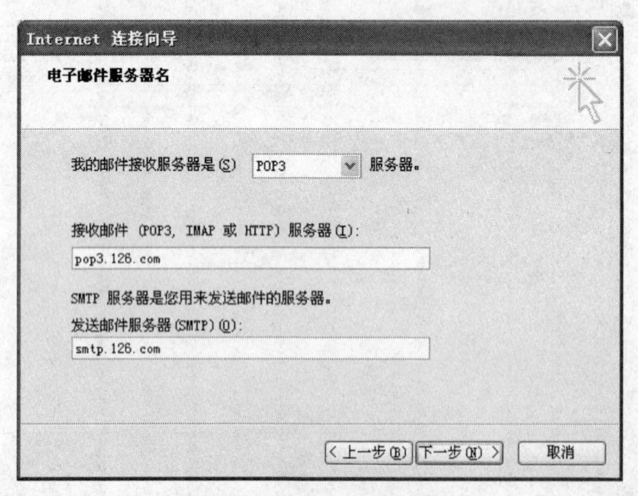

图 8.23 Internet 连接向导

⑥ 最后填写“账户名”和“密码”即可。

【强化训练】

（1）通过 www.126.com 申请一个免费的邮箱，然后利用该邮箱发送电子邮件到“wanjiahua2009@126.com”，主题为“发送练习”，内容为“我希望发送成功！”。

（2）利用（1）中申请的邮箱，在 Outlook Express 中设置邮件账户，然后练习在 Outlook Express 中收发电子邮件。

实验 4　Windows XP 操作系统安全

【实验目的】

1．了解 Windows XP 操作系统安全性，学习设置本地安全策略。
2．掌握防范措施和系统安全。
3．掌握如何自动更新系统。
4．了解如何进行 IE 安全选项设置。

【实验内容】

Windows XP 最大的特点是更加注重操作系统的安全性，其突出标志是新增的控制面板组件“安全中心”。它负责检查计算机的安全状态，包括防火墙、病毒防护软件、自动更新 3 个安全要素，恰好构成了系统安全最重要的 3 个部分。

1．安全中心

选择“开始”→“设置”→“控制面板”，打开“控制面板”窗口，双击“安全中心”图标，可打开“Windows 安全中心”窗口，如图 8.24 所示，从中可以看出，安全中心主要分 3 个部分：资源、安全基础和管理安全设置。

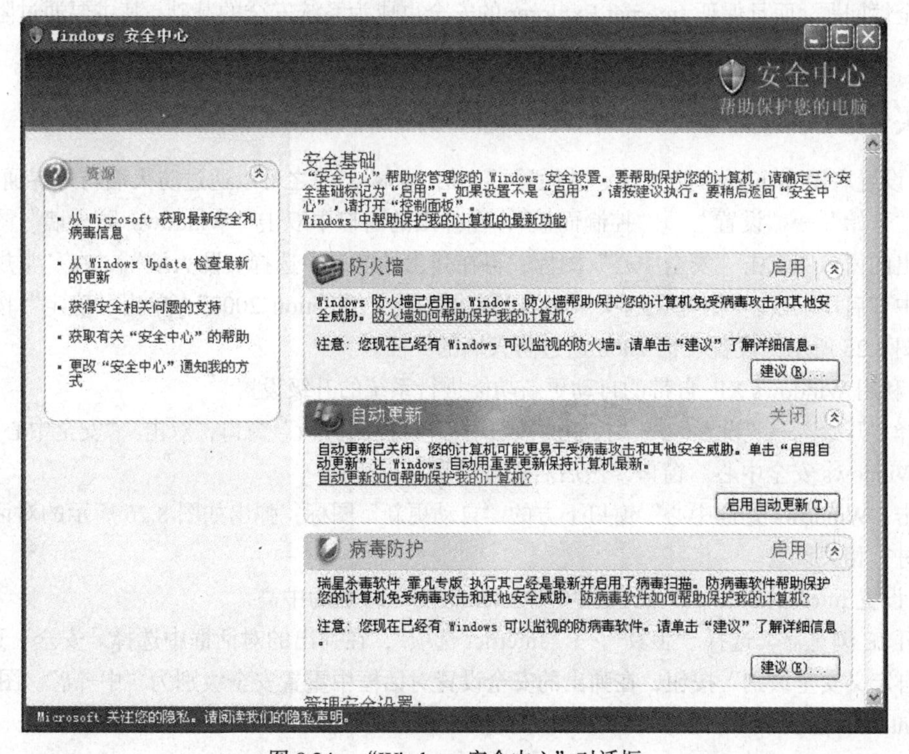

图 8.24　“Windows 安全中心”对话框

2. 系统安全基础

如果计算机安装了 Windows 可识别的防火墙，则防火墙处会有显示。如果计算机没有安装防火墙或者安装了无法识别的防火墙，单击“建议”按钮，则将建议为所有网络连接启用 Windows 防火墙。

自动更新为推荐的设置，通过这一设置，可以使得 Windows 自动从 Internet 下载重要的 Windows 更新内容，及时保持计算机操作系统最新特性。

病毒防护可以监视计算机是否安装了病毒防护软件，从而保护计算机免受病毒攻击和其他安全威胁，单击“建议”按钮可以获得来自计算机专家组的有效建议，从而提高计算机的安全性。

3. Windows 防火墙

Windows 防火墙有助于提高计算机的安全性，Windows 防火墙将限制从其他计算机发送到本地计算机上的信息，并对那些未经邀请而尝试连接到本地计算机的用户或程序（包括病毒和蠕虫）提供一条防御线。Windows 防火墙不仅可以进行常规设置，而且能进行诸如允许访问网络的应用程序等的高级设置。

4. 自动更新

保持 Windows 系统和安全性处于最新的状态，是靠 Windows XP 安全中心项目下的“自动更新”功能完成的。实践表明，开启 Windows 自动更新，几乎可以避免所有利用系统漏洞的恶意攻击。因此 Windows 自动更新被认为是保证系统安全最重要的 3 个步骤之一。事实上，很多用户并没有开启自动更新功能，致使系统处于被攻击的危险中，甚至遭到恶意的攻击，造成了不必要的损失。

5. Internet Explorer 安全选项

Microsoft Internet Explorer 是 Windows 中主要的浏览程序，该软件不仅很好地解决了用户的浏览安全性问题，而且保证 Internet Explorer 的安全也成为系统安全的基础。其主要通过阻止弹出式窗口、文件下载和安装提示、加载项管理和崩溃检测等来保证上网安全和系统安全。

【实例演示】

① 设置启用 Windows 防火墙，并设置“飞信 2008”，使之可以通过防火墙与外界通信。

选择“开始”→“设置”→“控制面板”，在弹出的窗口中双击“Windows 防火墙”图标（或者在弹出的窗口中双击“安全中心”图标，再在弹出的窗口中选择“防火墙”），在“常规”选项卡中选中“启用”，在“例外”选项卡中的列表框中选中“Fetion 2008”，单击“确定”按钮完成设置。图 8.25 所示为设置飞信 2008 通过防火墙的界面。

② 利用 Windows XP 自带的自动更新功能进行系统的升级设置。

选择“开始”→“设置”→“控制面板”，打开“控制面板”窗口，双击 “安全中心”图标，打开“Windows 安全中心”窗口，然后启用自动更新。

单击“Windows 安全中心”窗口下方的“自动更新”图标，弹出如图 8.26 所示的对话框，从中可以进行相关设置。

③ 设置 Internet Explorer 安全选项中 Internet 安全级别为中高。

打开 IE 浏览器，选择“工具”→“Internet 选项”，在弹出的对话框中选择“安全”选项卡，单击“自定义安全级别”按钮，在弹出的安全设置对话框中重置安全级别为“中-高”。图 8.27 所示为“Internet 选项”对话框，图 8.28 所示为安全设置对话框。

图 8.25　设置飞信 2008 通过防火墙的界面

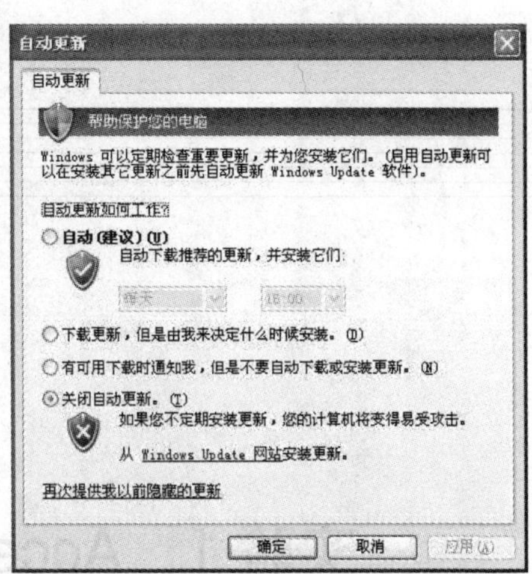

图 8.26　“自动更新”对话框

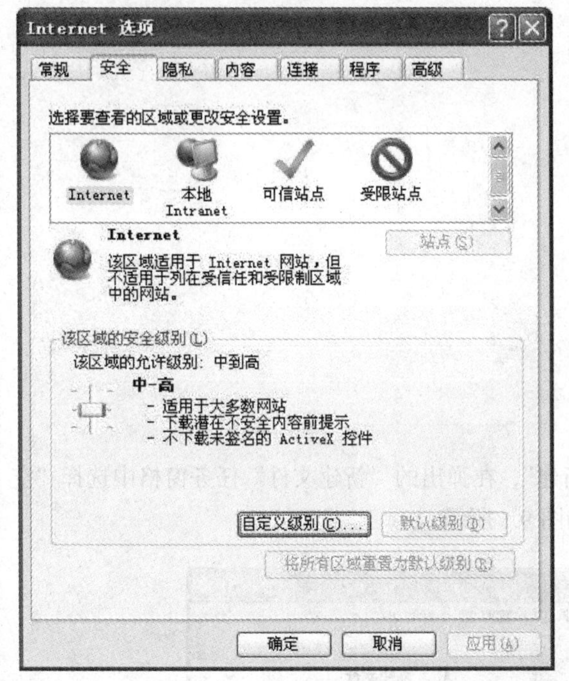

图 8.27　“Internet 选项”对话框

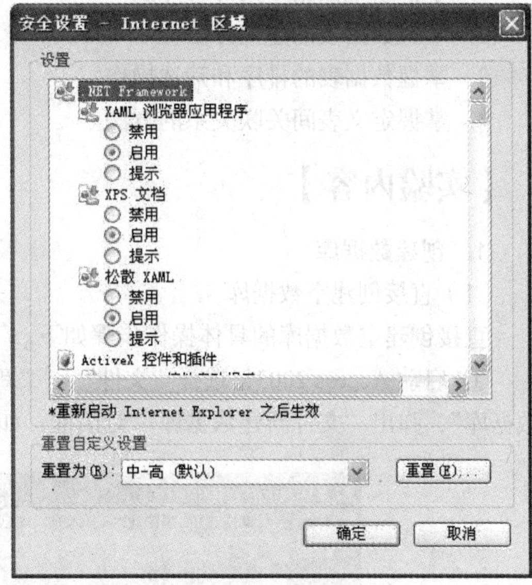

图 8.28　安全设置对话框

【强化训练】

（1）阻止腾讯 QQ 访问网络。

（2）设置 Windows XP 在每周六的早上 8 点进行自动更新。

（3）设置 www.xo.com 为限制站点。

第 9 章 数据库基础

实验 1　Access 数据库的基本操作

【实验目的】

1. 掌握新建数据库文件的方法。
2. 掌握数据表的建立方法。
3. 掌握数据表的排序和筛选操作。
4. 掌握定义表间关联关系的方法。

【实验内容】

1. 创建数据库

（1）直接创建空数据库

直接创建空数据库的具体操作步骤如下。

① 启动 Access 2003，选择"文件"→"新建"，在弹出的"新建文件"任务窗格中选择"空数据库"，弹出"文件新建数据库"对话框，如图 9.1 所示。

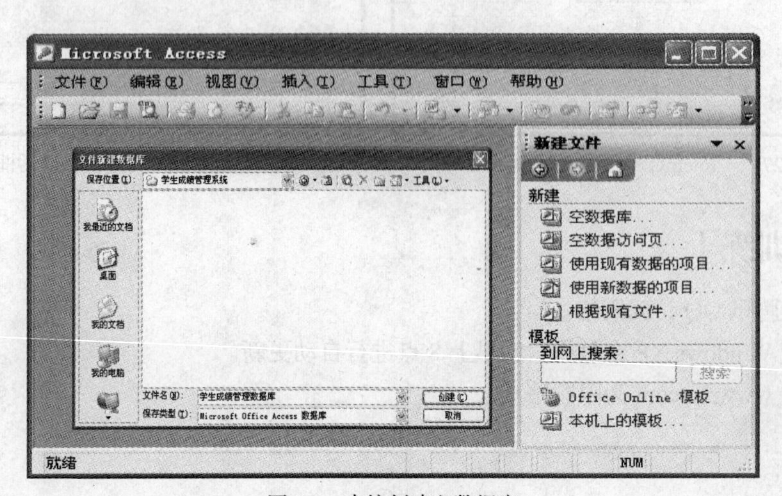

图 9.1　直接创建空数据库

② 选择好保存位置和文件名后，单击“创建”按钮，进入数据库窗口，完成数据库的创建，如图9.2所示。

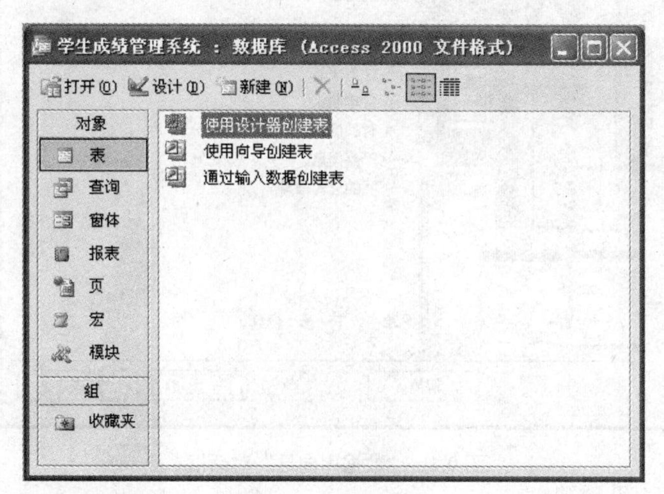

图9.2 数据库窗口

（2）使用向导创建数据库

使用向导创建数据库的具体操作步骤如下。

① 启动Access 2003，选择“文件”→“新建”，在弹出的“新建文件”任务窗格中选择“本机上的模板”，弹出“模板”对话框，如图9.3所示。

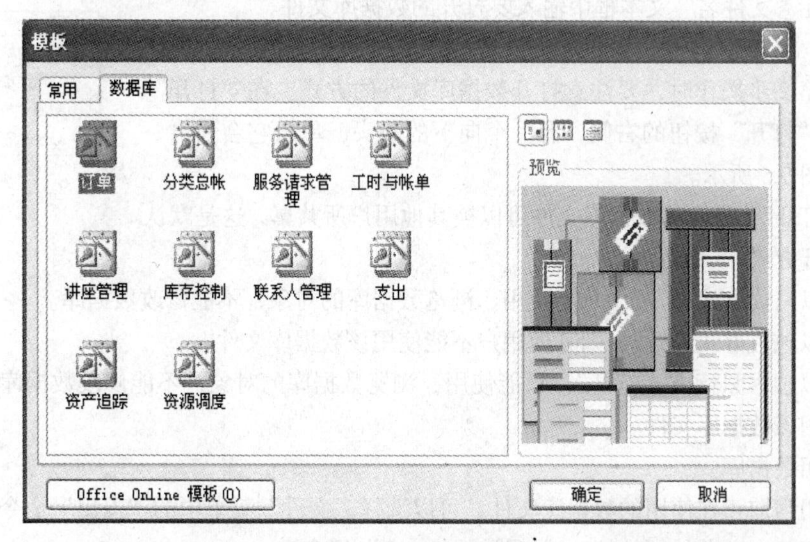

图9.3 “模板”对话框

② 在“模板”对话框中，选择“数据库”选项卡，选择一种需要的向导数据库，单击“确定”按钮，打开“文件新建数据库”对话框。在“文件新建数据库”对话框中选择好保存位置和文件名后，单击“创建”按钮，进入数据库窗口，并弹出“数据库向导”对话框。依向导的指导逐步进行下去，直至完成数据库的建立。图9.4所示为以“订单”向导为例，弹出的“数据库向导”对话框。

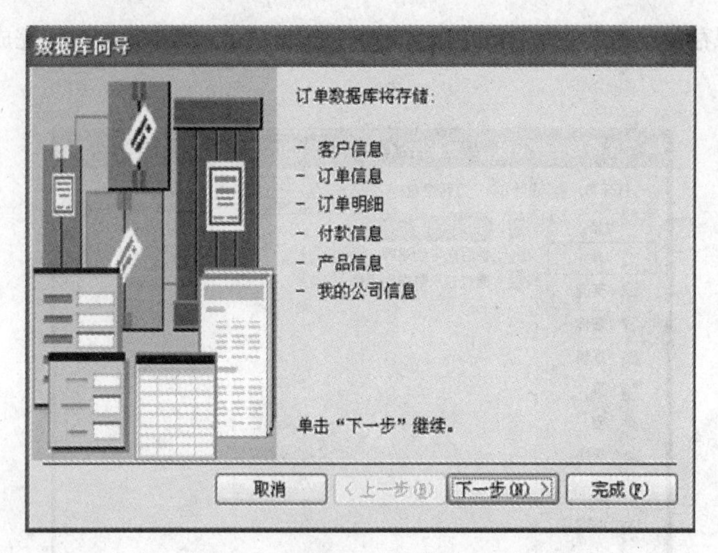

图 9.4 “数据库向导”对话框

2. 打开和关闭数据库

(1) 打开数据库

在使用数据库之前，必须把数据库打开。打开数据库的具体操作步骤如下。

① 选择“文件”→“打开”，弹出“打开”对话框。

② 在“查找范围”下拉列表框中，选定保存数据库文件的文件夹，再选择要打开的数据库文件，或者在“文件名”文本框中输入要打开的数据库文件。

③ 单击“打开”按钮，数据库文件将被打开。

在进行第②步操作时，要注意打开数据库文件的方式。在“打开”对话框中的“打开”按钮的右侧，有一个向下的箭头，单击它会弹出一个菜单，如图 9.5 所示。

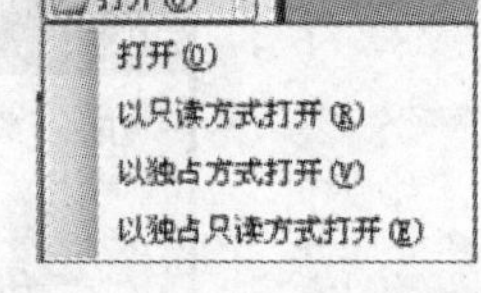

图 9.5 “打开”菜单

选择“打开”，打开的数据库文件可以被其他用户所共享，这是默认的数据库打开方式。

选择“以只读方式打开”，只能使用、浏览数据库的对象，不能修改数据库。

选择“以独占方式打开”，则其他用户不能使用该数据库文件。

选择“以独占只读方式打开”，只能使用、浏览数据库的对象，不能修改数据库，并且其他用户不能使用该数据库文件。

(2) 关闭数据库

若要关闭当前正在使用的数据库文件，可以选择“文件”菜单中的“退出”命令，或者直接单击数据库窗口右上角的☒按钮，或者按“Ctrl+F4”组合键。

【实例演示】

1. Access 的启动

启动 Access 的方法有多种，通过“开始”菜单或单击 Access 快捷方式的图标都可以启动 Access。成功启动后，弹出 Access 工作窗口，如图 9.6 所示。

2. 创建“学生_课程.mdb”数据库文件

单击如图 9.6 所示窗口右边“新建文件”任务窗格中的“空数据库”，弹出“文件新建数据库”

对话框，如图 9.7 所示，在此指定新建数据库的存放位置和文件名。单击“创建”按钮，完成新数据库的建立。

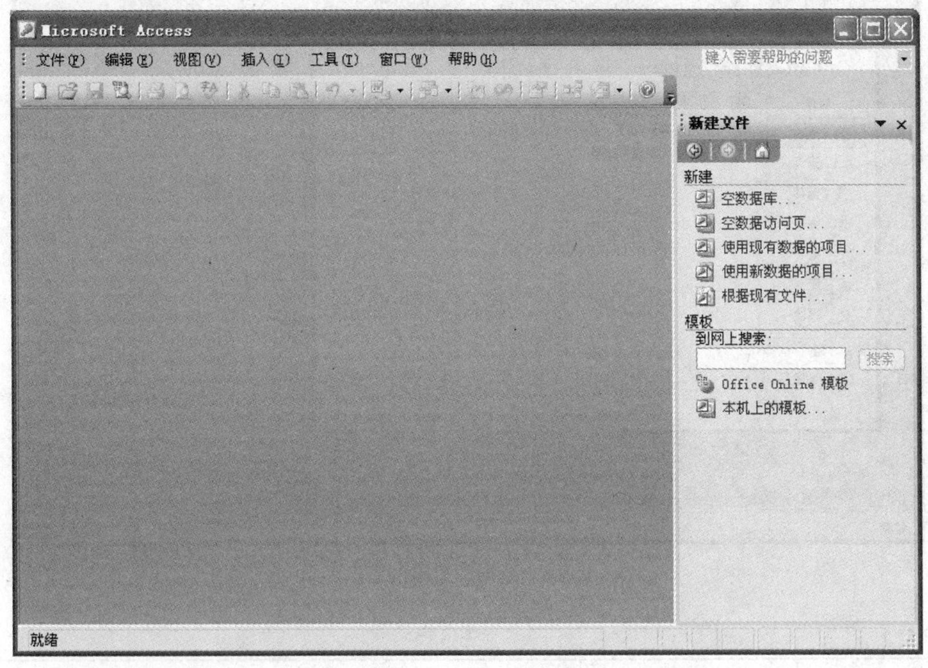

图 9.6 Access 工作窗口

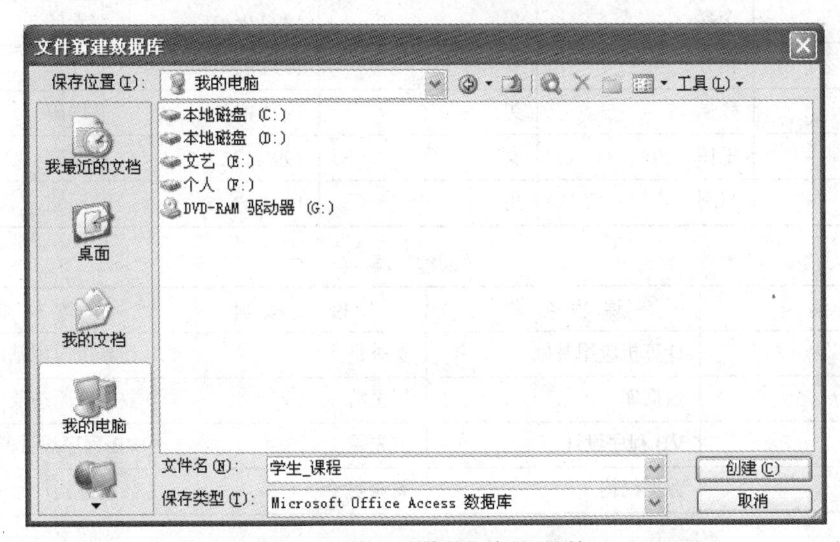

图 9.7 文件“新建数据库”对话框

本例中创建一个“学生_课程.mdb”数据库文件，如图 9.8 所示。

3. 在“学生_课程”数据库中创建 3 个数据表并录入相关的数据

要求在“学生_课程.mdb”数据库中，建立“学生”、“课程”和“选课” 3 个表。各表字段和记录数据如表 9.1 至表 9.3 所示。

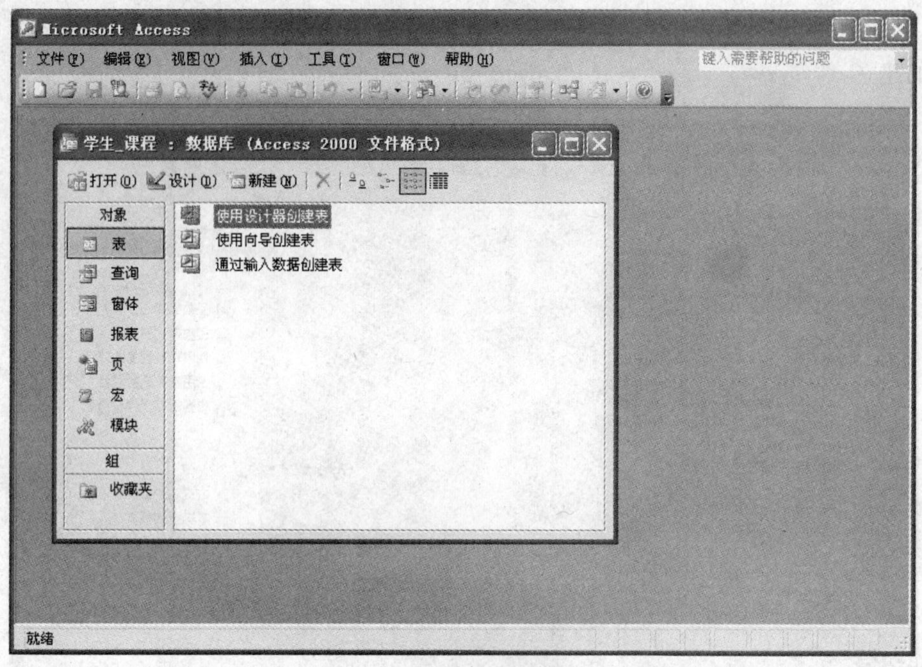

图 9.8 数据库对象的窗口

表 9.1 "学生"表

学 号	姓 名	性 别	出生日期	籍 贯
2010001	李淼	男	1999-06-01	安徽
2010002	崔芳	女	1993-11-05	江苏
2010003	张强	男	1992-09.25	湖南
2010004	王伟	女	1995-12-20	安徽
2010005	赵刚	男	1994-03-18	河北

表 9.2 "课程"表

课程编号	课程名称	授课教师	教材名称
K110	计算机应用基础	贺香香	计算机应用基础
K111	数据库	胡里浩	数据库原理及应用
K112	VB 程序设计	王先骏	VB 程序设计基础
K113	数据结构	周亚明	数据结构

表 9.3 "选课"表

学 号	课程编号	成 绩	学 号	课程编号	成 绩
2010001	K110	75	2010003	K110	78
2010001	K111	75	2010003	K111	82
2010002	K111	81	2010004	K113	88
2010002	K110	80	2010004	K112	90

建立数据表的操作过程如下。

（1）在如图 9.8 所示的“学生_课程数据库”窗口中，选择“表”对象，单击“新建”按钮，弹出“新建表”对话框，如图 9.9 所示。在对话框中选择“设计视图”选项，单击“确定”按钮，进入定义表结构窗口，如图 9.10 所示。

（2）在图 9.10 中的“字段名称”列中输入各字段的名称，然后移动鼠标指针到“数据类型”列，选择字段的数据类型。

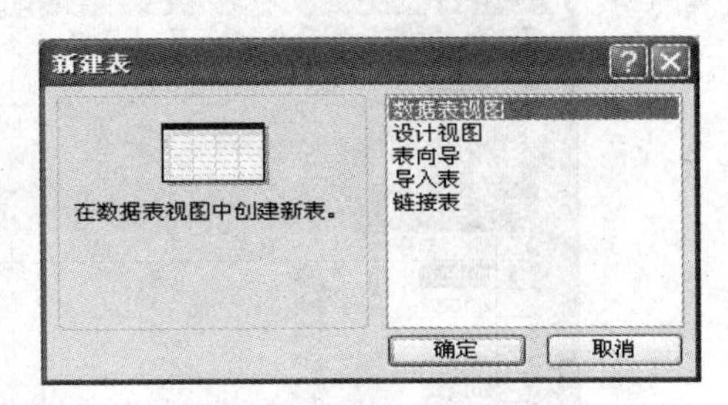

图 9.9　“新建表”对话框

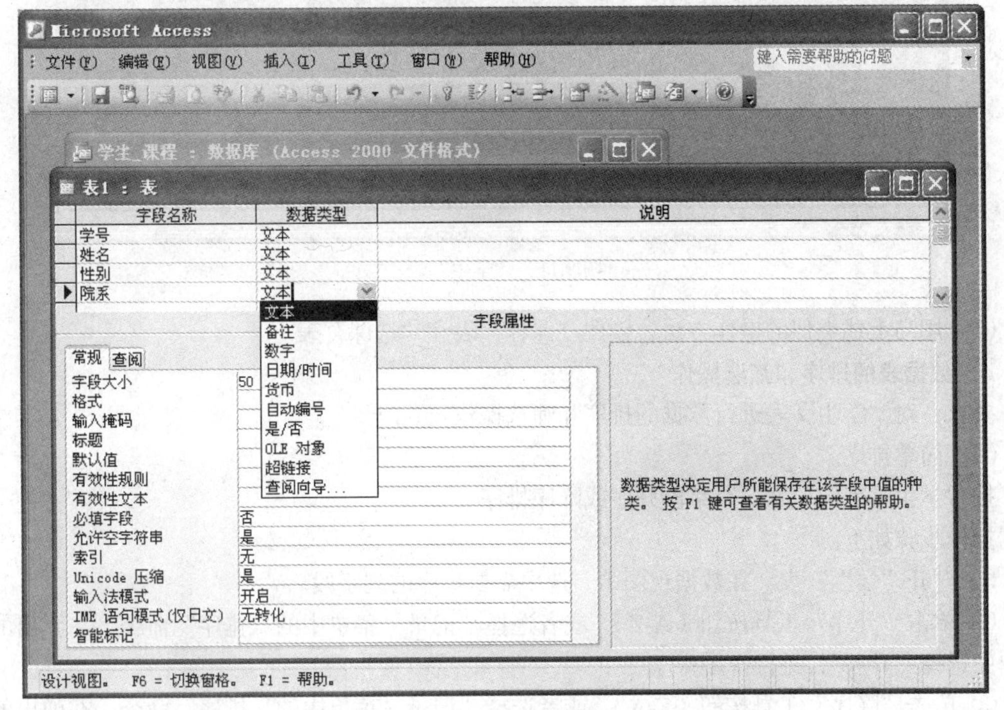

图 9.10　定义表结构

（3）在如图 9.10 所示窗口下面指定字段的属性，主要包括如下几项。

① 字段大小：限定文本字段的长度和数字型数据的类型。

② 格式：控制数据显示或打印的格式。

③ 输入掩码：指定所输入数据的有效型标志。

④ 标题：用于在窗体和报表中取代字段名称。

⑤ 默认值：添加新记录时自动加入到字段中的值。

⑥ 有效性规则：根据表达式或宏建立的规则来确认数据。

定义好表 9.1 中各字段的名称和数据类型等属性后，可以继续定义表的主键。首先选中表中的“学号”字段作为主键列，然后单击工具栏上的“主键”图标，定义完成后保存表，取名为“学生”。

（4）添加数据。向表中添加记录时，表必须处于打开状态，即在数据表列表中双击“学生”表，然后按表 9.1 所给的 5 条记录数据输入，如图 9.11 所示。

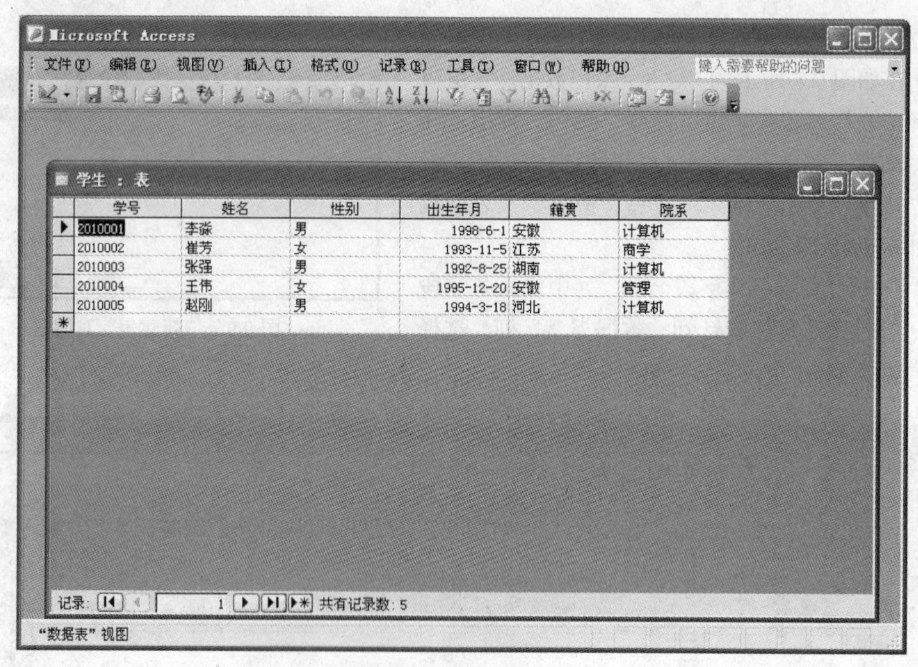

图 9.11 “学生”表

（5）用与上述类似的操作方法，创建“课程”表和“选课”表。

4. 数据表的排序和筛选操作

要求：对“学生”表进行数据的排序和筛选操作。

（1）简单排序。

按“学生”表的“姓名”字段升序或降序排序。

操作步骤如下。

① 打开“学生”表，在数据视图中，选中需要排序的列字段。

② 单击“升序”工具按钮（A-Z），或者选择“记录‘菜单中的’排序”命令，在弹出的子菜单中选择“升序”，进行升序排序。

③ 单击“降序”工具按钮（Z-A），或者选择“记录‘菜单中的’排序”命令，在弹出的子菜单中选择“降序”，进行降序排序。

（2）高级排序。

使用高级排序可以对多个不相邻的字段采用不同的方式（升序或降序）排列。

在“学生”表中，首先按照“姓名”字段升序排列，然后按照“籍贯”字段降序排列。

操作步骤如下。

① 打开“学生”表。

② 选择“记录”→“筛选”→“高级筛选”→“排序”，显示筛选窗口。

③ 在筛选窗口中，单击“字段”栏第一列右边的下三角按钮，从弹出的下拉列表框中选择“姓名”字段。然后单击“排序”框单元右边的下三角按钮，从弹出的下拉列表框中选择“升序”。

④ 单击“字段”栏第二列右边的下三角按钮，从弹出的下拉列表框中选择“籍贯”字段。然后单击“排序”框单元右边的下三角按钮，从弹出的下拉列表框中选择“降序”。

⑤ 选择“筛选”→“应用排序”→“筛选”，或单击“应用程序”工具按钮，Access 将按照指定的顺序对表中的记录进行排序并显示各记录。

（3）数据筛选。

筛选是选择查看记录，并不是删除记录。筛选时，用户必须设定筛选条件，然后 Access 筛选并显示符合条件的数据。

在“学生”表中筛选女生的记录。

操作步骤如下。

① 打开“学生”表，在数据视图中，将当前位置定在性别字段是“女”的单元格上，如图 9.12 所示。

② 选择“记录”→“筛选”→“按指定内容筛选”，数据表将显示所有性别是“女”的记录，如图 9.13 所示。

学生 : 表

学号	姓名	性别	出生年月	籍贯	院系
2010001	李淼	男	1998-6-1	安徽	计算机
2010002	崔芳	女	1993-11-5	江苏	商学
2010003	张强	男	1992-8-25	湖南	计算机
2010004	王伟	女	1995-12-20	安徽	管理
2010005	赵刚	男	1994-3-18	河北	计算机

记录: 2 共有记录数: 5

图 9.12　光标定在性别为“女”的单元格

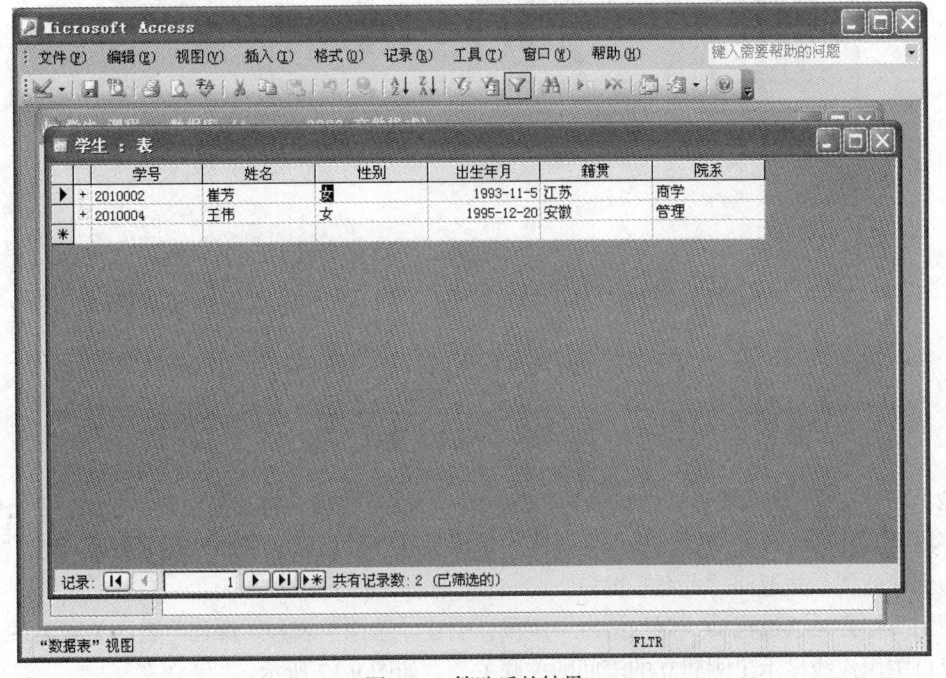

学号	姓名	性别	出生年月	籍贯	院系
2010002	崔芳	女	1993-11-5	江苏	商学
2010004	王伟	女	1995-12-20	安徽	管理

图 9.13　筛选后的结果

5. 定义表间的关联关系

在“学生_课程.mdb”数据库中的3个表“学生”、“课程”和“选课”之间建立关联关系。在本例中，用于建立关系的字段和它们各自对应的表如下。

通过“学号”字段，建立“学生”表和“选课”表的一对多的关系。

通过“课程编号”字段，建立“课程”表和“选课”表的一对多的关系。

操作步骤如下。

（1）单击主窗口工具栏上的“关系”图标，弹出如图9.14所示的窗口。在此窗口中选择要建立关系的表，单击“添加”按钮，添加完成后单击“关闭”按钮，返回如图9.15所示的“关系”窗口。

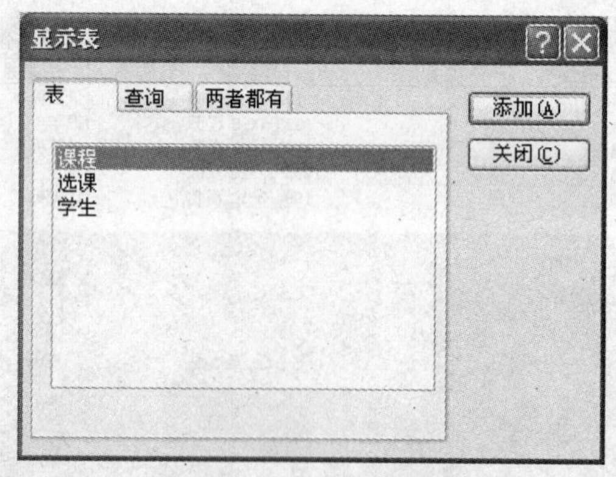

图9.14 选择建立关系的表

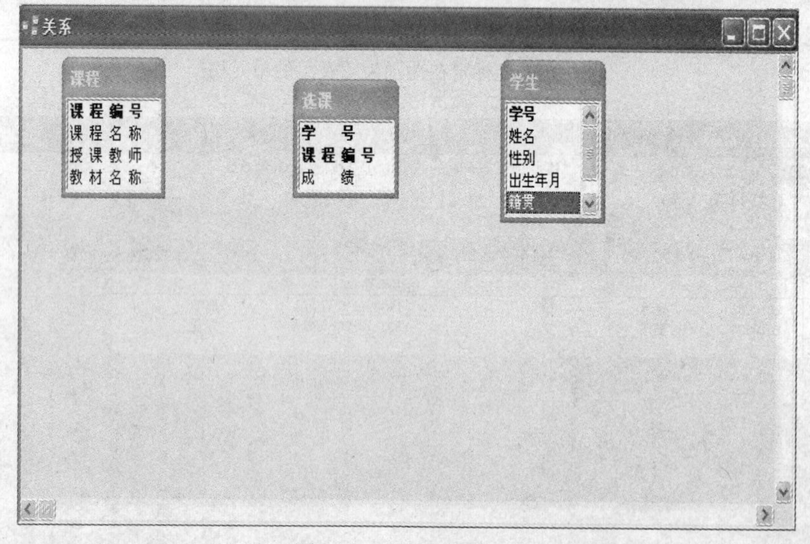

图9.15 “关系”窗口

（2）在“关系”窗口中，选中“学生”表中的“学号”字段，将其拖曳到“选课”表上的“学号”字段上，并释放鼠标左键，系统会弹出“编辑关系”对话框，如图9.16所示，单击“创建”按钮，创建此关系并返回“关系”窗口。

使用类似方法通过拖动“课程编号”字段，创建“选课”表和“课程”表的关联关系。此时在此窗口中用连线显示出刚建立的表间的关联关系，如图9.17所示。

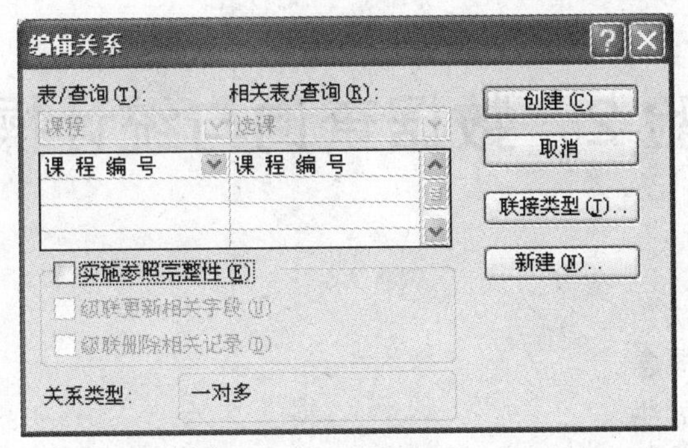

图 9.16　“编辑关系”对话框

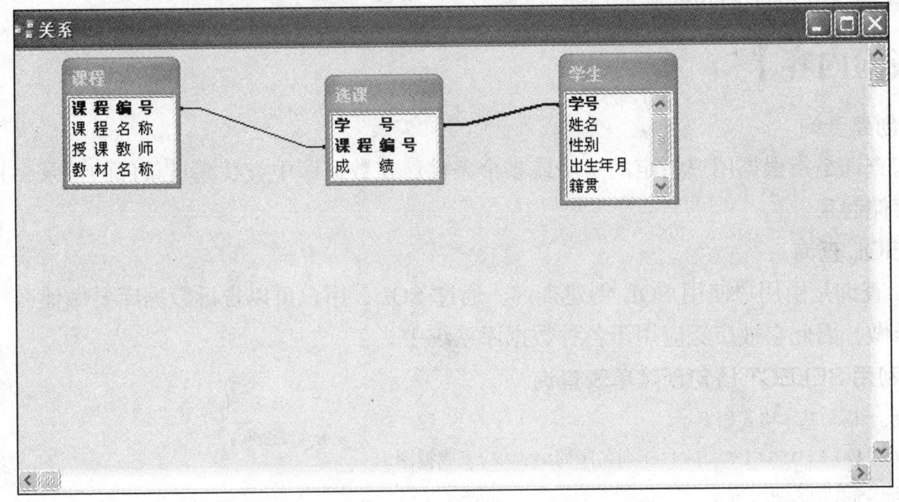

图 9.17　建立好表间关系的“关系”窗口

【强化训练】

关系数据库的设计分为 5 个阶段：需求分析、概念模式设计、逻辑模式设计、数据库实施、数据库运行和维护。

使用 Access 数据库管理系统，给出一个“学生_课程”系统数据库的设计。

（1）系统功能需求分析如下。

① 学生的基本信息包括姓名、学号、性别、出生日期、籍贯、民族、照片和简历。

② 课程信息包括课程号、课程名称、学时数和学分。

③ 学生可选任一门课程，一门课程可被多位学生选择。

④ 可查询学生课程成绩。

（2）根据上述系统功能需求分析，试完成下列设计。

① 根据需求，设计概念模型，用实体－联系图（E-R 图）来表示。

② 利用关系数据模型进行逻辑结构设计，用关系模式描述本系统中的各种关系（主键加下划线）。

③ 利用二维表格设计各关系数据表的结构（字段名、类型、宽度等）。

④ 创建“学生_课程”数据库，建立“学生”、“课程”、“选课”表并输入数据。

实验 2　数据查询与统计操作

【实验目的】

1. 了解查询的基本概念。
2. 掌握建立查询的方法。
3. 掌握 SQL 查询的方法。
4. 掌握 SELECT 语句的基本功能。

【实验内容】

1. 创建查询

所谓查询是指根据用户指定的一个或多个条件，在数据库中查找满足条件的记录，并将其作为文件存储起来。

2. SQL 查询

SQL 查询是由用户使用 SQL 创建查询。通过 SQL，用户可以告诉数据库要做什么，而不必考虑怎样做，因此它被广泛应用于各种数据库系统中。

3. 利用 SELECT 语句创建单表查询

SELECT 语句基本格式如下。

```
SELECT[ALL|DISTINCT]<目标列名序列>FROM<表或视图>
[WHERE<条件表达式>]
[GROUP BY<列名 1>][HAVING<条件表达式>]
[ORER BY<列名 2>][ASC|DESC]
```

【实例演示】

1. 创建查询

本例要求查询学生选修课程以及相应成绩的信息。

创建该查询的操作步骤如下。

（1）在如图 9.2 所示的主窗口中，选择“查询”对象，然后单击“新建”按钮，弹出“新建查询”对话框，如图 9.18 所示。在此对话框中选择“设计视图”选项，然后单击“确定”按钮，弹出如图 9.19 所示的窗口，在此窗口中选择查询中涉及的表，即“学生”表、“课程”表和“选课”表，单击“添加”按钮，再单击“关闭”按钮，进入如图 9.20 所示的窗口。

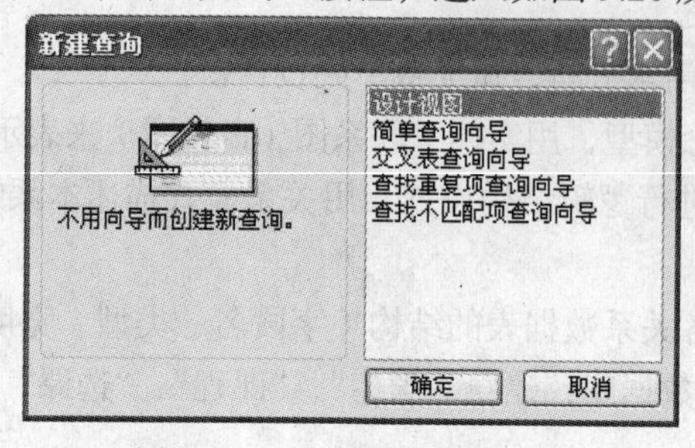

图 9.18　“新建查询”对话框

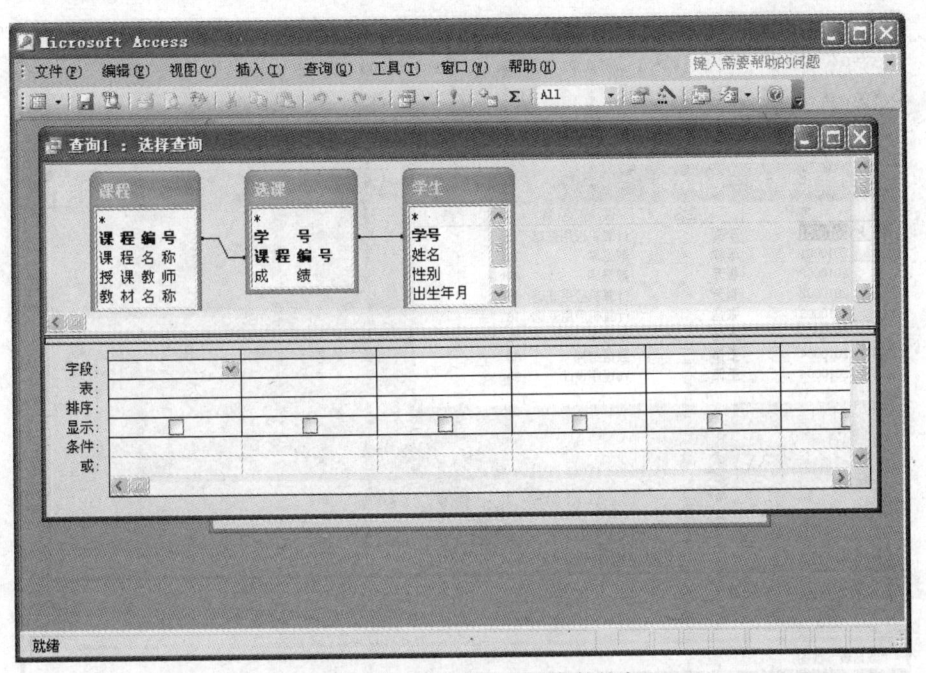

图 9.19　指定查询的列和查询条件的窗口

（2）在如图 9.20 所示窗口的“字段”栏中，选择要查询的字段，这里选择查询学生的“学号”、“姓名”、“性别”、“课程名称”和“成绩”字段。

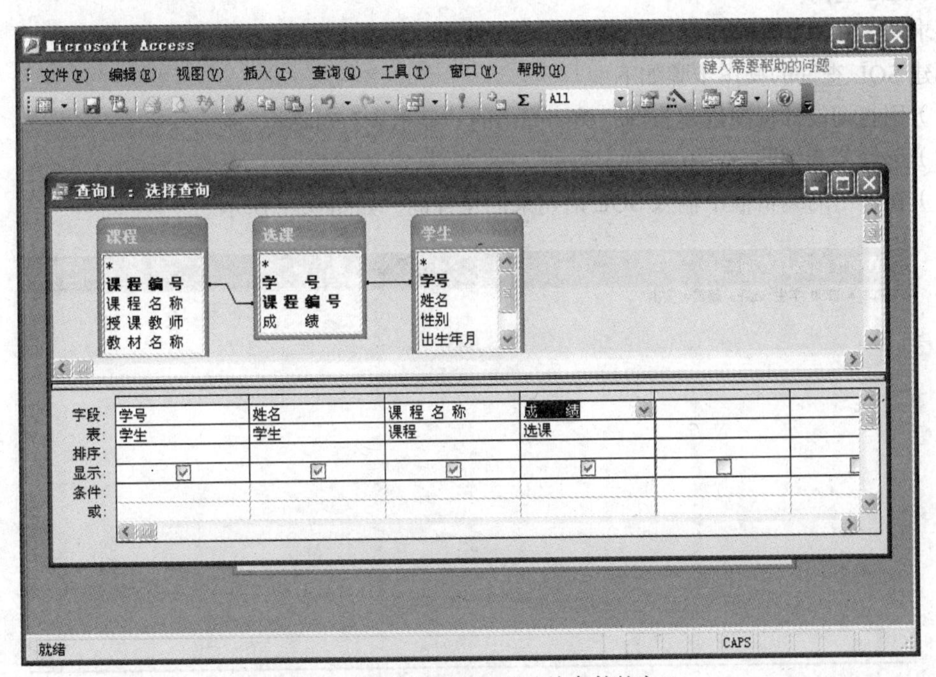

图 9.20　指定好查询的列和查询条件的窗口

（3）选择“查询”菜单中的“运行”命令，便可以得到如图 9.21 所示的查询结果。

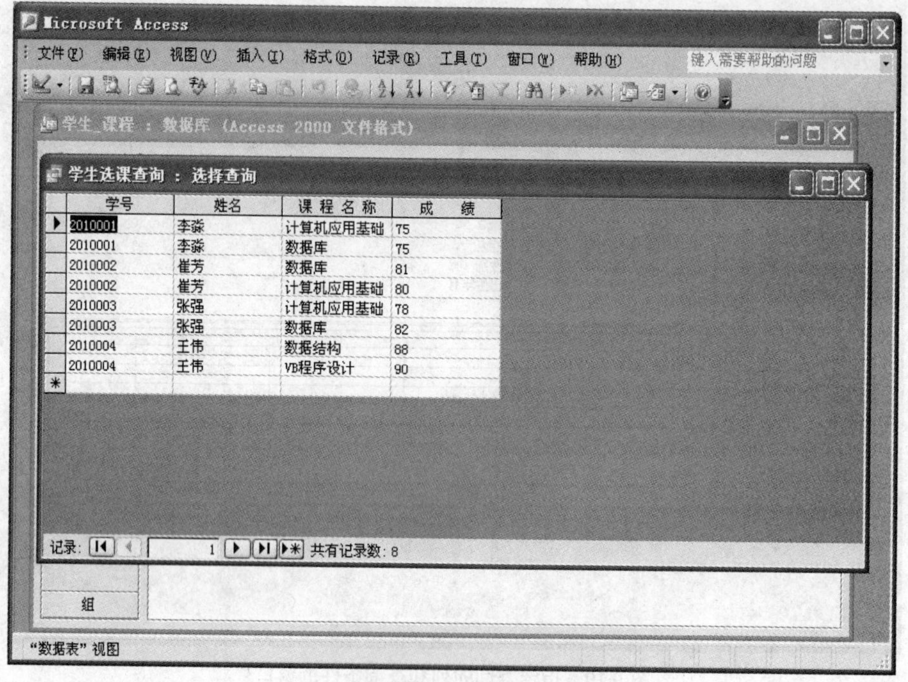

图 9.21　查询结果

（4）定义好查询后，可单击工具栏上“保存”图标，将所建查询文件保存起来。

2. SQL 查询

要求用 SELECT 语句，查找“籍贯”为“安徽”的学生记录。

创建 SQL 查询的操作步骤如下。

（1）用查询设计视图创建查询，关闭弹出的“显示表”对话框。

（2）选择“查询”→“SQL 特定查询”→“数据定义”。

（3）在弹出的编辑框中输入 SQL 语句来创建查询，如图 9.22 所示。

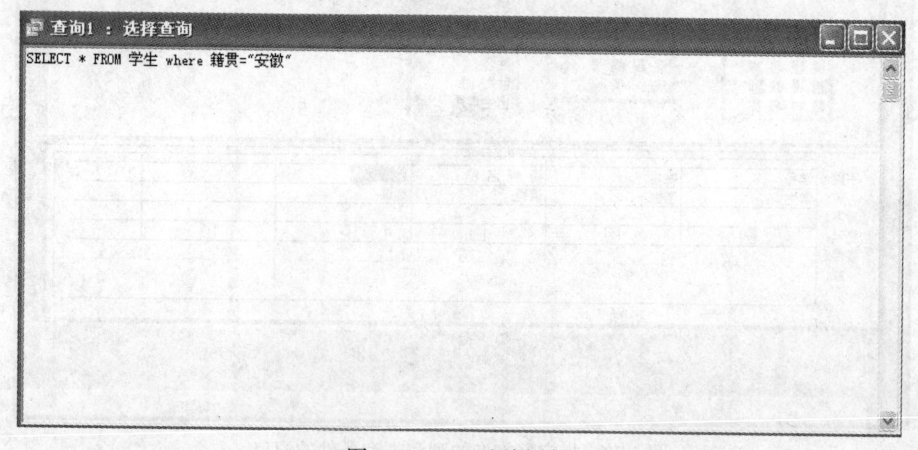

图 9.22　SQL 查询语句

（4）选择“查询”菜单中的“运行”命令，得到如图 9.23 所示的结果。

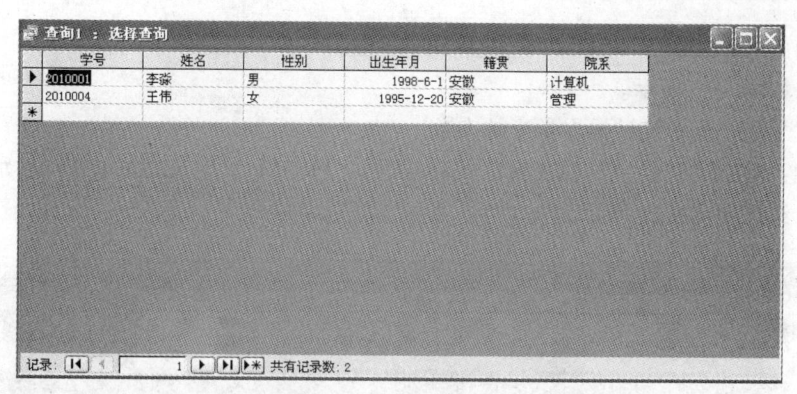

学号	姓名	性别	出生年月	籍贯	院系
2010001	李淼	男	1998-6-1	安徽	计算机
2010004	王伟	女	1995-12-20	安徽	管理

图 9.23　SQL 查询结果

3. 利用 SELECT 语句创建单表查询

（1）本例要求在“学生”表中选择“姓名”和“籍贯”两列，创建一个查询。

操作语句：SELECT 姓名，籍贯 FROM 学生

查询结果如图 9.24 所示。

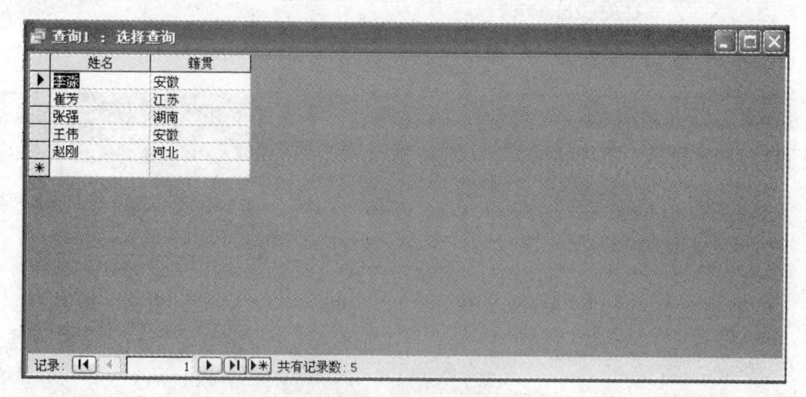

姓名	籍贯
李淼	安徽
崔芳	江苏
张强	湖南
王伟	安徽
赵刚	河北

图 9.24　查询结果 1

（2）从“学生”表中选择所有女学生的信息。

操作语句：SELECT *　FROM 学生 WHERE 性别="女"

查询结果如图 9.25 所示。

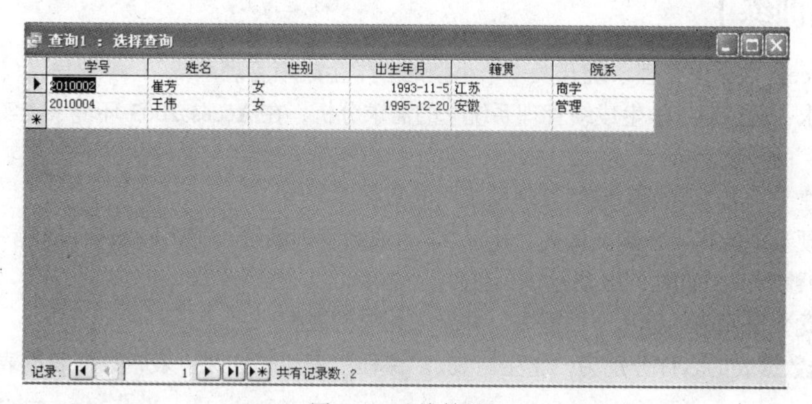

学号	姓名	性别	出生年月	籍贯	院系
2010002	崔芳	女	1993-11-5	江苏	商学
2010004	王伟	女	1995-12-20	安徽	管理

图 9.25　查询结果 2

（3）从“学生”表中选择所有女学生的信息，并按姓名从低到高排序。

操作语句：SELECT * FROM 学生 WHERE 性别="女" ORDER BY 姓名

查询结果如图 9.26 所示。

（4）从“学生”表中统计男女学生的人数。

操作语句：SELECT 性别，COUNT(*) AS 人数 FROM 学生 GROUP BY 性别

查询统计结果如图 9.27 所示。

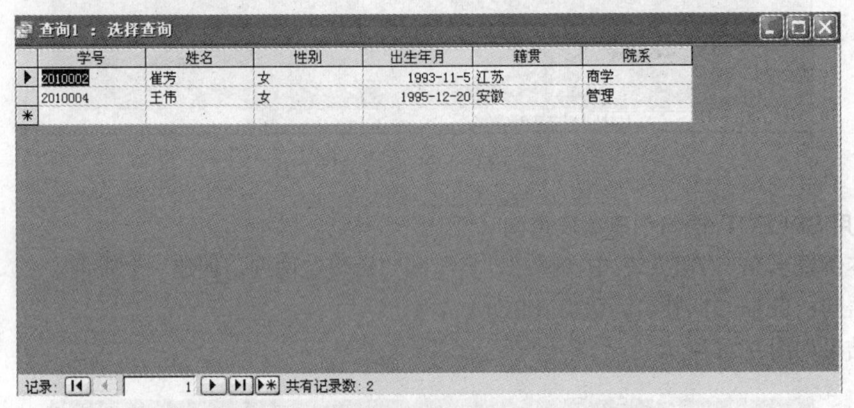

图 9.26 查询结果 3

图 9.27 查询统计结果 4

【强化训练】

使用 Access 数据库管理系统开发一个小型的“学生成绩管理系统”。

题目要求：通过对“学生成绩管理系统”的需求分析，在 Access2003 环境下，实现“学生成绩管理系统”的开发。

（1）创建一个名为“学生成绩管理系统”的数据库。

在本地硬盘中创建一个新文件夹，名为“学生成绩管理系统”，使用 Access 创建一个名为“学生_课程”的数据库，如图 9.28 所示。

（2）在此数据库中创建 3 个数据表，并录入相应的数据。

这 3 个数据表的名称分别为“学生”表、“课程”表和“选课”表，数据表的表结构分别如图 9.29 所示。

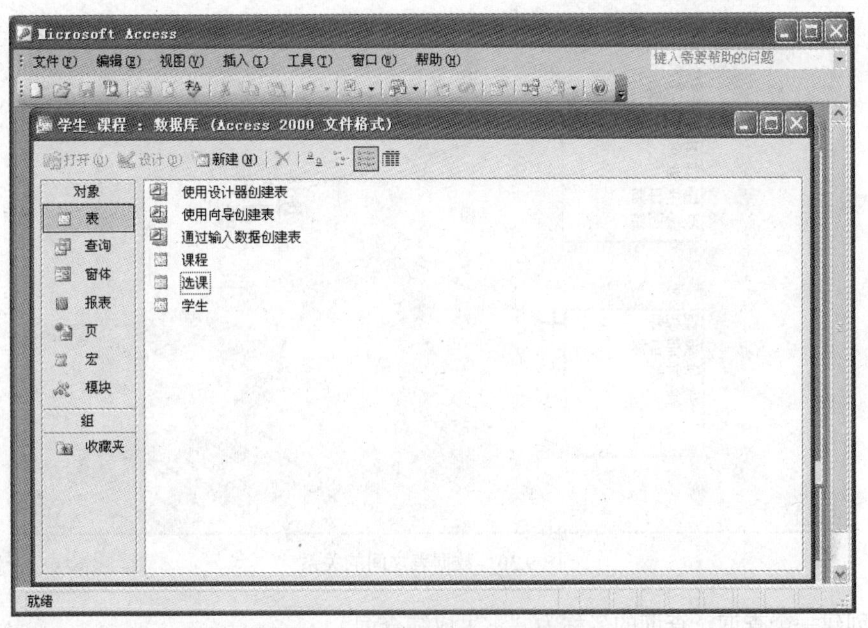

图 9.28　“学生_课程”数据库窗口

学生 : 表

学号	姓名	性别	出生年月	籍贯	院系
2010001	李淼	男	1998-6-1	安徽	计算机
2010002	崔芳	女	1993-11-5	江苏	商学
2010003	张强	男	1992-8-25	湖南	计算机
2010004	王伟	女	1995-12-20	安徽	管理
2010005	赵刚	男	1994-3-18	河北	计算机

课程 : 表

课程编号	课程名称	授课教师	教材名称
K110	计算机应用基础	贺香香	计算机应用基础
K111	数据库	胡里浩	数据库原理及应F
K112	VB程序设计	王先骏	VB程序设计基础
K113	数据结构	周亚明	数据结构

选课 : 表

学号	课程编号	成绩
2010001	K110	75
2010001	K111	75
2010002	K110	80
2010002	K111	81
2010003	K110	78
2010003	K111	82
2010004	K112	90
2010004	K113	88

图 9.29　建立的 3 个数据表

（3）建立上述 3 个数据表之间的关联关系。

在“学生”表和“选课”表之间建立一对多的关系。

在“课程”表和“选课”表之间建立一对多的关系，如图 9.30 所示。

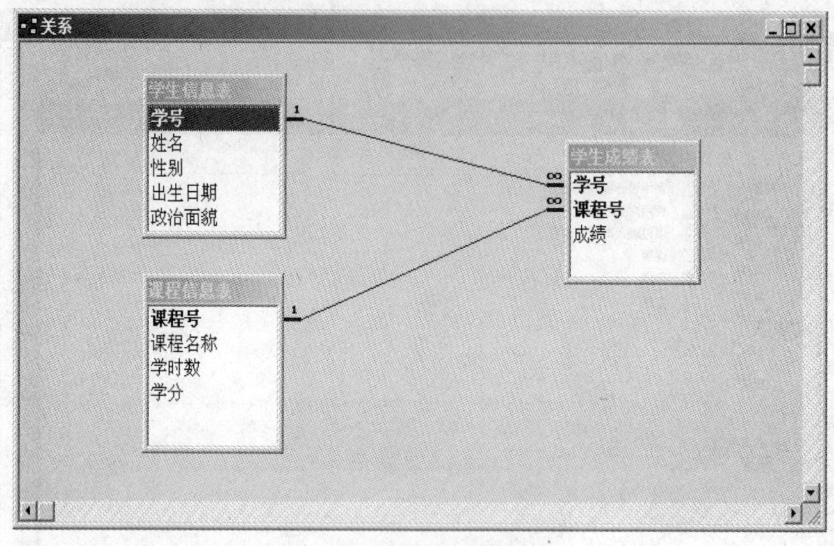

图 9.30 数据表之间的关系

（4）创建一个查询，查询的名称为“学生成绩查询”。

该查询完成的功能是，根据输入的学生学号，查找某个学生所学课程及成绩的相关信息。

该查询涉及的字段来自于上述的 3 个数据表中的某些字段，这些字段如下。

“学生”表中的“学号”、“姓名”、“性别” 3 个字段；

“课程”表中的“课程名称”字段；

“选课”表中的“成绩”字段。

（5）创建一个窗体，窗体的名称为“学生成绩查询窗体”。

在该窗体中，根据用户输入的学生学号，显示此学生所学的各门课程的相关信息，包括学生的“学号”、“姓名”、“性别”以及“考试成绩”等。查询窗体运行结果如图 9.31 所示。

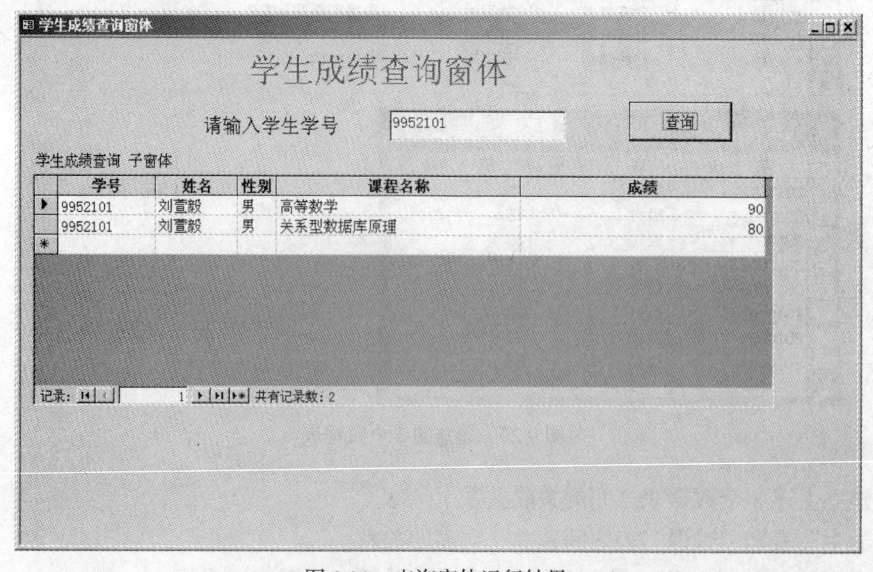

图 9.31 查询窗体运行结果

第10章 常用工具软件的介绍

实验1　杀毒软件——金山毒霸的使用

【实验目的】

1. 了解金山杀毒软件以及360安全卫士的下载和安装方法。
2. 掌握利用金山杀毒软件以及360安全卫士查杀病毒的方法。
3. 掌握对金山杀毒软件以及360安全卫士进行简单设置的方法。

【实验内容】

1. 下载金山杀毒软件以及360安全卫士

（1）打开搜索引擎，查找“金山毒霸”和“360安全卫士”。

（2）打开相应页面进行下载。

（3）对下载的文件进行安装。

2. 利用金山杀毒软件查杀病毒

金山杀毒软件提供了3种查杀病毒的方式，如图10.1所示。

图10.1　金山毒霸主界面

（1）全盘扫描：对计算机中的所有文件进行扫描。

（2）快速扫描：只针对系统的关键位置和病毒库中的主要病毒进行扫描。

（3）自定义扫描：用户可以根据需要，指定扫描的具体位置。

3. 对文件实时防毒进行设置

可以对金山杀毒软件进行系统设置，包括“杀毒设置”、“防毒设置”、“信任设置”以及“会员设置”等，如图 10.2 所示。

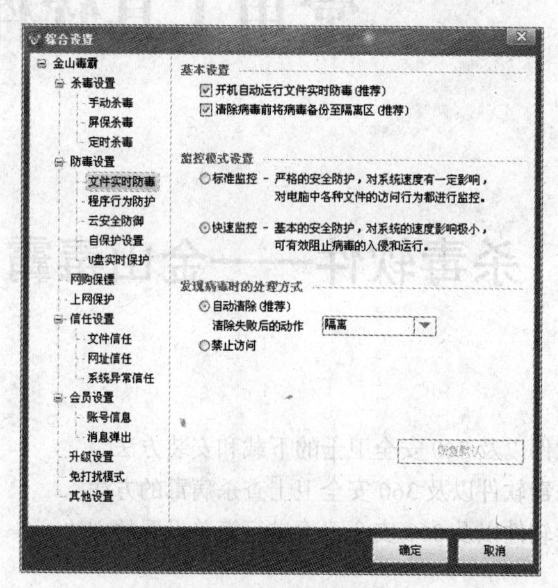

图 10.2　综合设置界面

（1）杀毒设置，设置查杀病毒的方式。

（2）防毒设置，对各种类型的病毒和木马进行有效地预防。

（3）信任设置，设置可以信任的文件和文件夹类型以及可以信任的网站。

（4）会员设置，设置用户账号及账号的相关信息。

4. 对系统中各个位置的垃圾文件以及历史痕迹进行清理

金山杀毒软件可以对系统中各个位置的垃圾文件以及历史痕迹进行清理。

（1）一键清理：能够清理系统垃圾文件、历史使用痕迹和注册表的冗余信息。

（2）垃圾清理：对上网或平时使用过程中产生的垃圾文件进行清理。

（3）清理痕迹：对以往使用过程中遗留的上网信息、登录信息、下载信息、媒体播放信息等进行清理。

（4）清理注册表：清理注册表中遗留的一些无效的或不完整的注册信息。

【实例演示】

1. 对当前计算机中“C”盘根目录下的“WINDDOWS”文件夹查杀病毒

（1）启动“金山毒霸”，打开如图 10.1 所示窗口。

（2）单击“自定义扫描”，打开如图 10.3 所示对话框。

（3）单击“系统 C”左侧的“⊞”，在弹出的子文件夹中选中“WINDDOWS”文件夹左侧的复选按钮。如图 10.4 所示。

（4）单击“确定”按钮，系统会对指定的文件夹进行扫描，并在如图 10.5 所示窗口中显示扫描状态。

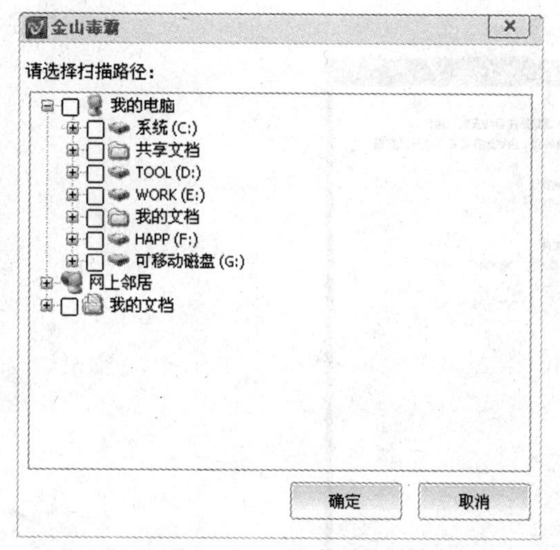

图 10.3　自定义扫描对话框

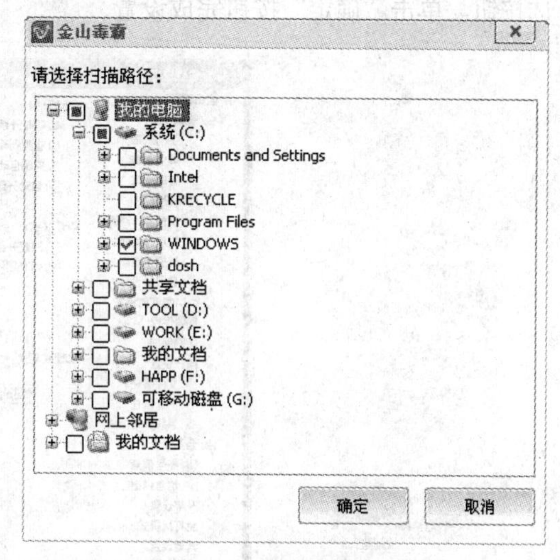

图 10.4　选择要扫描的文件夹

2. 对系统进行综合设置

（1）启动“金山毒霸”，打开如图 10.1 所示窗口。

（2）单击“监控防御”，打开如图 10.6 所示窗口。单击右侧的“文件实时防毒”栏中的“详细设置”，打开如图 10.2 所示对话框。

（3）单击“文件实时防毒”，在如图 10.2 所示窗口中进行设置：选中“开机自动运行文件实时防毒”和“清除病毒前将病毒备份到隔离区”复选按钮，在“监控模式设置”栏中根据自己的需要选择“标准监控”或 “快速监控”，在“发现病毒时的处理方式”栏中根据自己的需要选择“自动清除”或“禁止访问”，都设置好后，单击“确定”按钮完成设置。

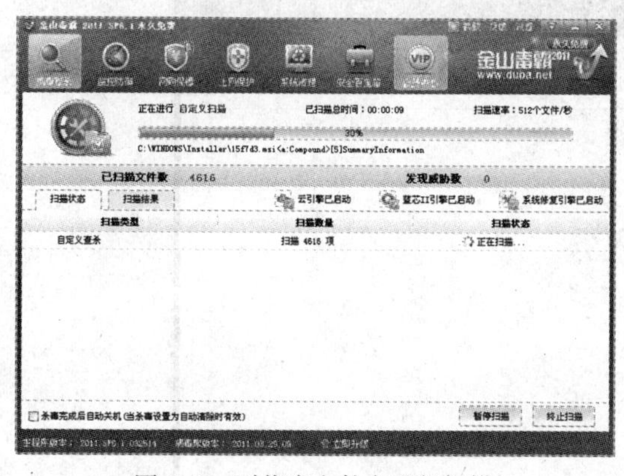

图 10.5　对指定文件夹进行扫描

图 10.6　“监控防御”界面

3. 设置为自动升级

（1）启动“金山毒霸”，打开如图 10.1 所示窗口。

（2）单击“监控防御”，打开如图 10.6 所示窗口。单击右侧的“文件实时防毒”栏中的“详细设置”，打开如图 10.2 所示对话框。

（3）单击左侧的“升级设置”，打开如图 10.7 所示对话框。选择“实时升级，自动下载升级数据并自动安装（推荐）”，选中“自动升级完成后，通知我”和“清理升级产生的临时文件”复选按钮。单击“确定”按钮完成设置。

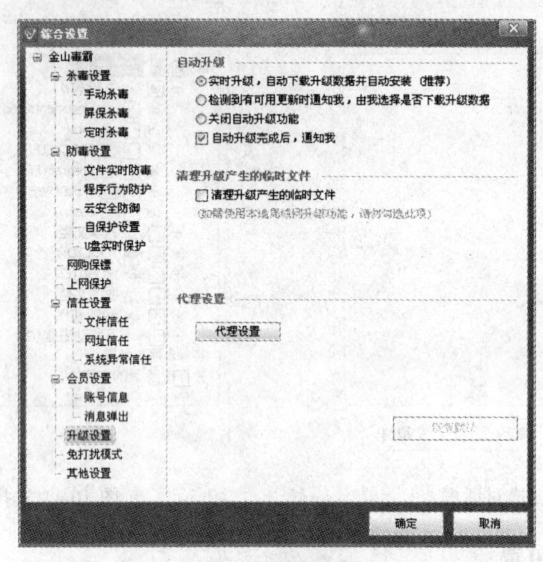

图 10.7　升级设置

4. 清理机器中保留的历史痕迹

主要是对以往使用过程中遗留的上网信息，登录信息，下载信息，媒体播放信息等进行清理。

（1）启动“金山毒霸”，打开如图 10.1 所示窗口。

（2）单击“系统清理”，在打开的窗口中单击“清理痕迹”选项卡，如图 10.8 所示。

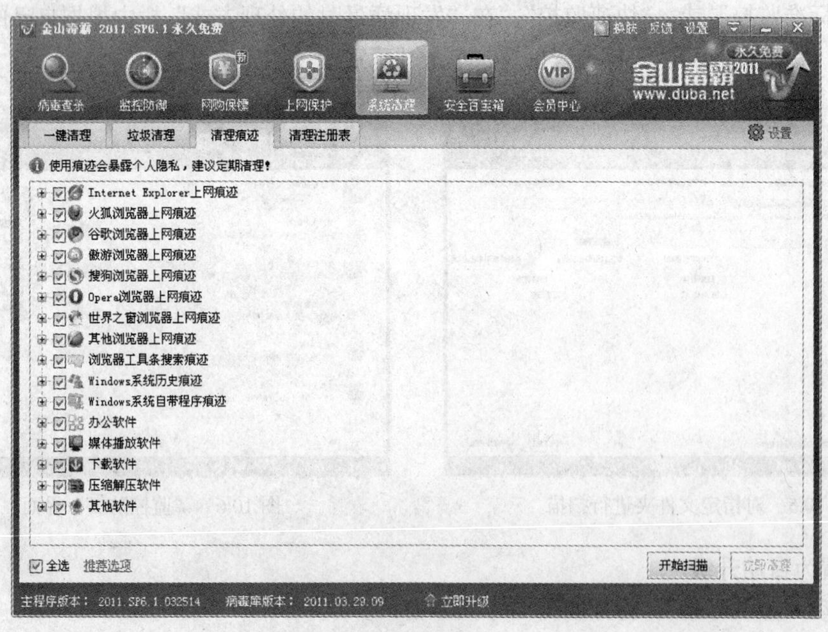

图 10.8　“清理痕迹”选项卡

（3）单击下面的“开始扫描”按钮，系统会对计算机中的历史痕迹进行扫描，并显示如图 10.9

所示结果界面。

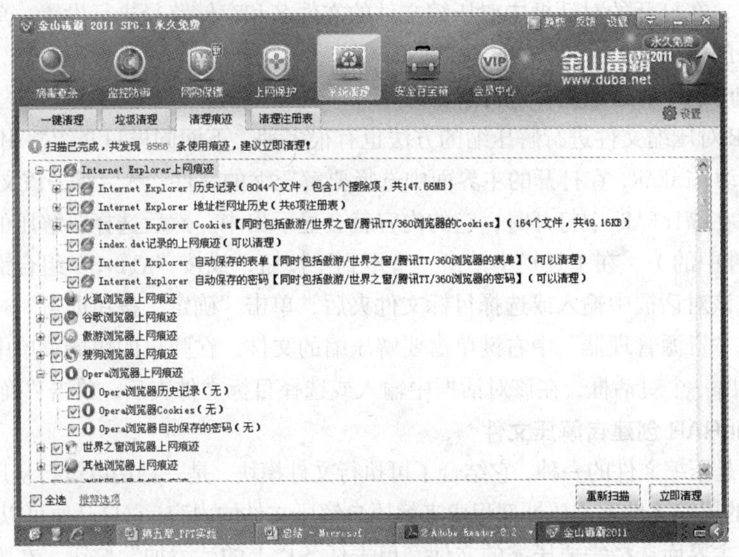

图 10.9　扫描结果显示图

（4）单击下方的“立即清理”按钮，对刚才扫描到的历史痕迹进行清理。

【强化训练】

（1）利用金山杀毒软件对“C”盘中的“program file”文件夹进行扫描。

（2）对金山杀毒软件的“杀毒设置”和“防毒设置”进行设置。

（3）将金山杀毒软件设置为自动升级。

（4）清理本地计算机中的垃圾文件。

实验 2　文件压缩/解压缩工具——WinRAR 的使用

【实验目的】

1. 掌握利用 WinRAR 对文件进行压缩的方法。
2. 掌握利用 WinRAR 对文件进行解压缩的方法。
3. 了解利用 WinRAR 创建自解压文件的方法。

【实验内容】

1. 利用 WinRAR 对文件进行压缩

利用 WinRAR 对文件进行压缩的方法有很多种，下面只介绍常用的两种。

方法一：启动 WinRAR，在打开的主界面中选择要压缩的文件或文件夹，在工具栏上单击“添加”按钮，或按“Alt+A”组合键，也可以选择“命令”菜单中的“添加文件到压缩文件中”命令，在打开的对话框中对压缩文件的文件名和存储路径进行设置，单击“确定”按钮完成压缩文件的生成。

方法二：在“资源管理器”中右键单击要压缩的文件或文件夹，在弹出的快捷菜单中选择“添加到压缩文件”，在打开的对话框中对压缩文件的文件名和存储路径进行设置，单击“确定”按钮完成压缩文件的生成。

2. 利用 WinRAR 对压缩文件进行解压缩

利用 WinRAR 对压缩文件进行解压缩的方法也有很多种，下面同样只介绍常用的两种。

方法一：启动 WinRAR，在打开的主界面中选择要解压缩的文件，然后双击该文件或按“回车”键，当压缩文件在 WinRAR 中打开时，它的内容就会显示出来。然后选择要解压的文件或文件夹（包含在压缩文件中的）。在工具栏中单击“解压到”按钮，或按“Alt+E”组合键，此时会弹出一个对话框，在该对话框中输入或选择目标文件夹后，单击“确定”按钮即可。

方法二：在“资源管理器”中右键单击要解压缩的文件，在弹出的快捷菜单中选择“解压文件”，此时会弹出一个对话框，在该对话框中输入或选择目标文件夹后，单击“确定”按钮即可。

3. 利用 WinRAR 创建自解压文件

自解压文件是压缩文件的一种，它结合了可执行文件模块，是一种用以运行从压缩文件解压文件的模块。这样的压缩文件不需要外部程序来解压自解压文件的内容，它自己便可以运行该项操作。

在 WinRAR 主界面选择需要压缩的文件，单击任务栏上的“添加”按钮，在弹出的“压缩文件名和参数”对话框中选中“创建自解压格式压缩文件”复选按钮，然后单击“确定”按钮即可创建自解压文件。

如果要将已存在的压缩文件转换为自解压文件，选择“工具”菜单中的“压缩文件转换为自解压格式”命令，或直接按“Alt+X”组合键，在弹出的对话框中进行设置后单击“确定”按钮即可。

【实例演示】

1. 将“C”盘根目录下的 “360rec”文件夹进行压缩

（1）启动 WinRAR，打开如图 10.10 所示窗口。

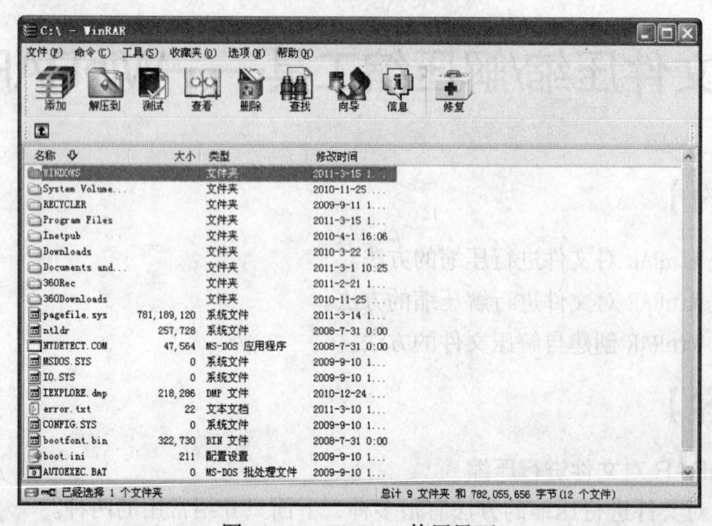

图 10.10 WinRAR 使用界面

（2）单击工具栏上的按钮或者选择“文件”菜单中的“改变驱动器”命令可以改变当前的显示路径，直至找到“C”盘根目录下的“360rec”文件夹。在工具栏上单击“添加”按钮，或按“Alt+A”组合键，也可以选择“命令”菜单中的“添加文件到压缩文件中”命令，弹出如图 10.11

所示的对话框。

（3）指定生成的压缩文件名为“360rec.rar”，指定文件类型为“RAR”，在对话框中还可以选择压缩方式、分卷大小和其他的一些压缩参数，设置好以后，单击“确定”按钮对其进行压缩。在压缩期间，出现一个窗口显示操作的情况，如图 10.12 所示。如果希望中断压缩的进行，则在该窗口单击“取消”按钮。单击“后台”按钮可以将 WinRAR 最小化后放到任务区。

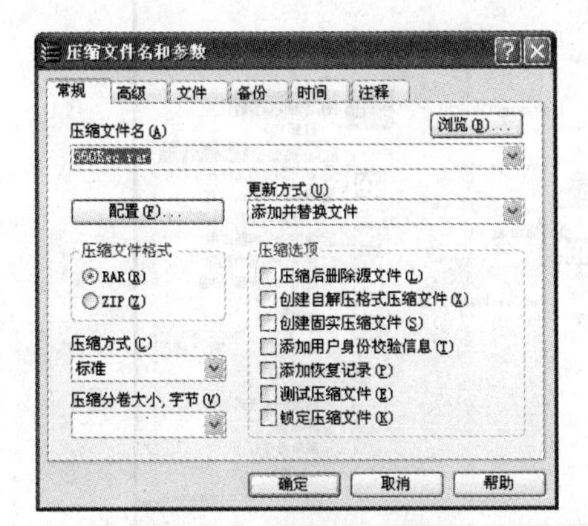

图 10.11　指定压缩文件参数

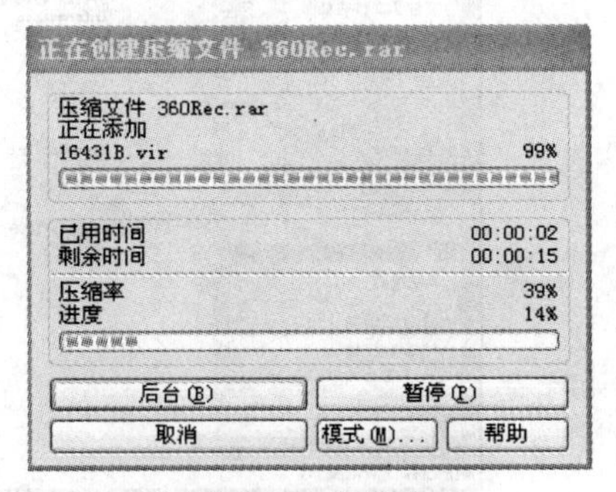

图 10.12　压缩窗口

（4）压缩完成后，在指定文件夹生成一个如图 10.13 所示的压缩文件。

图 10.13　生成的压缩文件

2．将“C”盘根目录下的压缩文件“360rec.rar”进行解压缩

（1）在“资源管理器”中打开“C”盘根目录，找到压缩文件“360rec.rar”，右键单击该文件，在弹出的如图 10.14 所示的快捷菜单中选择“解压文件”，打开如图 10.15 所示对话框。

（2）在对话框中指定将文件解压后存储在“F”盘的根目录下，单击“确定”按钮对其进行解压缩。解压期间（同压缩时的情形类似）会出现一个窗口显示操作进行的状况。如果用户希望中断解压的进行，可以在该窗口单击“取消”按钮，也可以单击“后台”按钮将 WinRAR 最小化后放到任务栏区。如果解压完成了，而且也没有出现错误，会在指定的“F”盘的根目录下出现如图 10.16 所示的文件夹。

图 10.14　在“资源管理器”中选择要解压的文件

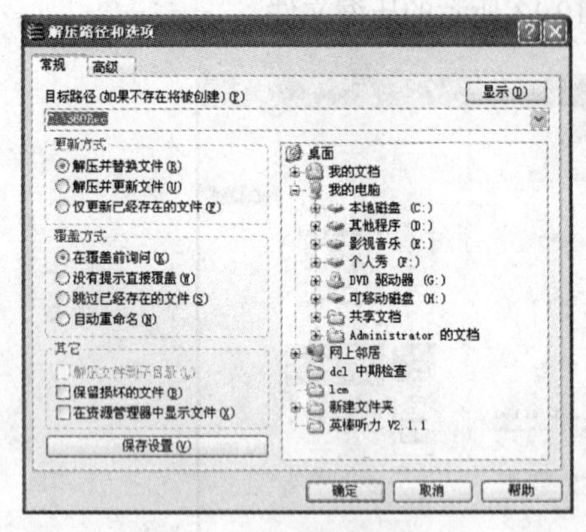

图 10.15　解压缩参数设置

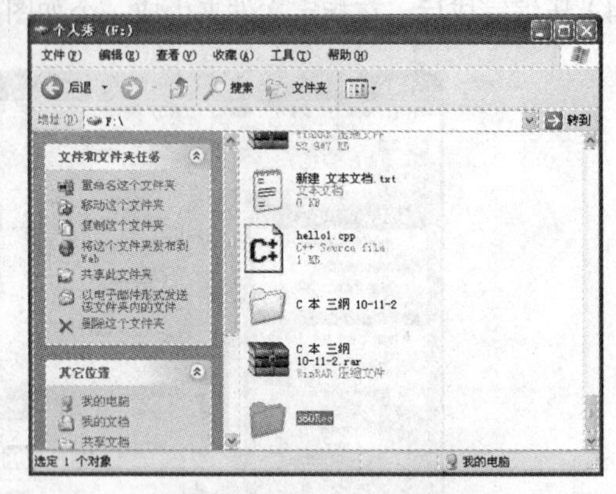

图 10.16　解压后生成的文件夹

【强化训练】

（1）使用 WinRAR 将“C”盘根目录下的任意文件压缩后另存为“d:\ABC.RAR”

（2）使用 WinRAR 将“D”盘根目录下的压缩文件“ABC.RAR”解压后另存在“E”盘根目录下。

实验 3　网络下载软件——迅雷的使用

【实验目的】

1. 掌握利用百度进行搜索的方法。

2. 掌握利用迅雷进行下载的方法。

3. 掌握对迅雷进行设置的方法。

【实验内容】

1. 利用百度进行搜索

在下载前往往需要找到合适的素材，利用百度进行搜索是一种现在比较流行的方法。要利用百度进行搜索，应首先打开浏览器，在地址栏里输入百度的网址“www.baidu.com”，按“回车”键，打开如图 10.17 所示窗口。在文本框中填入想要搜索的内容，单击后面的百度一下按钮，百度就会在网络上搜索相关内容，并打开搜索结果页面。用户只要在里面单击需要的链接即可。

2. 利用迅雷进行下载

可以利用迅雷本身提供的搜索工具进行搜索。启动迅雷，在打开的主界面左侧找到“狗狗搜索”的搜索框。在搜索框内输入需要查找资源的关键字，“狗狗搜索”会将网络上与此关键字有关的下载资源整理出来，以列表的形式呈现出来。单击所需资源的名称进入下载页面。在页面中单击“迅雷下载”按钮，在弹出的对话框中，选择保存目录，修改文件保存名称，最后单击下方的“立即下载”。任务建立完成后，在迅雷主界面的任务列表中可查看下载状态。这样就完成了一个任务的建立操作，只需要等待 Web 迅雷把文件下载完成就可以了。

3. 对迅雷进行设置

对迅雷的设置包括 “常用设置”、“任务默认属性设置”、“代理设置”、“消息提示”等。可以在迅雷的主界面中选择“工具”菜单中的“配置”命令，打开“配置”对话框，在该对话框中对各种属性进行设置。

【实例演示】

1. 利用百度搜索儿歌“丢手绢”

（1）打开 IE 浏览器，在地址栏里输入百度的网址 www.baidu.com，按“回车”键，打开如图 10.17 所示的百度主界面。

图 10.17　百度主界面

（2）单击“MP3”，打开如图 10.18 所示的音乐搜索界面。在文本框中输入要搜索的“丢手绢”，单击后面的百度一下按钮，打开如图 10.19 所示的搜索结果页面。

图 10.18　音乐搜索界面

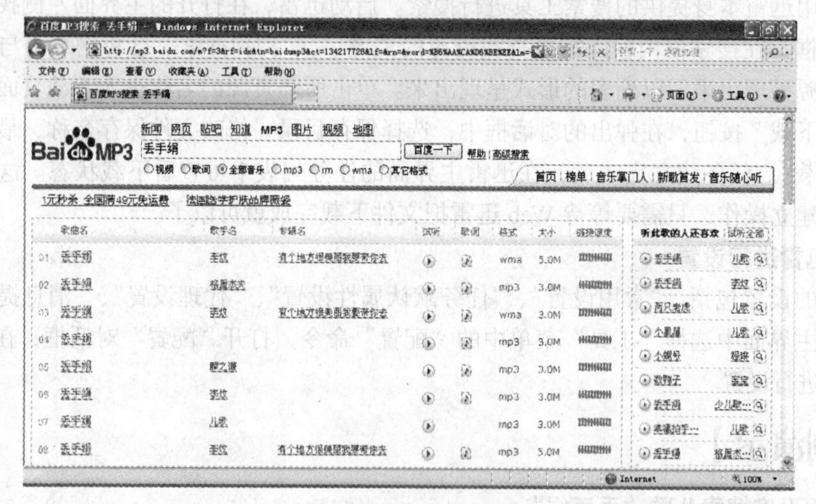

图 10.19　搜索结果界面

（3）单击第 7 项后面的▶按钮，打开如图 10.20 所示窗口。在该窗口中会播放所找到的音乐文件。

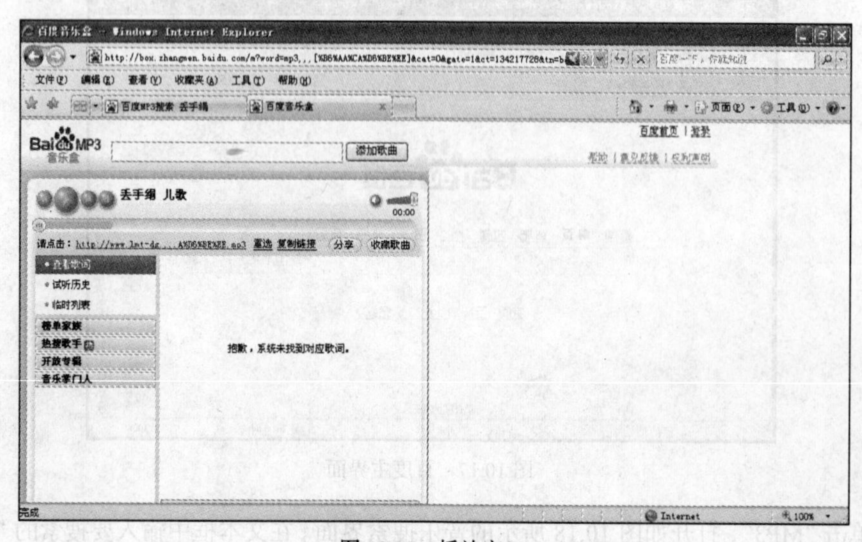

图 10.20　播放窗口

（4）单击播放窗口中的链接，能够对该音乐文件进行下载，打开如图 10.21 所示的下载界面。在里面指定将文件存储到“F”盘的“音乐”文件夹中。

（5）单击“立即下载”按钮，该任务就会出现在迅雷的下载列表中进行下载。

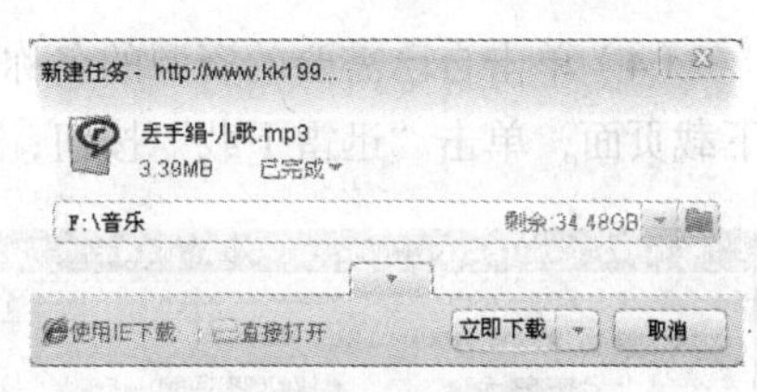

图 10.21　指定下载路径

2. 利用迅雷下载电影“无间道”

（1）启动迅雷，打开如图 10.22 所示主界面。

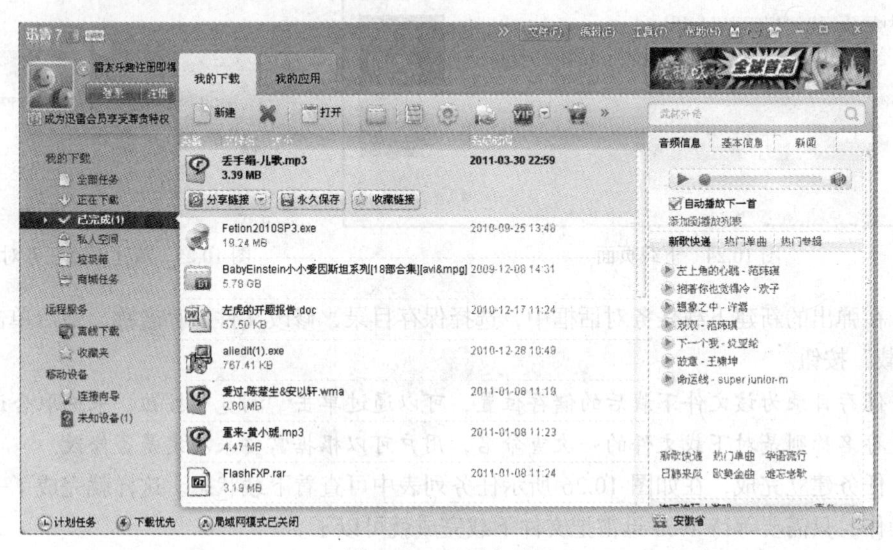

图 10.22　迅雷主界面

（2）在右侧的“狗狗搜索”文本框里输入“无间道”，单击右侧的按钮。

（3）“狗狗搜索”会将网络上与此关键字有关的下载资源整理出来，以列表的形式呈现出来，如图 10.23 所示。

图 10.23　搜索结果示意图

（4）单击自己需要的资源的名称进入下载页面，如图 10.24 所示。此页面为迅雷搜索的最终下载页面，单击“迅雷下载”按钮，弹出如图 10.25 所示对话框。

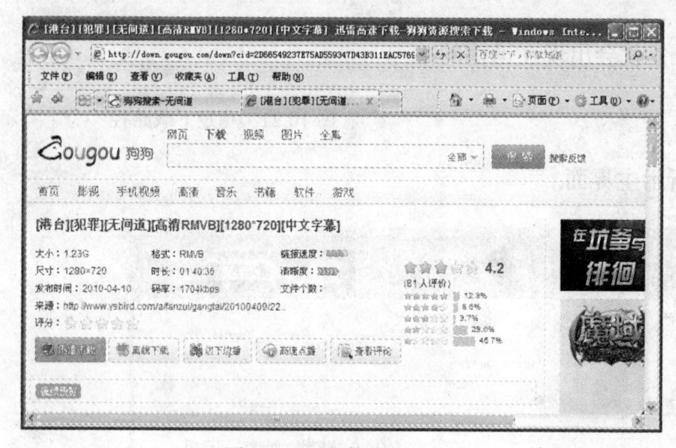

图 10.24　下载页面

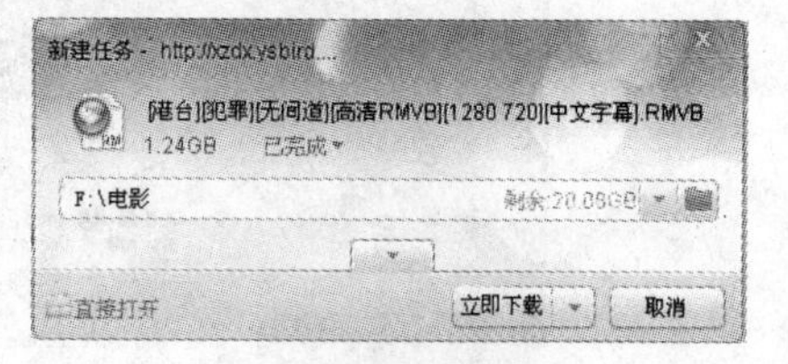

图 10.25　新建下载任务对话框

（5）在弹出的新建下载任务对话框中，选择保存目录，修改文件保存名称，最后单击下方的“立即下载”按钮。

注：保存目录为该文件下载后的储存位置，可以通过单击“浏览”按钮，来选取合适的保存位置。另存名称则是对下载文件的一次重命名，用户可以根据需要来决定是否修改。

（6）任务建立完成，在如图 10.26 所示任务列表中可查看下载状态。这样就完成了一个任务的建立操作，只需要等待 Web 迅雷把文件下载完成就可以了。

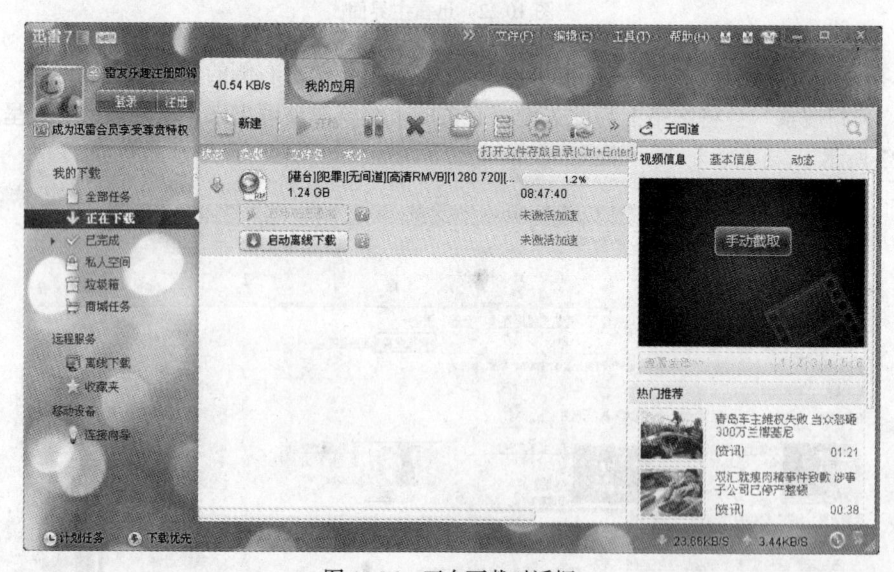

图 10.26　正在下载对话框

【强化训练】

（1）利用百度搜索“金山词霸”并下载到本地计算机上。

（2）利用迅雷搜索“Adobe Acrobat”并下载到本地计算机上。

实验 4　翻译工具——金山词霸的使用

【实验目的】

1. 掌握利用金山词霸进行英译汉和汉译英的方法。
2. 掌握利用金山词霸学习指定单词的例句的方法。
3. 掌握利用金山词霸进行屏幕取词的方法。

【实验内容】

1. 利用金山词霸进行英译汉和汉译英

利用金山词霸进行英译汉和汉译英的方法很简单。如果查询的只是单词，只要在词霸的“词典”选项卡的文本框中输入要查询的单词，单击“查一下”按钮，对应的解释就会出现在下方。

如果要查询的是整段的语句，则可以在“翻译”选项卡的文本框中输入要查询的语句段，单击“翻译”按钮，对应的解释说明同样会出现在下方。

2. 利用金山词霸学习指定单词的相关例句

金山词霸中收录了大量的中、英文单词和例句。使用者不仅可以用来查询单词和语句，还可以利用它来学习中英文的使用。

在“句库”选项卡中输入想要学习的单词，选项卡中会显示与查询内容相关的语句实例，供用户学习及使用。

3. 利用金山词霸进行屏幕取词

有时我们需要对某篇文章中出现的一些单词或语句进行翻译，如果将其一个个地输入到词霸的界面中去，需要花费比较多的时间和精力。这时就可以利用金山词霸的屏幕取词功能，让我们可以一边阅读，一边得到相应的解释说明，给用户的使用带来了极大的方便。

要设置屏幕取词功能，可以单击词霸主界面上的“功能设置”图标，在弹出的对话框中选择“取词划译”，如图 10.27 所示。在该窗口中可以对取词的方式进行详细设置，包括对其进行取消操作。

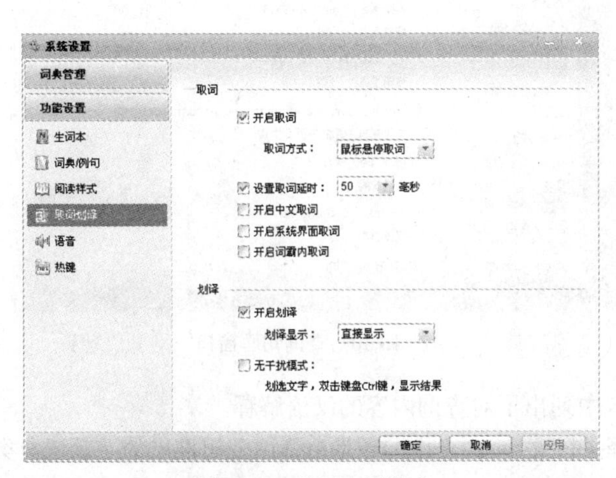

图 10.27　设置取词模式

右键单击任务栏上的谷歌金山词霸图标，在弹出的快捷菜单中选择“开启取词”，也可以设置或取消屏幕取词功能。

【实例演示】

（1）利用金山词霸将中文单词“工具”翻译为英文。

① 启动金山词霸，打开如图 10.28 所示窗口。

② 在如图 10.28 所示窗口的文本框中输入想要查找的单词（中、英文均可），词霸会根据用户的输入自动在下方显示相应的内容。例如，在图 10.29 中输入“工具”，单击“查一下”按钮，窗口下方就会显示查询结果。

图 10.28　金山词霸主界面

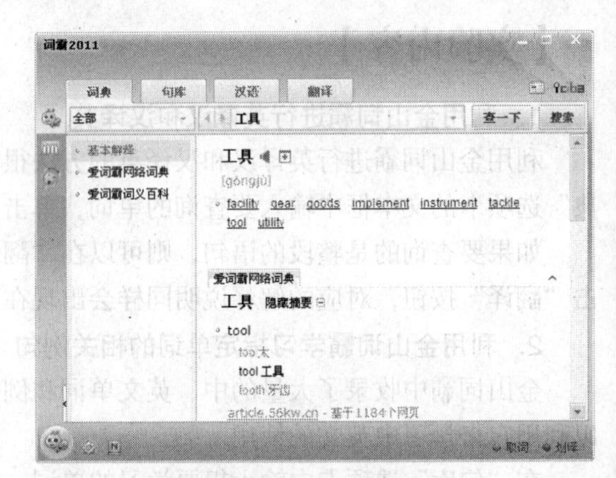

图 10.29　查询结果示意图

（2）学习与单词“工具”相关的例句。

输入查询内容后，在“句库”选项卡中会显示与查询内容相关的语句实例，图 10.30 所示窗口中列出了和“工具”相关的常见单词及使用实例。

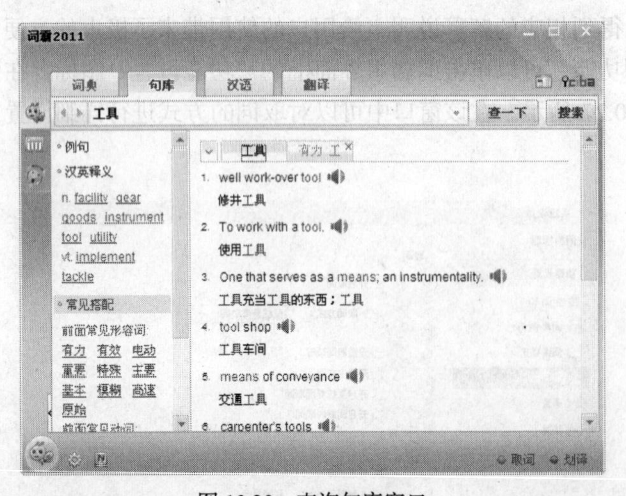

图 10.30　查询句库窗口

在“汉语”选项卡中列出了对查询内容的汉语解释。

（3）利用词霸翻译一段文字：“金山词霸是由金山公司推出的一款词典类软件。谷歌金山词霸是金山与谷歌面向互联网翻译市场联合开发，适用于个人用户的免费翻译软件。软件含部分本地词库，仅 23MB，轻巧易用；该版本继承了金山词霸的取词、查词和查句等经典功能，并新增全文翻译、网页翻译和覆盖新词、流行词查询的网络词典；支持中、日、英 3 语查询，并收录 30 万单词纯正真人发音，含 5 万长词、难词发音等。”

① 启动金山词霸，打开”翻译”选项卡，如图 10.31 所示。

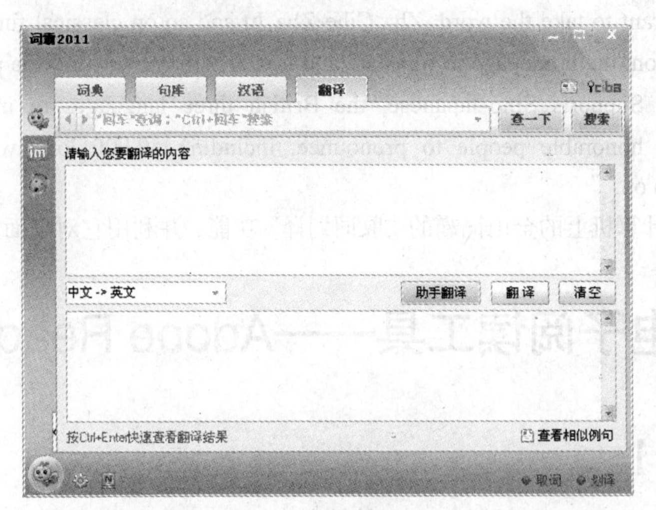

图 10.31　翻译选项卡

② 在上面的文本框中输入要翻译的文本，单击“翻译”按钮，在下方的文本框中就会显示相应的翻译得到的结果文本，如图 10.32 所示。

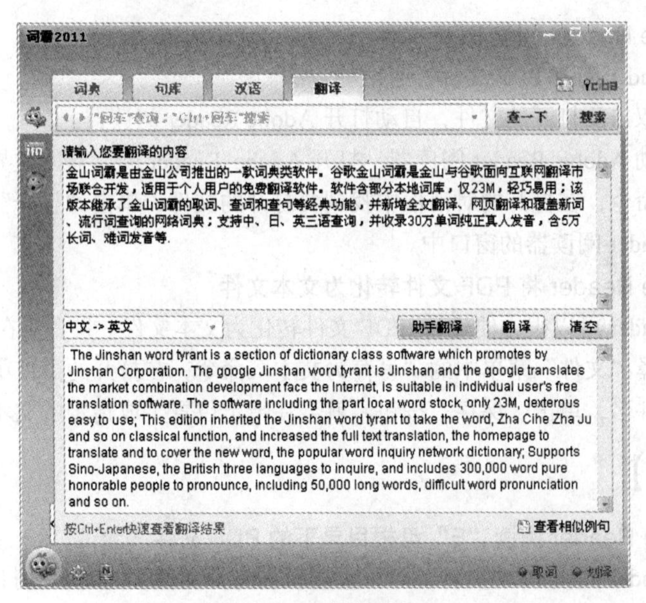

图 10.32　翻译结果界面

【强化训练】

（1）将英文单词“effort”翻译为中文，并学习与之相关的常用词组和常用例句。

（2）将下面的英文语句段翻译为中文。

"The Jinshan word tyrant is a section of dictionary class software which promotes by Jinshan Corporation. The google Jinshan word tyrant is Jinshan and the google translates the market combination development face the Internet, is suitable in individual user's free translation software. The software including the part local word stock, only 23MB, dexterous easy to use; This edition inherited the Jinshan word tyrant to take the word, Zha Cihe Zha Ju and so on classical function, and increased the full text translation, the homepage to translate and to cover the new word, the popular word inquiry network dictionary; Supports Sino-Japanese, the British three languages to inquire, and includes 300,000 word pure honorable people to pronounce, including 50,000 long words, difficult word pronunciation and so on. "

（3）开启本地计算机上的金山词霸的"取词划译"功能，并利用它对桌面上的单词进行翻译。

实验 5　电子阅读工具——Adobe Reader 的使用

【实验目的】

1. 掌握利用 Adobe Reader 阅读 PDF 文件的方法。
2. 掌握利用 Adobe Reader 将 PDF 文件转换为文本文件的方法。

【实验内容】

1. 利用 Adobe Reader 阅读 PDF 文件

利用 Adobe Reader 阅读 PDF 文件，有两种方法。

方法一：直接双击要打开的文件，自动打开 Adobe Reader 阅读器。

方法二：先启动 Adobe Reader 阅读器，打开 Adobe Reader 阅读器的主界面。选择"文件"菜单中的"打开"命令，在打开的对话框中找到要打开的文件，单击"打开"按钮，文章内容就会显示在 Adobe Reader 阅读器的窗口中。

2. 利用 Adobe Reader 将 PDF 文件转化为文本文件

利用 Adobe Reader 可以很方便地将 PDF 文件转化为文本文件。只需要在 Adobe Reader 阅读器的主界面中，选择"文件"菜单中的"另存为文本"命令，在打开的窗口中指定生成的文本文件的存储路径和文件名，单击"保存"按钮，就会在指定位置生成指定的文本文件。

【实例演示】

1. 利用 Adobe Reader 阅读"E"盘根目录下的 PDF 文件"测试"

利用 Adobe Reader 阅读 PDF 文件，可以直接双击打开文件，同时自动打开 Adobe Reader 阅读器，也可以先启动 Adobe Reader 阅读器，打开如图 10.33 所示窗口。选择"文件"菜单中的"打开"命令，在打开的对话框中找到要打开的文件，如图 10.34 所示。单击"打开"按钮，文章内容就会显示在 Adobe Reader 阅读器的窗口中，如图 10.35 所示。用户可以通过鼠标的滚动或键盘上的上下键来查看文件的不同部分。

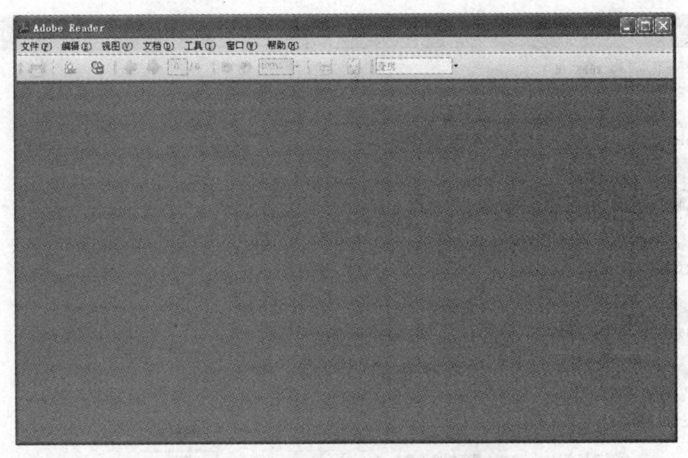

图 10.33 Adobe Reader 阅读器主界面

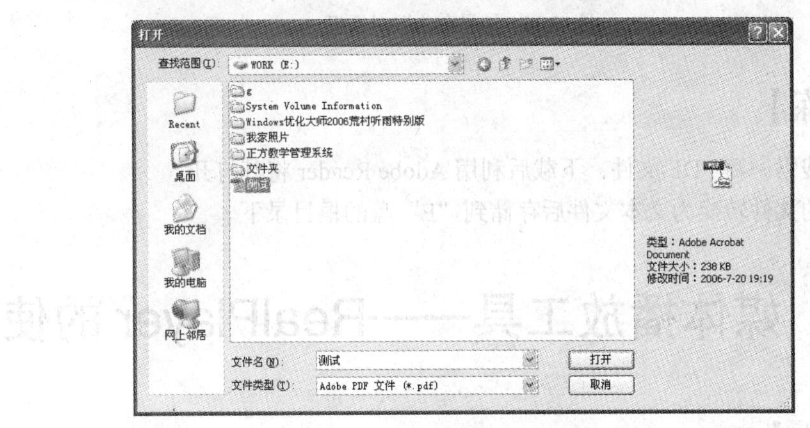

图 10.34 "打开"对话框

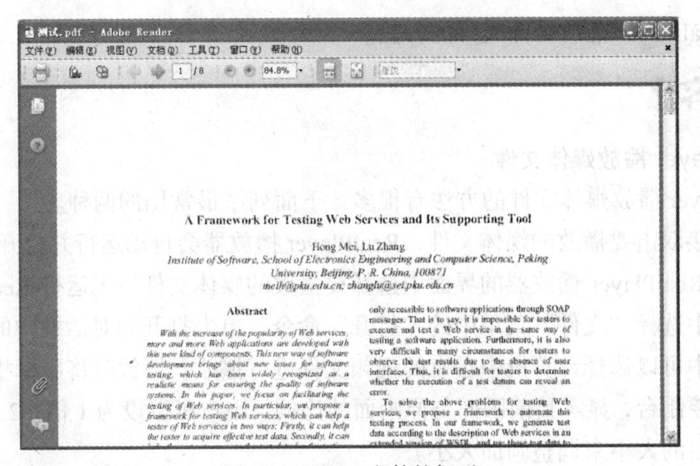

图 10.35 PDF 文件的打开

2. 利用 Adobe Reader 将 PDF 文件"测试"转化为文本文件

要将"测试"文件转换为文本文件，只需要在如图 10.35 所示窗口中，选择"文件"菜单中的"另存为文本"命令，打开如图 10.36 所示窗口，在窗口中指定生成的文本文件的存储路径和文件名，单击"保存"按钮，就会在指定位置生成一个新的文本文件。

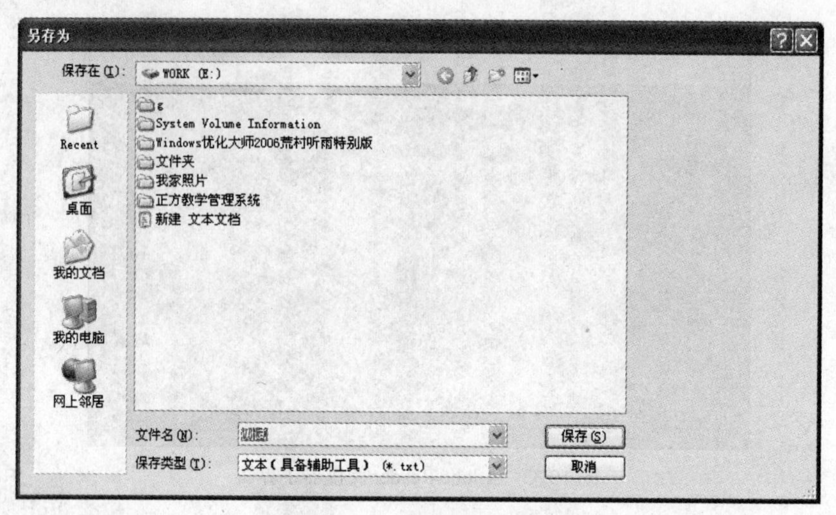

图 10.36 “另存为”对话框

【强化训练】

（1）从网上搜索一篇 PDF 文件，下载后利用 Adobe Reader 将其打开。

（2）将下载的文件转换为文本文件后存储到“E”盘的根目录下。

实验 6 媒体播放工具——RealPlayer 的使用

【实验目的】

掌握利用 RealPlayer 播放媒体文件的方法。

【实验内容】

利用 RealPlayer 播放媒体文件

利用 RealPlayer 播放媒体文件的方法有很多，下面列举最常用的两种。

方法一：直接双击要播放的媒体文件，RealPlayer 播放器会自动运行并打开相应的文件。

方法二：在 RealPlayer 播放器的界面中选择要播放的媒体文件。先运行 RealPlayer 播放器，在打开的主界面中选择“文件”菜单中的“打开”命令，单击打开的对话框中的“浏览”按钮，在打开的对话框中可以选择计算机中已有的视频文件进行播放。播放时将鼠标指针移入画面，在画面上方会出现控制台，显示目前画面与原画面的比例。用户可以设为 1 倍、2 倍或者全屏播放，或者通过调整窗口的大小来调整画面大小。

在播放视频的过程中，用户可以拖曳下方的进度条以从不同位置开始观看，但是在文件较大的时候可能要有一段时间的缓冲过程才能找到指定的位置。如果用户希望一边看视频，一边做其他事情，可以选择“视图”菜单中的“播放时位于顶部”命令，播放窗口就不会被其他窗口挡住。

【实例演示】

利用 RealPlayer 播放媒体文件“F”盘“电影”目录下的电影“倒霉熊”

（1）启动 RealPlayer 播放器，打开如图 10.37 所示窗口。单击左上角的 RealPlayer 图标，弹出 RealPlayer 的主菜单，在该菜单中列出了所有可用的命令。

图 10.37　RealPlayer 播放器主界面

（2）在如图 10.38 所示窗口中选择“文件”菜单中的“打开”命令，会打开如图 10.39 所示窗口。

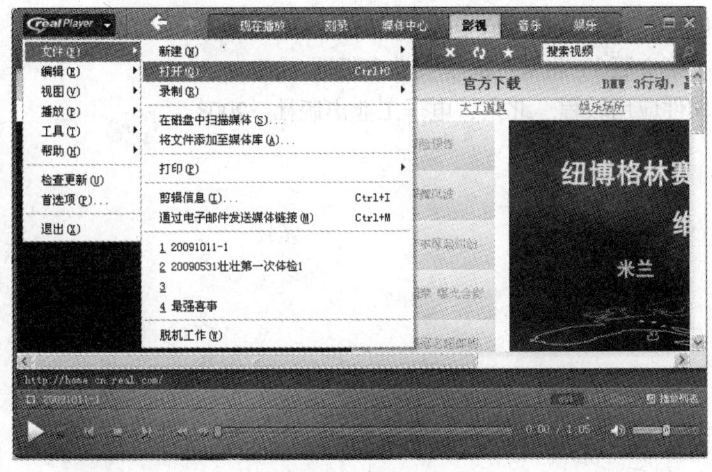

图 10.38　主菜单　　　　图 10.39　“打开”对话框

（3）在该对话框的文本框中输入网址，将会打开该网址上的视频。或者单击该对话框中的“浏览”按钮，在打开的对话框中可以选择在电脑中已有的视频文件进行播放。在本例中就可以选中 F 盘“电影”目录下的电影“倒霉熊”。单击“确定”按钮，就会对指定的文件进行播放。

【强化训练】

（1）从网上搜索一部较新的电影，下载后利用 RealPlayer 播放器将其播放。

（2）从网上搜索并下载一种不同于 RealPlayer 播放器的播放器，播放上题中下载的电影，感受两种播放器的区别。

参考文献

[1] 教育部高等学校计算机基础课程教学指导委员会．高等学校计算机基础教学发展战略研究报告暨计算机基础课程教学基本要求．北京：高等教育出版社，2009.

[2] 孙家启．大学计算机基础上机实验教程．合肥：安徽大学出版社，2010.

[3] 胡建平．大学计算机基础学习指导．北京：北京理工大学出版社，2008.

[4] 张晓云．计算机应用能力实训教程．北京：北京理工大学出版社，2010.

[5] 毛志熊．Photoshop 基础与技能实训教程．北京：北京理工大学出版社，2010.

[6] 神龙工作室．外行学 Access 2003 从入门到精通．北京：人民邮电出版社，2011.

[7] 龙马工作室．Flash CS5 动画制作完全自学手册．北京：人民邮电出版社，2011.

[8] 田立勤．计算机网络安全．北京：人民邮电出版社，2011.

[9] 数字艺术教育研究室．中文版 Flash CS5 基础培训教程．北京：人民邮电出版社，2007.

[10] 周小健．大学计算机基础上机指导与测试．北京：人民邮电出版社，2010.

[11] 赵士滨．多媒体技术应用．北京：人民邮电出版社，2009.

[12] 詹慧珍．计算机应用基础习题和上机实验指导．北京：北京理工大学出版社，2010.

[13] 宋一兵．计算机网络基础与应用．北京：人民邮电出版社，2010.

[14] 夏索霞．计算机网络技术与应用．北京：人民邮电出版社，2010.

[15] 徐秀花．Access 数据库应用教程．北京：清华大学出版社，2010.

[16] 赵丰年．网页制作技术（第 2 版）．北京：清华大学出版社，2011.

[17] 孙印杰．电脑实用工具软件应用教程．北京：电子工业出版社，2008.